미국 유학생과 이민자가 알아야 할 모든 것

Hello! USA

주디 프리븐 지음 | 문유임 옮김

황금부엉이

이 책을 읽는 법

각 장에서 Chapters

각 장은 지도나 삽화, 샘플 양식 또는 회화 내용의 예로 시작합니다.

각 장에서는 미국인이 행동하는 방식과 관례를 알기 쉽게 설명했습니다.

'1단계는, 2단계는…' 등으로 각 단계별로 해야 할 일을 상세히 설명했습니다.

'유용한 영어 표현'은 미국 일상생활에서 흔히 쓰는 기본 단어를 각 장의 내용과 관련되게 설명했습니다.

 필요한 서류

시작할 시간

경고(해서는 안 되거나 주의할 점)

비용

자주 하는 질문과 답

부록

'도와주세요!' : 범죄 목표가 되는 것을 피하는 안전수칙과 비상시에 도움을 청하는 방법

'각 장의 정보' : 각 장에 관련된 기관의 연락처와 웹사이트

• 차례 •

PART II 오락과 친구 만들기

PART III 도착 직후

미국 내 주와 도시

동북부 지역

Northeast

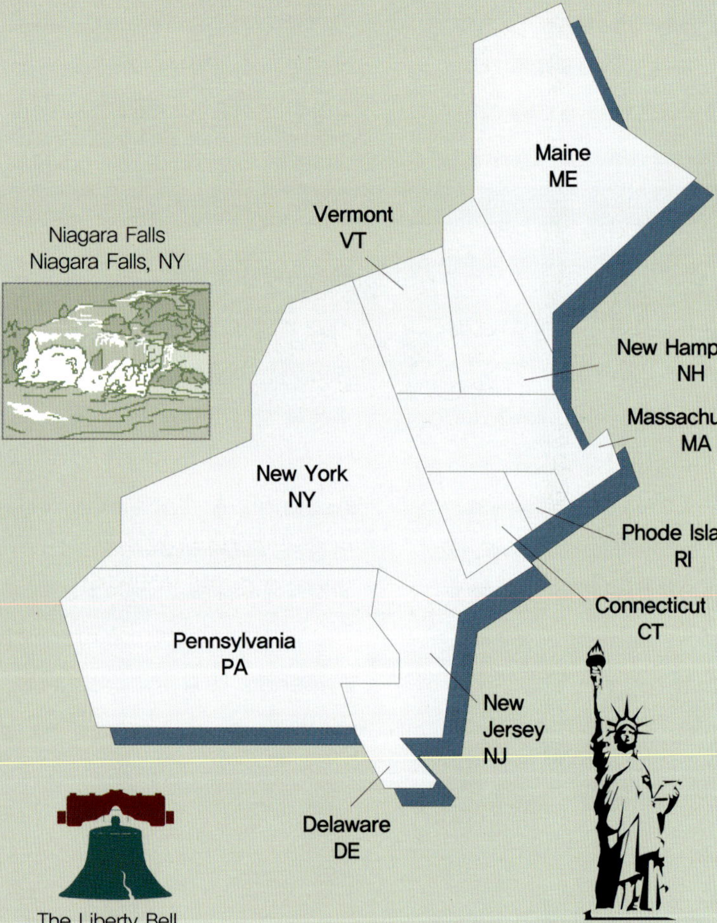
Niagara Falls
Niagara Falls, NY
Maine
ME
Vermont
VT
New Hampshire
NH
Massachusetts
MA
New York
NY
Phode Island
RI
Connecticut
CT
Pennsylvania
PA
New
Jersey
NJ
Delaware
DE
The Liberty Bell
Philadelphia, PA
The Statue of Liberty
New York City, NY

Author's Favorites
가가 좋아하는 것

좋아하는 음식 FOODS I LOVE

메인 랍스터: 삶거나 구이, 찜 또는 속을 채운 요리를 New England 해변 곳곳에서 맛볼 수 있습니다.

New England clam chowder 수프: 진한 크림 수프. Manhattan clam chowder는 토마토로 맛을 낸 수프입니다.

즐거웠던 기억 GOOD TIMES I'VE HAD

Pennsylvania Dutch 타운에서 Buggy-riding(4륜마차 타기)*: 펜실베이니아의 Lan-caster. 암만교 농장Amish farm과 시골길이 있는 색다른 세상으로의 여행. 가이드의 안내를 받으며 돌아본 농장.

Lincoln Center에 있는 우아한 Metropolitan Opera House에서 정장 입고 오페라 보기: NY(뉴욕) 주의 뉴욕.

가을에 양 옆으로 나무가 줄지어선 거리 드라이브 하기: 북동부 어디서든 밝은 황금빛과 붉은 빛으로 물든 잎사귀를 볼 수 있습니다.

뉴욕에 도착한 사람들의 사진 감상하기: 뉴욕 자유의 여신상Statue of Liberty. 자유의 여신상과 새로 이민 온 개척자들에 대한 역사를 배워봅니다.

배 타고 폭포 지나기: NY(뉴욕)의 나이아가라 폭포Niagara falls. 보트가 폭포를 지나갈 때 물줄기를 느낄 수 있습니다.

MA(메사추세츠) 주의 Boston에 있는 Harvard Yard와 대학 캠퍼스 산책하기: 그리고 Ameri-can Revolution 사이트를 지나 2마일 반 도보 거리의 Freedom Trail로 걸어 내려가기.

Whitewater rafting: New England Outdoor Center. ME(메인) 주의 Kennebec River. 짜릿한 급류 타기. Outdoor Center에서 하이킹이나 카누, 크로스컨트리 스키 즐기기.

---

* 특히 어린이를 위해.

South

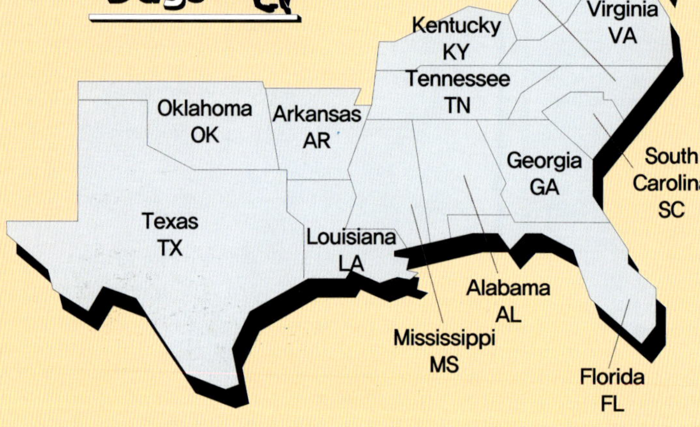

The Kentucky Derby
Lexington, KY

Derby Days

The Kennedy Space Center
near Orlando, FL

작 Author's Favorites
가가 좋아하는 것

좋아하는 음식 FOODS I LOVE

양념해 삶은 크랩: 게 껍질을 망치로 두드려 깨 먹습니다. Maryland 크랩이 최고입니다. 제철의 soft-shell crab. 단단한 껍질을 벗고 새 껍질이 아직 자라지 않았을 때 맛이 좋습니다.

서던 프라이드 치킨: 반죽을 두껍게 입혀 튀긴 치킨. 남동부에서 가장 인기 있는 음식.

텍사스 비프: 스테이크, 햄버거, 팟 로스트 등 어떤 방식으로 요리해도 훌륭합니다. 매운 토마토 소스를 발라 야외에서 먹는 바비큐 립은 작자가 좋아하는 음식입니다.

즐거웠던 기억 GOOD TIMES I'VE HAD

아폴로 11호 타보기: Washington DC의 National Air & Space Museum. 기타 아홉 개의 Smithsonian 박물관과 갤러리. 백악관White House과 국회의사당Capitol. 모두 무료 입장입니다.

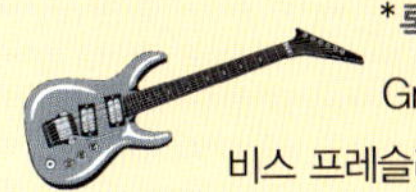

***록 감상:** TN(테네시) 주의 Graceland. 유명한 록 가수 엘비스 프레슬리가 소유한 곳.

나이트클럽: LA(루이지애나) 주 New Orleans의 The French Quarter는 재즈 클럽과 Creole 레스토랑, 갤러리가 있는 역사적인 곳입니다. 처음 중남미로 이주한 백인Creole은 프랑스 정착민들이었습니다.

***Texas Cyclone 타보기:** TX(텍사스) 주 Houston의 Astroworld와 Waterworld. 100개 이상의 놀이 기구가 있는 거대한 놀이 공원이 있습니다. 스릴을 좋아하지 않는 분은 Cyclone을 타지 마십시오. 트램을 타고 NASA의 Johnson Space Center를 지나봅니다.

***도널드 덕 등 디즈니 캐릭터와 악수하기:** FL(플로리다) 주의 Orland에 있는 Disneyworld.

***무료 코카콜라 샘플 맛보기:** GA(조지아) 주의 애틀란타에 있는 World of Coca-Cola. 이 유명한 음료수의 역사를 전시한 3층짜리 박물관도 볼만 합니다.

골프 티 오프: NC(노스캐롤라이나) 주의 Pinehurst Village에 있는 Pinehurst Resort에서 골프하기. 미국 내 최고의 골프 코스 중 하나입니다.

경마 구경하기: KY(켄터키) 주 Lexington의 Kentucky Horse Park. 유명한 Kentucky Derby의 고향. 경마, 경마장 투어, 과거 경마를 기록한 필름

---

* 특히 어린이를 위해.

Midwest

Mount Rushmore
near Rapid City, SD

The Mackinac Bridge
Mackinaw City, MI

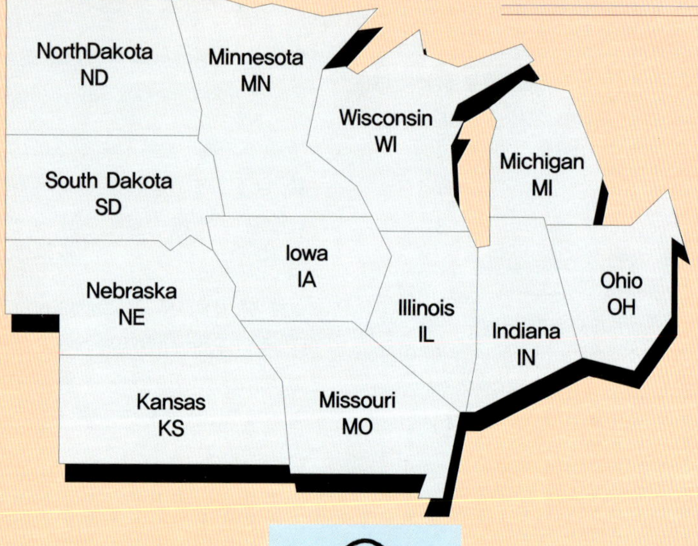

The Gateway Arch
St. Louis, MO

작 Author's Favorites
가가 좋아하는 것

좋아하는 음식 FOODS I LOVE

마카로니와 치즈: Wisconsin의 치즈를 곁들여 구운 맛이 최고입니다.

속대를 그대로 둔 옥수수: 얇은 포일에 싸서 바비큐 그릴에 구운 것. 소금과 버터를 발라줍니다. 속대를 쥐고 옥수수 뜯어 먹기. Illinois, Indiana, Iowa, Ohio 주는 옥수수로 유명해서 'The Cornbelt'라고도 부릅니다.

체리파이: 4백만 그루 이상의 체리나무가 미시간 호 주변에 자랍니다. 미국 중서부 사람들은 수프, 잼, 육고기 소스를 만들 때 체리를 넣어 요리합니다.

즐거웠던 기억 GOOD TIMES I'VE HAD

***강을 따라 자전거 타기:** MI(미시간) 주의 Mackinaw에 있는 Mackinac Island. 다리와 배들의 전망. 또한 미국 혁명과 1812년 전쟁의 역사적인 유적지를 말을 타고 구경하는 투어도 추천할만 합니다.

프루그(frug: 트위스트에서 유래한 춤) 추기: MI(미시간) 주의 Dearbon에는 Henry Ford Museum & Greenfield Village가 있습니다. 1960~70년대 팝 뮤직 전시관도 놓치지 마십시오. Henry Ford나 Abraham Lincoln 같은 유명한 미국인의 실제 방을 구경합니다. 'Model T' Ford 같은 오래된 차량이 전시되어 있습니다.

쇠라의 '일요일 그랑드쟈트 섬의 오후' 그림 감상하기: IL(일리노이) 주의 Art Institute of Chicago. Western Art collection, 홈 데코레이션 전시, 과거 증권거래소의 재현. 2대 도시인 Chicago에는 미국 최대 코미디 클럽 중 하나가 있습니다.

야간 조명된 대통령 흉상 사진 찍기: SD(사우스다코타) 주의 Keystone에 있는 Mt. Rushmore National Memorial. 워싱턴, 제퍼슨, 링컨, 시어도어 루스벨트 대통령의 흉상이 화강암 절벽에 새겨져 있습니다.

***쇼핑:** MN(미네소타) 주의 Bloomington에 있는 Mall of America. 세계에서 가장 큰 실내 쇼핑몰로 400여 개의 점포와 놀이 공원을 갖추고 있습니다.

---

* 특히 어린이를 위해.

West

Old Faithful
Yellowstone National Park, WY

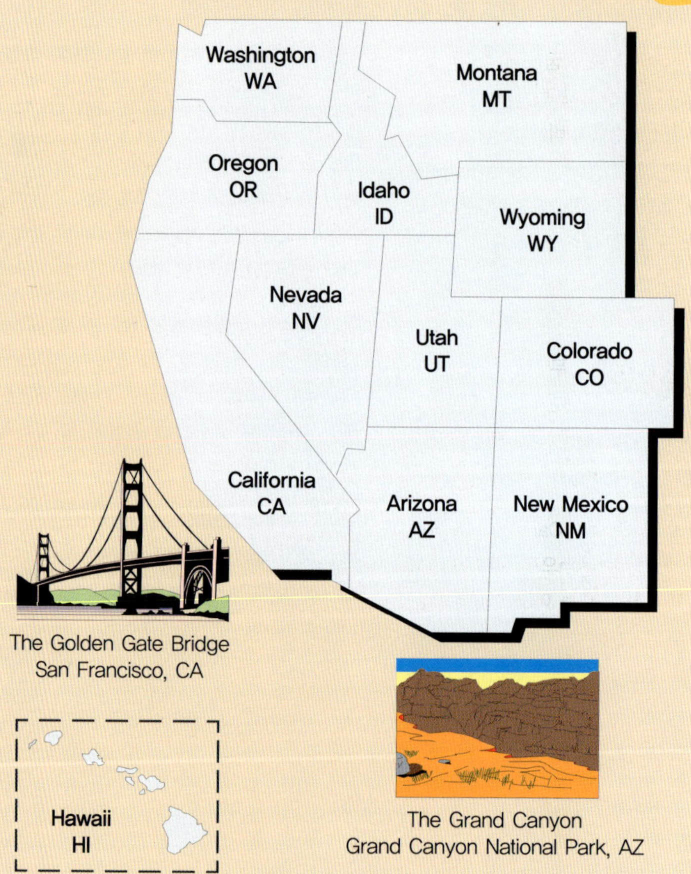

The Golden Gate Bridge
San Francisco, CA

The Grand Canyon
Grand Canyon National Park, AZ

작 Author's Favorites
가가 좋아하는 것

좋아하는 음식 FOODS I LOVE

칠리: 콩, 토마토, 매운 양념 특히 칠리 파우더. 고기를 넣은 'con carne'이나 야채로 만든 진한 수프.

구운 감자: Idaho의 구운 감자가 최고입니다.

연어: 맑은 물에서 가장 쉽게 잡히는 붉은 핑크빛의 생선. 굽거나 훈제한 것이 맛이 좋습니다. Lox라고 하는 훈제 연어는 매우 인기가 있지만 가격이 비쌉니다. Seattle에 있는 Pike Place Market에서 싱싱한 연어를 바로 구입할 수 있습니다.

즐거웠던 기억 GOOD TIMES I'VE HAD

Denali National Park에서 무스와 곰 사진 찍기: 날씨가 괜찮은 경우 산 위로 비행하거나, 낚시, 하이킹, 캠핑 즐기기.

*AZ(애리조나) 주의 Grand Canyon National Park에 있는 Grand Canyon으로 노새 타고 내려가기: 반나절이나 하루, 또는 이틀 일정의 여행.

어린이에겐 짧은 여행이 좋습니다.

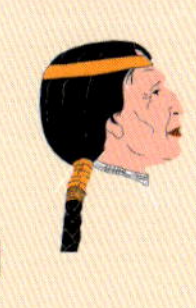

NM(뉴멕시코) 주의 Santa Fe에서 가까운 푸에블로 인디언 부락의 Native American Art 쇼핑하기: 푸에블로를 여행하면서 오늘날 인디언이 사는 모습을 이해합니다.

CA(캘리포니아) 주의 Napa에서 열기구 타고 샴페인 맛보기: San Francisco 바로 북쪽의 Wine Country를 구경하는 재미있는 방법입니다.

CO(콜로라도) 주의 Vail에서 스키 타기: 미국에서 가장 가파른 스키장이며 Vail 리조트에만 4,014에이커에 이르는 활강 코스와 곤돌라, 24개의 리프트가 있고, 3,250피트의 급경사로 되어 있습니다. 또 크로스컨트리 스키, 아이스 스케이팅, 설상차 경주를 즐길 수 있고, 좀더 따뜻한 계절에는 골프도 즐길 수 있습니다.

NV(네바다) 주 Las Vegas 대형 호텔에서 Song-and-dance shows 보기: Bally 호텔이나 Caesar's Palace가 최고입니다.

---

* 특히 어린이를 위해.

미국 도시의 기후 Cities & Climates

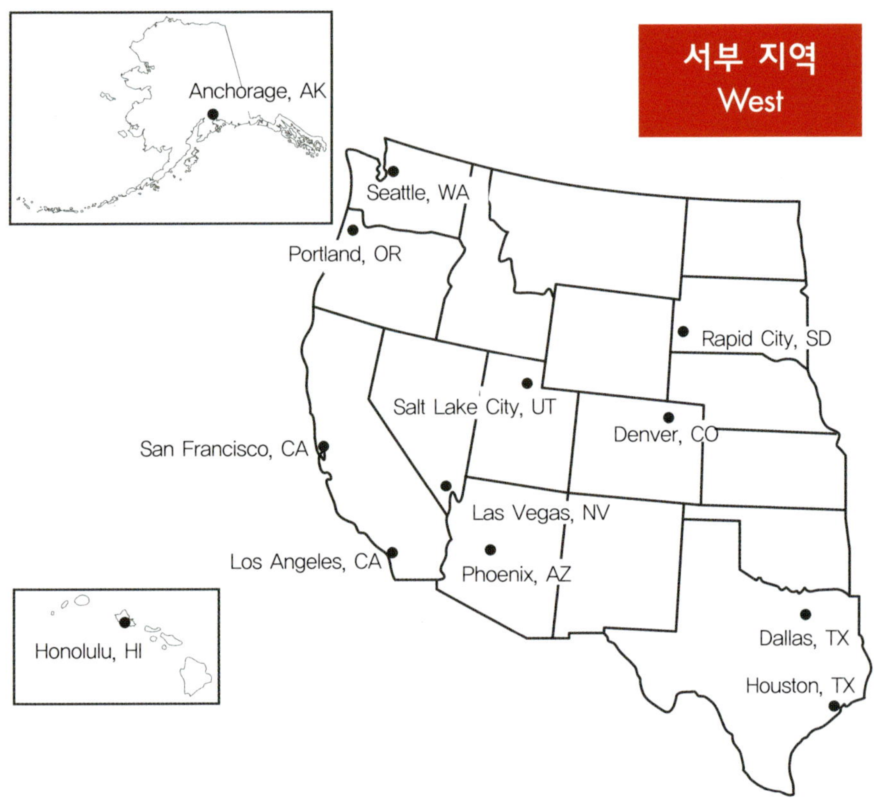

도시	평균 기온(최저) F° / C°	평균 기온(최고) F° / C°	화창한 날 수 (연간 평균 일 수)
Anchorage, AK	6 / -14	65 / 18	61
Dallas, TX	34 / 1	98 / 37	137
Denver, CO	16 / -9	88 / 31	115
Honolulu, HI	65 / 18	87 / 31	88
Houston, TX	41 / 5	94 / 34	95
Las Vegas, NV	33 / 1	104 / 40	211
Los Angeles, CA	48 / 9	84 / 29	186
Phoenix, AZ	39 / 4	105 / 41	212
Portland, OR	34 / 1	80 / 27	68
Rapid City, SD	9 / -13	87 / 31	111
Salt Lake City, UT	20 / -7	93 / 34	125
San Francisco, CA	44 / 7	69 / 21	167
Seattle, WA	34 / 1	75 / 24	57

도시	평균 기온(최저) F° / C°	평균 기온(최고) F° / C°	화창한 날 수 (연간 평균 일 수)
Atlanta, GA	33 / 1	89 / 32	110
Boston, MA	23 / -5	82 / 28	99
Chicago, IL	14 / -10	83 / 28	133
Cleveland, OH	19 / -7	82 / 28	70
Detroit, MI	16 / -9	83 / 28	77
Miami, FL	59 / 15	89 / 32	77
Minneapolis, MN	2 / -17	83 / 28	97
New Haven, CT	23 / -5	82 / 28	100
New Orleans, LA	43 / 6	91 / 33	103
New York, NY	26 / -3	85 / 29	107
Philadelphia, PA	24 / -4	86 / 30	93
Raleigh, NC	29 / -2	88 / 31	112
St. Louis, MO	20 / -7	90 / 32	103
Washington, DC	28 / -2	89 / 32	98

도시 사이의 이동 거리 From City to City

서부 지역 West

	Denver	Houston	Los Angeles	Phoenix	Seattle	
Dallas	799	242	1385	1015	2093	miles
Dallas	1286	389	2228	1634	3371	kilometers
Las Vegas	756	1484	265	292	1204	miles
Las Vegas	1216	2388	426	470	1938	kilometers

동부 지역 East

	Atlanta	Boston	New Orleans	St. Louis	Washington, DC	
Chicago	678	986	934	287	688	miles
Chicago	1091	1586	1503	462	1107	kilometers
Miami	665	1510	867	1222	1074	miles
Miami	1070	2430	1395	1966	1728	kilometers

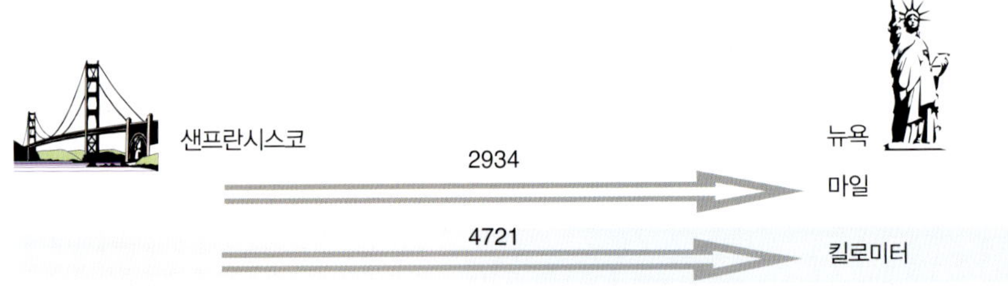

1마일 : 1.6킬로미터
1킬로미터 : 0.6마일

※ 주: 도시에서 도시간 최단 거리로 운전할 때를 가정한 거리.

PART I

출입국 준비

Coming & Going

01 출국하기 전
BEFORE YOU COME

미국 달러 현금

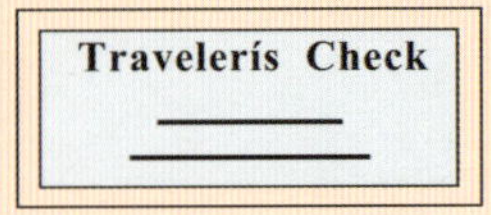

여행자 수표

신용카드

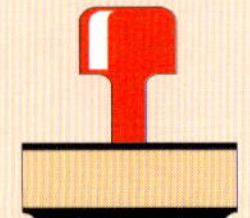

입국서류

재정 기록/은행 이체에 필요한 정보

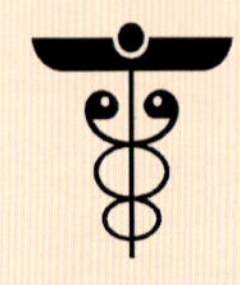

병원기록/처방전

출생증명서
본인의 자녀가 아닌
아동을 보호하는
경우엔 가디언십 서류

운전경력과 차량정보

졸업증명서와
성적증명서, 수상 기록,
발표한 서적

확인할 것 What to Find Out

법적 신분 LEGAL STATUS

법적 신분이란 다음 사항을 규정한 것입니다.

- 체류할 수 있는 기간
- 동반할 수 있는 사람
- 미국에서 출국할 수 있는 빈도수
- 가족 중 일을 해도 괜찮은 비자를 소유한 사람

가능하면 이민 전문 변호사와 상담하는 것도 좋습니다('법적 신분 Your Legal Status' 편 참조).

반드시 다음 사항을 미리 확인하십시오.

- 미국에 오는 목적에 맞는 비자를 받았는지 확인합니다. 비자 종류에 따라 법적인 신분과 세금이 달라집니다.
- 필요한 모든 서류를 제대로 작성합니다(이 장의 '가져올 것 What to bring' 참조).
- 관련 조항이나 자신의 처지가 달라졌을 경우 도움을 받을 수 있는 방법을 확인해놓습니다.

❗ 유학의 경우, 영사관을 찾기 전에 다니려는 학교의 외국인 담당 어드바이저를 통해 비자를 받는 데 필요한 서류를 확인하는 것이 좋습니다.

세금 관련 TAX STATUS

미국에서 거주하거나 일하면 미국 세법에서 정한 세금을 내야 합니다('세금내기 Paying Your Taxes' 편 참조). 출국하기 전에 미국 세법을 알면 시간과 돈을 절약할 수 있겠지요. 출국하기 전에 국제 세무사를 통해 알아야 할 조항을 확인하는 게 좋습니다.

보험 관련 INSURANCE

❗ 미국에 오기 전에 의료보험 가입 여부를 반드시 확인해야 합니다('보험 가입하기 Insurance You Need' 편 참조). 유학할 학교나 취업하는 회사에서 도움을 받을 수 있습니다. 만약 유학이나 취업이 아니고 그냥 이주하는 경우라면 외국인에게 보험을 제공하는 의료보험회사에 미리 연락해서 다음 사항을 확인하십시오.

- 의료보험은 언제부터 사용할 수 있는가: 보험회사에 따라서는 의료보험에 가입하고 6개월 이상이 지나야 효력이 발휘되기도 해서 단기 의료보험을 별도로 들어야 하는 경우도 있습니다.
- 보험료는: 본인을 지원하는 학교나 회사에서 보험을 보조하지 않는다면 몇 개 보험회사를 상대로 보험료를 확인하십시오.
- 보험이 커버하는 기간. 미국에 체류하는 기간에 보험이 커버되는지 확인하십시오.

❗ 미국 체류 기간에 겪을 수 있는 위급한 상황을 모두 커버할 수 있는 보험인지 확인하십시오.

생활비 Cost of living

유학의 경우, 미국에서 경제적으로 생활이 가능한지 증명할 수 있는 서류를 준비해야 합니다('대학 교육Colleges and Universities' 편 참조).

주거지와 공공서비스 Homes and services

대도시와 각 카운티에는 상공회의소나 비즈니스 협회가 있습니다. 이주하려는 지역이 정해지면 상공회의소를 통해 거주할 집, 학교, 공공서비스에 대한 정보를 얻을 수 있습니다.

은행 관련 Banking information

Tips 아마도 본국과 미국 양쪽에 은행계좌가 있어야 할 것입니다('돈 문제 Money Matters' 참조). 가능하면 인터넷이나 팩스, 유선으로 계좌이체와 송금이 가능한 은행을 선택하십시오. 본국과 미국 양쪽 은행에서 점검할 사항입니다.

- 송금하는 데 걸리는 시간
- 사용할 서명. 팩스로 거래할 때 본인임을 확인할 대표 서명을 출국 전에 만들어놓으면 시간을 절약할 수 있습니다.
- 환율

미국으로 송금하려면 보내는 본국 은행의 다음 정보가 필요합니다.

- 국제 송금을 위한 은행ID Routing number
- 주소
- 계좌번호

가져올 것 What to Bring

돈 MONEY

- 여행자수표: 미국 달러로 발행된 여행자수표는 현금처럼 사용할 수 있으며 분실하면 새로 받을 수 있습니다.
- 미국 달러 현금: 입국한 직후에 필요한 택시비, 팁, 식비 등을 내기 위해 500달러 정도의 현금을 가져오는 것이 좋습니다. 주말에 입국한다면 은행이 열지 않는 것을 감안하여 200달러 이상 더 환전해오는 것이 좋습니다. 100달러는 1달러, 5달러, 10달러 소액지폐로 준비해 가져옵니다.
- 신용카드나 ATM 현금카드: 미국에서도 사용할 수 있는 ATM 카드인지 확인합니다.

Tips 출국하기 전에 ATM 카드로 계좌에서 인출할 수 있는 한도를 늘려놓습니다.

Tips 공항에서 입국심사대를 통과하기 전에도 카트를 이용하려면 소액의 현금이 필요합니다.

신용카드 CHARGE OR CREDIT CARDS

미국에서는 식료품 구입이나 의복 구입, 영화관람 등 일상에서 신용카드를 사용하는 것이 일반적입니다('신용카드와 대출Credit Cards and Loans' 편 참조). 6개월 이상 체류할 계획이라면 본국에서 가져온 카드를 사용하기보다는 미국에서 신용카드를 발급받는 편이 절약됩니다.

❗ 본국에 있는 신용카드를 바로 해지하지 마십시오. 미국에서 새로운 카드를 발급받을 때까지 기다리는 것이 좋습니다. 일 년 이내에 본국으로 돌아갈 예정이라면 본국에 있는 은행계좌와 신용카드를 정지하지 않고 놔두는 것이 좋습니다.

학교나 회사, 소속 단체에서 즉시 카드를 발급해주는 경우도 있지만, 그렇지 않은 경우도 있으므로 카드회사에 문의하여, 현재 사용하고 있는 카드를 미국에서 사용할 수 있게 전환할 수 있는지 확인하십시오.

입국서류　출생 증명서나 자녀가 아닌 어린이를 동반하는 경우에 써오는 레터 등 법적인 문서는 공증된 영문본을 준비합니다.

Tips　비자와 여권의 사진과 번호가 기재된 페이지는 복사하여 사본을 만들어 두십시오. 여권을 분실하거나 여권 번호가 필요할 때 사본이 있으면 요긴하게 사용할 수 있습니다.

이민국 직원과 인터뷰하거나 정부에서 발급한 양식을 기재할 때는 사실만을 기록해야 합니다. 미국에 입국하는 데 문제가 생기면 사실을 진술한 경우에만 변호사의 도움을 받을 수 있습니다. 거짓 진술을 한 경우에는 문제를 해결하기 어렵습니다. 재입국 허가를 받지 못한 채 강제 추방될 수도 있습니다('법적 신분Your Legal Status' 편 참조).

본국에서 법적으로 결혼한 배우자가 아니면 오래 동거했다 하더라도 결혼한 것으로 해서 미국에 입국할 수 없습니다. 미국 정부는 동성간의 결혼을 아직 인정하지 않습니다.

21세 이상 가족 구성원 개개인의 여권　여권의 유효기간을 확인합니다. 미국 입국 시점에서 6개월 이내에 여권이 만료된다면 연장을 신청합니다. 여권을 최근 1년 이내에 갱신하였다면 구 여권과 새로 발급된 여권을 모두 가져옵니다.

Note　아동에게 여권을 개별 발급하지 않는다면 자녀를 자신의 여권에 올립니다. 등재된 아동이 미국으로 입국하거나 미국에서 출국할 때는 등재된 여권을 소지한 성인이 동반해야 합니다.

준비할 서류입니다.
- 아동의 출생증명서
- 동반 아동이 부모 중 한 명과 이동하거나 또는 부모가 아닌 다른 성인과 이동할 때, 본국에 남은 부 또는 모가 해당 부 또는 모나 성인과 이동하는 것을 허락하는 서한을 써서 공증을 받아야 합니다.
- 양자의 법적 보호자임을 증명하는 서류

21세 이상 가족 구성원 개개인의 비자　가족 중 한 명은 'principal employee'나 'principal student'에 해당하는 비자를 받게 됩니다. 다른 구성원들은

'derivative status'에 해당합니다. 미 영사관에서 발급한 비자는 여권 안에 첨부되며 다음 사실을 말해줍니다.

- 방문 목적
- 미국에 입국할 수 있는 최종일자
- 미국에 출입할 수 있는 횟수

학생의 경우 I-20 양식.

Note 취업 당사자의 또는 학생의 배우자나 동반 자녀라 하더라도 미국에서 취업하기 위해서는 본인이 취업 비자를 별도로 발급받아야 합니다. 이민 관련 변호사에게 도움을 받을 수 있습니다.

업무상 또는 관광을 목적으로 미국 방문시, 90일까지 비자 없이 미국에 체류할 수 있는 국가가 있습니다. 단순 방문객은 미국에서 취업할 수 없습니다. 단순 방문해서 취업하려면 변호사와 상의해야 합니다.

대부분 90일 이상 체류할 때 비자를 발급받아야 합니다.

❗ 비자만으로 미국 입국 절차가 완료된 것은 아닙니다. 본국에 있는 미국 대사관이나 영사관에서 인터뷰를 했더라도, 입국시 이민국 심사관에게 입국 심사를 받게 됩니다.

❗ 비자 신청은 가능한 한 서두르는 것이 좋습니다. 특히 6~8월에는 신청 양식을 제출한 이후 비자 발급까지 시간이 상당히 걸립니다.

❗ 학생은 I-20 양식에 기재된 날짜 이전에 90일 이상의 비자를 받지 못합니다. 미국에 90일 이상 미리 입국하려면 학생 비자 외에 관광 비자도 신청합니다. 어드바이저에게 미리 알려줍니다.

재정 관련 서류 미국에서 거주하거나 취업하는 경우 본국에서의 소득과 재산을 증명하는 서류가 필요합니다.

- 최근 납세증명원 사본
- 본국에 소유한 재산에 대한 증명

재정기록 미국에서 살면서 세금을 내는 데 필요한 서류입니다.

- 은행에서 발행한 재정증명: 과거 대출 경력도 포함되어야 합니다. 대출이나 신용카드 발급시 보조자료로 사용할 수 있습니다.
- 통장잔고나 기타 재산에 대한 기록.
- 신용대출에 관한 서류. 과거에 돈을 빌려준 사람이 써준 서한

프로페셔널 레터　가능하면 회사 로고가 찍힌 레터지에, 이름과 다음 사항을 명시하여 직장에서 발급받습니다.

- 직위나 담당업무
- 일을 시작하게 되는 시점
- 해당 업무를 하게 될 기간
- 연봉

차량 관련 서류

국제운전면허　현재 사용하고 있는 본국의 운전면허 외에 추가로 국제운전면허를 발급받아 함께 지참합니다. 미국에서 면허를 따기 전에 국제운전면허를 가지고 임시로 운전할 수 있습니다. 단, 본국의 운전면허를 함께 지참합니다.

무사고 증명no claim letter　보험회사에서 발급한 영문 무사고 증명은 당신이 안전한 운전자임을 증명하는 서류입니다. 무사고 증명을 가지고 있으면 미국에서 보험을 들 때 보험 가격을 낮출 수도 있습니다.

차량 소유 증명　사용하던 차량을 미국에 가지고 올 경우는 다음 기록을 지참합니다.

- 차 구입 영수증
- 국제 등록증
- 차량 번호

- 보험 관련 서류

병원 진료 기록

- 예방접종 기록
- 복용하는 약의 처방전
- 병력 기록
- 의사의 소견서, 엑스레이, 건강에 관련된 모든 기록

출생증명서　영문으로 해서 공증을 받는 것이 좋으며 가능하면 원본을 지참합니다.

학력증명서　성적표, 졸업증명서 기타 시험 결과표(TOEFL 등)

경력증명서

- 회사나 대학의 추천서
- 이력서
- 기타 경력을 증명할 수 있는 서류('일자리 구하기Finding Work' 편 참조)

보험증권 사본　현재 들고 있는 건강보험에 추가할 경우의 비용과 미국에서 보험을 새로 들 경우의 비용을 비교하십시오.

짐 목록　운반할 짐 목록과 선적할 목록, 남겨둘 목록을 작성하십시오.

커뮤니케이션 기기 COMMUNICATIONS EQUIPMENT

사용하던 컴퓨터를 가져오려면 추가적으로 다음도 준비하십시오.

- 미국 전압과 맞지 않을 경우 사용할 변압기
- 어댑터 플러그
- 인터넷 접속을 위한 전화접속 어댑터

여행용 디스카운트 패스 미국 내 여행을 위한 디스카운트 패스는 해외에서만 구입할 수 있습니다. USA Railpass는 미국 내 대도시를 여행하기에 좋습니다. 여행사나 인터넷에서 알아봅니다.

기타 유용한 아이템 USEFUL ITEMS

의약용품

가정 상비약과 항생제 미국에서는 처방전이 있어야 살 수 있는 약이 있습니다. 필요한 약이 처방전이 필요한 것인지 미 대사관이나 영사관에 연락하여 확인할 수 있습니다.

안경 여벌

섭씨 체온계

증명사진 여벌

작성해야 하는 각종 서류에 사진을 첨부해야 하므로 여권 크기의 사진을 넉넉히 지참하십시오.

짐 가방의 여벌 열쇠

놔두고 올 것 What to Leave at Home

💲 선적해서 가져오는 비용과 미국에서 새로 구입하는 비용을 비교하여 결정합니다. 인터넷을 통해 비교할 수 있습니다.

- 가구처럼 규모가 큰 아이템: 가구, 특히 중고 가구는 미국이 저렴한 경우가 많습니다. 가구가 딸린 집Furnished home을 빌리는 경우도 생각할 수 있

습니다.

- 일상 용품: 의약품, 신발, 의류 등

의류

- 두꺼운 실내복: 미국의 거의 모든 주거지와 건물에는 에어컨과 중앙난방 시설이 되어 있기 때문에 실내 온도는 연중 같다고 볼 수 있습니다.
- 아이들 옷 여벌: 아이들이 다른 미국 아이들처럼 입고 싶어할 수도 있고 옷값이 싼 편이므로 미국에서 구입하는 편이 나을 수도 있습니다.

침구 미국의 침대 사이즈는 다른 나라와 차이가 있으므로 미국에서 침대를 구입한다면 침구를 가져 오지 않는 것이 좋습니다. 미국에서 주로 사용하는 침대 사이즈입니다.

- king 사이즈: 274×259cm
- queen 사이즈: 229×259cm
- full 사이즈: 206×244cm
- twin 사이즈: 168×244cm

전자제품 콘센트와 전압이 다릅니다. 미국 전자제품의 표준은 110~120볼트, 60AC이므로 전자제품을 가져오려면 어댑터를 지참해야 합니다.

출국 전에 해당 전자제품이 외국에서 호환되는지 확인하는 것이 좋습니다.

특히 대형가전과 텔레비전, 비디오 플레이어, DVD는 구입한 전자대리점에 확인하는 것이 좋습니다.

미국에서는 NTSC 방식을 사용하는 데 반해 상당히 많은 국가에서 PAL, SECAM, MESELAM 방식을 사용합니다. 가지고 있는 가전제품이 NTSC 방식이 아니라면 전환해야 합니다.

차량 미국에 들여오는 모든 차량은 미 고속도로 안전규정에 부합해야 하며 촉매컨버터를 부착해야 합니다. 요구하는 제반 서류도 많기 때문에 미국에서 차량을 구입하거나 대여하는 편이 시간과 돈을 절약하는 것일 수도 있습니다('차량 구매나 리스Buying or Leasing a Car' 편 참조).

차량을 선박에 실어 들여오려면 다음 사항을 확인해야 합니다.

- 관련 규정
  - 차량을 들여올 수 있는지와 관련 비용에 대한 규정
  - 미국 표준에 맞게 차량을 개조하는 데 관련된 규정
- 부속을 새로 구입하는 방법
- 사용하는 연료의 종류. 무연차량만 들여올 수 있습니다.

물품 반입 규정 Bringing items into the U.S.

❗ 새로운 미국 안전규정은 미국으로 들어오는 모든 물품의 상세 목록을 요구합니다. 해외 이사업체는 운송하는 모든 짐의 목록을 기입해야 합니다. 목록이 상세하지 않으면 미 세관에서 지연되거나 운송 자체를 거부당할 수도 있습니다.

물품 반입에 대한 자세한 사항은 해외 이사업체나 미 영사관, 미 세관 웹사이트에서 찾아볼 수 있습니다.

특정 국가의 품목 쿠바, 이란, 이라크, 리비아, 북한, 베트남, 수단에서 오는 물품은 반입을 금지합니다.

특별한 허가가 필요한 품목 특히 다음 품목은 해외 이사업체와 확인합니다.
- 화기와 군수품
- 특정 약품: 모든 종류의 약품은 약국에서 포장해준 그대로 지참합니다. 가능하면 약품 상자나 병에 다음 표기가 있는 것이 좋습니다.
  - 환자명
  - 약품명
  - 처방한 의사명과 의사의 연락처
  - 약국명
- 동식물류: 과일, 야채, 씨앗, 무두질 하지 않은 동물의 털이나 껍질

화폐, 보석, 메달류 한정수량만을 반입할 수 있습니다.

애완동물

미 규정 미 농림부 산하 USDA−APHIS (U.S. Department of Agriculture-Animal and Plants Health Inspection Service)를 통해 해당 애완동물을 미국에 반입할 수 있는지 확인할 수 있습니다.
수의사에게 애완동물을 검사받습니다. 특정 질병에 걸린 애완동물은 반입할 수 없습니다. 개나 고양이를 반입하려면 수의사가 발행한 건강증명서를 지참해야 합니다. 출생한 지 석 달이 지난 개는 입국일 기준 30일 이전에 공수병 접종을 해야 합니다.

여행 항공사에 확인해서 도착시간에 맞춰 입국 공항에서 애완동물을 검사할 수 있는지 확인합니다.
애완동물을 운송할 계획을 짭니다. 애완동물을 운반할 캐리어를 준비하고 캐리어에는 다음 사항을 기록합니다.
- 주인의 이름과 주소
- 미국에서 애완동물을 데리고 갈 사람의 이름과 주소

• 보관되어 있는 애완동물의 숫자

마지막으로 묵을 호텔이나 주거지에서

애완동물을 허용하는지 확인합니다.

해외 이사업체 International Movers

이사업체 MOVING COMPANIES

몇 개의 운송회사에서 다음 사항을 확인합니다.
Compliance with the Customs-trade Partnership Against Terrorism(C-TPAT). C-TPAT는 전 세계적인 자원단체로, 짐꾼을 고용하는 절차와 운송 중 화물을 안전하게 보관하는 등의 표준을 설립합니다. 해당 프로그램에 가입한 이사업체를 이용하면 다음 같은 이점이 있습니다.

• 미국 세관에서 짐을 검사하는 횟수를 줄입니다. 따라서 화물은 덜 손상되면서 세관 통과 절차는 빨리 진행할 수 있습니다.
• 물품을 더 안전하게 보관합니다.

경험 본국에서 미국으로 이삿짐을 운반한 경험이 충분한지 확인합니다.

인지도 해당 회사를 사용해본 사람, 적어도 세 명에게 경험담을 들어봅니다.

보험 이사업체가 보험에 들어 있는지 확인합니다. 보험이 선적 중일 때뿐만 아니라 선적과 하역을 위해 이동할 때 운송하는 짐을 모두 커버하는지 확인합니다.

가격 세 개 이상의 운송회사한테 견적을 받습니다. 가격에 포함되는 서비스 내역을 확인합니다. 큰 회사는 대개 다음 서비스를 기본으로 제공합니다.

• 짐 싸고 풀기
• 가전제품의 설치
• 특정 품목을 반입하는 데 드는 세금과 규정에 대한 설명
• 운송서류 준비
• 세관통과 준비
• 이주 국가에 대한 설명책자나 비디오

추가비용 EXTRA COSTS

견적서에는 빠져 있는 추가비용이 발생
할 수도 있습니다.

- 매트리스 백과 옷 보관 상자
- 추가적인 픽업과 배송
- 가전제품 준비
- 특정 품목(예: 골동품이나 보석)을 위한
  추가 보험
- 차량을 반입할 경우 관련 세금과 정
  부 규정에 맞게 차량을 개조하기 위
  한 추가 비용
- 미국에 반입할 경우 추가적으로 세금
  을 내는 품목: 보석이나 모피, 100년
  이상된 골동품을 반입할 때 감정서
  지참
- 본국이나 미국에서 창고 보관 서비스

Tips 미국에서 이사할 때 일하는 사
람 한 명당 5달러에서 10달러의 팁을
주는 것이 일반적입니다.

기록해둘 것 YOUR RECORDS

- 운송하는 데 걸리는 시간
- 목록별, 서비스 품목별 견적서. 가능
  하면 토털 견적서 binding estimate 를 받
  아두어 운송회사에서 추가 비용 청구
  를 할 수 없게 합니다.
- 보험료: 필요하면 별도의 보험회사에
  서 보험을 추가로 가입할 수 있습니다.
- 이동하게 될 각 품목의 목록: 이사 전
  에 각 품목에 이미 있는 흠집은 기록
  해둡니다.

❶ 차량 같은 품목은 미국에서 본국
으로 귀환시 반입하는 절차와 제약, 관
련 세금을 미리 확인해야 합니다. 차량
이나 카메라, 보석류는 미국에서 구입
한 영수증을 보관하는 것이 좋습니다.

유용한 영어표현 Words to Know

- **Antibiotic** : 목구멍이 아프거나 기타 감염시에 쓰는 약제. 항생제.
- **Adopted** : 양자로 입적한 자식
- **Appliances** : 냉장고, 토스터, 다리미 등의 가전제품
- **Assets** : 보유한 부동산과 현금 등의 재산
- **Bank statement** : 통장에 돈이 얼마나 있는지 보여주는 서류
- **Bill of sale** : 구입한 물품목록과 가격이 기입된 서류
- **Binding estimate** : 서비스 가격 토털 견적표. 운송회사는 이 금액 이상 청구할 수 없습니다.
- **Birth certificate** : 태어난 일시와 장소를 기입한 출생증명서
- **Bonded** : 인부가 이삿짐을 훔치거나 물건을 손상할 경우를 대비해서 보험을 들어둡니다.
- **Car serial number** : 차번호
- **Central heating** : 방마다 개별난방을 하는 것이 아니라 집 전체를 중앙난방하는 것
- **Certified translation** : 번역의 정확성을 증명하는 인감이 첨부된 번역
- **Chamber of Commerce** : 카운티와 시의 주거지, 학교, 비즈니스에 대한 정보를 줄 수 있는 상공회의소. 미국의 거의 모든 카운티와 시에는 상공회의소가 있습니다.
- **Convert** : 비디오 기기 등의 방식 전환
- **Correspondent**(bank) : 타국에서 긴밀한 관계를 맺는 은행. 본국에서 사용하던 은행의 correspondent 은행을 통해 미국에서도 빠른 서비스를 제공받을 수 있습니다.
- **Credit card** : 신용카드
- **Curriculum vitae**(CV) : 이력서
- **Deported** : 미국에서 강제추방되어 본국으로 송환되는 것
- **Derivative status** : 학생비자나 피고용인 비자로 들어오는 당사자 가족의 법적인 신분
- **Double size bed** : 두 사람이 자기에 딱 맞는 침대 사이즈. 킹이나 퀸 사이즈보다 작습니다.
- **Drugstore**(pharmacy) : 약국

- **Expiration date** : 비자 만료일
- **Extension** : 체류기간 연장
- **Firearms** : 총기 등의 군수품
- **Full-size bed** : 두 사람이 잘 수 있는 침대 크기
- **Guardianship** : 아이를 보호할 수 있는 법적인 책임이 있음
- **Immunization** : 예방접종이나 예방약
- **Inventory** : 꾸린 짐이나 선적할 짐의 목록
- **King-size bed** : 두 사람이 자기에 넉넉하게 큰 침대. 가장 큰 사이즈
- **Mattress bag** : 매트리스를 싸는 비닐가방
- **Minor child** : 18세 미만 자녀
- **No-claim letter** : 자동차 보험회사에서 무사고 운전을 증명하는 문서양식
- **Pet carrier** : 여행시에 애완동물을 운반하는 우리
- **Principal employee** : 자신과 가족의 비자를 발급받는 주체가 되는 피고용인
- **Principal student** : 자신과 가족의 비자를 발급받는 주체가 되는 학생
- **Qualification** : 일할 자격요건
- **Queen-size bed** : 2인용 침대 사이즈. 킹보다 작고 더블보다 큼
- **Reference letter** : 과거 고용인의 추천서
- **Résumé**(CV) : 이력서
- **Routing number** : 국제 송금을 위한 은행의 고유 ID, 전자주소
- **Standard calling card** : 신용카드나 청구서를 통해 청구하는 전화카드
- **Tax return** : 매년 정부에 보고하는 세금보고서. 연간 수입과 낸 세금을 기록합니다.
- **Transcript** : 학교 성적표
- **Twin bed** : 1인용 침대
- **United States Citizenship and Immigration Services**(USCIS) : Department of Homeland Security 산하 기관인 이민서비스국. USCIS는 이민/비이민 비자 관리, 미국 입국 절차, 외국인의 노동허가working permits, 이민자의 재정 혜택 등의 업무를 맡고 있습니다.
- **Vaccinated** : 예방접종을 맞은
- **Wardrobe box** : 옷걸이가 달려 있어서 구김 없이 의류를 옮길 수 있는 보관 상자
- **Will** : 유언장

02 미국에 도착한 직후

미국의 화폐단위 DOLLARS & CENTS

1달러: 커피 한 잔을 살 수 있습니다.

5달러: 비디오테이프나 DVD를 두 개 빌려볼 수 있습니다.

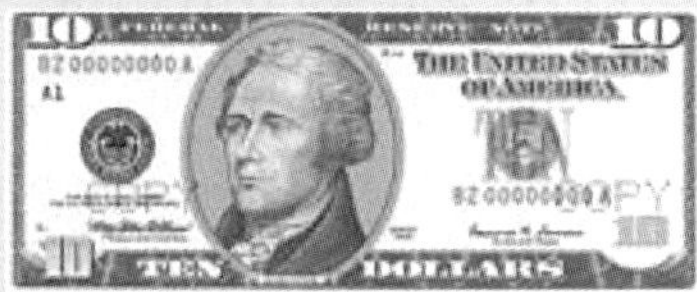

10달러: 맛있는 샐러드를 살 수 있습니다.

20달러: 예쁜 티셔츠를 살 수 있습니다.

50달러: 운동화를 한 켤레 살 수 있습니다.

100달러: 유명한 뮤지컬을 감상할 수 있습니다.

A penny
= 1 cent
(1¢)

A nickel
= 5 cents
(5¢)

A dime
= 10 cent
(10¢)

A quarter
= 25 cents
(25¢)

A half dollar
= 50 cents
(50¢)

A dollar
= 100 cents
(100¢) or
$1.00

팁 주기

장소와 직업	일반적인 팁 금액
• 음식점에서	
– 웨이터나 웨이트레스(단, 패스트푸드점의 직원은 제외)	– 세금을 뺀 음식값의 15%
– 코트 체커(코트를 받아 거는 사람)	– 코트당 1달러
– 발레 파킹(대리주차)	– 2~3달러

참고: 특별한 사항을 부탁한 경우, 예를 들어 특별한 모임을 위해 테이블을 여러 개 예약해달라고 부탁한 경우가 아니면 식당 주인에게 팁을 줄 필요는 없습니다.

• 공항, 기차역, 버스터미널에서	첫 짐은 2달러, 추가적인
• 짐 운반을 도와주는 포터	짐에 대해서는 개당 1달러
• 미장원이나 이발소에서	
– 미용사나 이발사	– 15%
– 머리 감겨주는 사람	– 1~2달러

참고: 숍의 사장이 미용사나 이발사라면 팁을 따로 주지 않아도 됩니다.

• 택시나 리무진을 탈 때	
– 운전기사	– 요금의 10~15%
– 호텔이나 공항에서 택시를 잡아주는 사람	– 50센트 + 택시에 짐을 실어준 경우 1~2달러
• 호텔에서	
• 음식이나 세탁물을 룸 서비스받은 경우	1~2달러

팁을 줄 필요가 없어요

• 경찰이나 정부 공무원

• 버스 운전사, 극장 수위, 박물관 안내원, 판매원, 주유소 직원, 엘리베이터 조작하는 사람, 리셉셔니스트

팁 주는 팁

일반적으로

? **미국 전 지역에서 주는 팁 금액이 같은가요?**

뉴욕이나 로스엔젤레스 같은 대도시에서는 20% 정도의 많은 금액을 팁으로 주기도 합니다. 작은 도시나 시골에서는 15%의 팁으로 충분합니다.

? **왜 팁을 주어야 하나요?**

웨이터 같은 직종은 팁을 받기 때문에 고정급여가 적습니다. 이런 직종은 팁을 받지 않으면 일한 만큼 벌 수 없습니다.

? **쇼핑한 점포 직원에게도 팁을 줘야 하나요?**

판매원은 오랜 시간 도움을 주었다고 해도 팁을 받지 않습니다. 판매원들은 팁 대신 수수료를 받기 때문입니다.

Note 식료품점에 따라 장본 물건을 차로 날라준 경우 25~50센트의 팁을 주기도 합니다. 반면 팁을 줄 수 없도록 금지하는 식료품점도 있습니다. 확실하지 않을 때는 다른 고객이 어떻게 하는지 눈여겨보십시오.

? **특정 휴일에 팁 주는 관례가 따로 있나요?**

('미국인 만나기Meeting Americans' 편 참고)

음식점과 호텔에서

? **주인에게도 팁을 주나요?**

보통은 팁을 주지 않습니다. 특별한 주문을 했을 경우, 예를 들어 주인이 대규모의 모임을 도와준 경우 등을 제외하고는 팁을 따로 주지 않습니다.

? **청구 금액의 15% 이상 팁을 줄 경우도 있나요?**

고급호텔이나 고급레스토랑의 직원은 20~25%의 팁을 받습니다. 6명 이상의 큰 그룹이 식사한 경우도 18~20%의 팁을 남깁니다. 단, 팁이 계산서에 이미 포함되어 있는지 확인하십시오.

? **서비스가 마음에 들지 않으면 팁을 적게 주나요?**

그렇습니다. 단, 서비스가 유달리 형편없다고 느낀 경우입니다. 15% 미만 팁을 준 후 매니저에게 불만을 말합니다. 팁을 적게 주었을 때는 주방이 문제가 아니라 서빙하는 사람에게 불만이 있었음을 분명히 합니다.

❓ 팁을 안 주는 경우도 있나요?

카페테리아나 맥도널드 같은 패스트푸드점은 팁을 주지 않습니다.

택시로 배달 서비스를 시켰을 때

❓ 피자나 레스토랑 음식 배달에도 팁을 주나요?

15% 정도 주면 됩니다.

❓ 우편물이나 백화점, 꽃가게의 배달에도 팁을 주나요?

줄 필요 없습니다.

❓ 특별한 편지나 소포를 전달하는 메신저에게 팁을 주나요?

줄 필요 없습니다.

공항에서 At the Airport

미국으로 입국하기 ENTERING THE U.S.

서류　입국 심사시 준비할 서류는 다음과 같습니다.

- 여권 안쪽에 찍힌 미국 비자
- I-94 카드: 입국심사원이 이 양식을 여권에 첨부할 것입니다. I-94에는 체류기간이 명시되어 있습니다. 체류하려는 기간이 더 길다면 사유를 설명하여 연장을 요청하십시오. 공항을 떠난 후에도 I-94 카드를 버리지 마십시오.

- 세관신고서
- 기타 IAP-66 같은 입국서류

교통편　공항에는 대개 도심이나 교외로 이동하는 교통편이 있습니다.

- 택시: 택시기사에게 요금의 15% 정도를 팁으로 줍니다. 기타 톨게이트비, 추가 승객, 짐을 이유로 추가요금을 낼 수도 있습니다.
- 셔틀(리무진이나 밴): 셔틀을 이용하면 택시보다 저렴하지만 다른 승객을 하차하면서 이동하므로 시간이 더 걸립

입국시 도우미

The Information booth : 공항에 위치한 information booth에서 교통편과 호텔, 화폐에 대한 정보를 찾을 수 있습니다.

Visitors' information centers : 호텔 예약이나 해당 도시에 대한 정보를 찾는데 도움을 받을 수 있습니다. Yellow Pages에서 'Tourist' 난 아래에 전화번호가 나와 있습니다.

전화

전화번호 찾기

- 미국 어느 지역에서나 411 또는 1-411 유료서비스를 통해 전화번호를 찾을 수 있습니다. 다른 지역 번호를 문의할 때 지역번호 앞에 1을 누릅니다. 지역 번호를 모르면 0을 누릅니다.
- 같은 지역에서 거주하는 사람이나 가게, 관청을 찾으려면 전화번호부를 참조할 수 있습니다.

  Note 전화번호부 첫 페이지에는 해당 지역의 지도를 비롯한 유용한 정보가 실려 있습니다.

  전화와 인터넷 연결에 대해서는 다음 장 '통신수단 설치하기Getting Connected' 편을 참조하세요.

공항 서점

공항의 서점에서는 해당 도시의 책, 잡지, 신문을 판매합니다. 몇 주 이상 체류한다면 일상생활에 대한 정보를 담은 책자를 구입하는 것이 도움이 됩니다('뉴스, 스포츠, 오락News, Sports, & Entertainment' 편을 참조하십시오).

니다. 두 명 이상이 함께라면 택시가 저렴할 수도 있으므로 요금을 확인하십시오.

- 버스, 전철, 기차: 공항에는 대부분 도시로 이동하는 대중 교통이 있습니다.
- 대여차('여행하기Traveling In & Out of the US' 편 참조)

숙박할 때 Where to Stay

호텔 HOTELS

호텔은 대부분 청소와 세탁 서비스, 룸 서비스, 레스토랑을 기본으로 갖추고 있습니다.

호텔에 따라 다음과 같은 것을 제공하기도 합니다.

- 작은 부엌이 딸린 스위트룸
- 무료 주차
- 인터넷, 컴퓨터 사용
- 피트니스 센터와 수영장
- 두 가지 언어를 구사하는 직원
- 흡연실

모텔 MOTELS

모텔은 호텔과 흡사하고 가격이 저렴하면서 주차가 가능합니다. 모텔은 대부분 도심보다는 근교와 도로변에 위치합니다.

게스트하우스 GUEST HOUSES

게스트하우스에 룸을 빌리거나 침실과 아침식사B&B를 장·단기로 빌릴 수 있습니다. 드물게 욕실을 다른 손님과 공동 사용할 수도 있습니다. 대부분 아침식사는 기본으로 제공하며 오후에 차나 칵테일을 서비스하는 곳도 있습니다.

임시 주거지 TEMPORARY HOMES

일주일, 한 달 또는 그 이상의 기간에 임시 주거지를 빌리기도 합니다. 임시 주거지는 대부분 가구, 침구, 수건, 식기, 가전을 갖추고 있습니다('집 구하기 Finding a New Home' 편 참조).

$ 보통 가구를 갖춘 아파트는 가구가 없는 곳보다 50%가량 비싼 편입니다. 첫 월세를 지급할 때 보통 1개월치 월세에 해당하는 보증금security deposit을 지불해야 합니다. 보증금은 임대 기간에 집이 손상된 경우 발생하는 비용을 충당하기 위한 것입니다. 따라서 수리비가 발생하면 임대 만료시점에서 수리비를 뺀 차액만큼의 보증금만 돌려받게 됩니다. 집을 임대할 때 월세에 포함되는 서비스가 어떤 항목인지 미리 확인해야 합니다.

서비스 단기 임대아파트는 종종 다음과 같은 특정한 서비스를 임대 가격에 포함하여 제공합니다.

- 24시간 프런트데스크 서비스
- 청소 도우미

입국시 체크리스트
ARRIVAL CHECKLIST

1 회사나 스폰서가 보조하는 부분을 확인합니다.

2 모든 공식 문서는 영문으로 해서 될 수 있으면 공증을 받습니다. 공증 사무실은 은행이나 변호사 사무실, 부동산, 번역 사무실에서 찾을 수 있습니다.

3 은행 계좌를 개설합니다('돈 문제Money Matters' 편 참조). 집을 임대하기 위해서도 은행 계좌가 필요합니다. 귀중품을 보관하기 위해서는 귀중품 보관함safe-deposit box을 임대할 수 있습니다.

4 자녀가 있다면 적절한 학교를 찾습니다. 사는 지역에 따라 공립학교의 수준이 다릅니다('큰 자녀Your Older Child' 편 참조).

5 살 집을 고릅니다. 수표로 보증금deposit을 지불합니다.

6 운전면허를 취득합니다. 입국 이후 30일 이내 운전면허를 따게 되어 있습니다. 운전을 하지 않으면 ID카드를 발급받습니다('돌아다니기Getting Around' 편 참조).

7 자격 요건이 되면 도착하고 3주 후에 Social Security Card를 신청합니다. 이 무렵에는 이민서비스국USCIS의 데이터베이스에 이름이 올라 신청할 수 있습니다.

- 신문 배달
- 공항으로 가는 교통편 제공

아메리칸 유스호스텔　연령에 관계없이 모든 관광객이 숙박할 수 있습니다. 보통 다른 사람과 침실, 욕실을 같이 씁니다. 1박에 40달러 미만입니다. 이불이나 수건, 식사 등에는 추가 요금이 청구됩니다. 25달러가량의 연회비를 내고 회원으로 가입하면 할인을 받습니다.

캠핑　미국에는 야영이 가능한 국립공원이 많습니다. 캠핑지에는 요리할 수 있는 그릴, 화장실, 샤워 시설이 있습니다.

💲 무료 야영지도 있으나 1박에 30달러 미만의 요금을 청구하는 곳도 있습니다. 예약하는 것이 좋습니다.

번역 서비스 Translation Services

번역이 필요한 서류는 기본적으로 다음과 같습니다.
- 성적표와 학교 관련 서류
- 의료기록
- 출생증명서
- 결혼증명서
- 특정 직업을 개업하는 데 필요한 면허나 증명서

번역 서비스는 언어와 문서 길이에 따라 하루에서 몇 주가 걸리기도 합니다. 급하다고 하면 서둘러서 번역해주기도 하지만 가격이 올라간다는 점을 알아야 합니다.

번역 서비스의 가격은 언어, 문서의 종류(의학용어, 법률용어가 많은 문서는 더 비싸기도 합니다), 문서 길이(보통 길이에 관계없이 최소금액이 있습니다)에 따라 달라집니다.

체크할 사항 WHAT TO LOOK FOR

일반적인 가격 견적　번역 회사는 대부분 문서를 보기 전에 견적을 알려주지 않습니다.

공증된 문서　공증 서비스를 제공하는

번역 사무실도 있습니다. 본국 언어를
잘 아는 직원을 요청합니다.

고객의 레퍼런스나 번역 샘플

기타 서비스 Other services

번역 사무소에 따라서는 다음과 같은

추가 서비스를 제공하기도 합니다.

- 컨퍼런스나 회의, 세미나 통역: 통역
  사를 고용하여 근처 지역을 안내받을
  수도 있습니다.
- 오디오테이프의 내용을 문서화한 원고
- 비디오테이프 더빙
- 언어 교육

유용한 영어표현 Words to Know

- **Authenticate** : 문서가 사실임을 확
  인하는 인장을 찍음
- **Bilingual** : 두 가지 언어를 구사함
- **Concierge** : 수위
- **Customs inspection station** : 공항
  에서 직원이 짐 검사를 하는 곳
- **Customs declaration card** : 세관신
  고서. 기내에서 얻을 수 있으며 미국
  으로 반입하는 물품을 신고하는 양식
- **Dependent** : 가족이거나 특정 직종
  의 수행을 이유로(예 : 외교관의 운전기
  사) 비자를 발급 받는 사람
- **Dubbing** : 영상이나 비디오 테이프
  에 음성을 녹음하는 것
- **Extension** : 법적으로 체류 연장을

허락하는 것
- **Guest house** : 방을 빌릴 수 있는 집
- **I-94 card** : 입국 심사 공무원이 여권
  에 첨부하는 양식
- **Interpreter** : 통역사
- **Limousine** : 대형차량. 통상 limo라
  고 함
- **Motel** : 호텔과 유사하나 방이 모두
  직접 외부로 향하고 주차공간이 있음
- **Notarize** : 문서를 합법화하기 위해
  공증받는 것
- **Notary public** : 공증인
- **Room service** : 방으로 음식을 운반
  해주는 서비스
- **Security deposit** : 집이나 아파트 임

대시 보증금과 같이 내는 돈

- **Social Security card** : 미국에서 합법적으로 일할 자격을 얻기 위해 필요한 정부 발행 ID

- **Suite** : 호텔 내에서 몇 개의 방이 붙어 있는 것

- **Temporary home** : 장·단기로 임대 가능한 집

- **Toll** : 도로를 사용할 때 지불하는 요금

- **White Pages** : 인명별 주소와 전화번호를 수록한 책자

- **Yellow Pages** : 상호와 서비스별 전화번호와 광고를 수록한 전화번호 책자

- **Youth hostel** : 숙박장소의 종류로 타인과 침실, 욕실을 같이 사용

03 통신 수단 설치하기

GETTING CONNECTED

지역 전화 Local calls

- 3자리 교환국 번호
- 4자리 전화번호(지역에 따라 지역번호를 눌러야 합니다.)
- 예: 461-4980

장거리 전화 Long-distance calls

- 1
- 지역번호
- 3자리 교환국 번호
- 4자리 전화번호
- 예: 1-912-344-0199

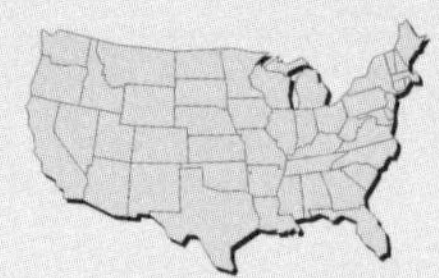

국제 전화 International calls

- 011
- 국가 코드
- 도시 코드
- 번호
- 예: 011-01-32-599-00-06

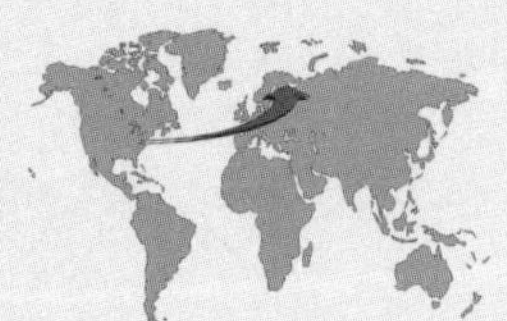

교환원을 통한 전화 Operator-assisted calls

- 미국 내 교환원의 도움을 받으려면 0
- 국제 교환원의 도움을 받아 직통으로 걸려면 01
- 국제 교환원의 도움을 받되 직통으로 거는 것이 아니면 00
  교환원은 수신자 부담 통화 collect-call와, 지명 통화 person-to-person call,
  콜링 카드 통화 calling card call 및 비상 통화 emergency call와 기타 일반적인
  문제를 도와줄 수 있습니다.

인포메이션 전화 Information calls

- 지역 내 정보 문의는 411
- 비상시는 911(사고, 범죄, 화재, 의료적 위기 등)

전화번호 Dialing a Phone Number

미국 내 전화번호 DOMESTIC(U.S.) CALL

미국 내 모든 전화번호는 3자리 지역번호와 3자리 교환국 번호, 4자리 전화번호로 되어 있습니다.

예로 240-497-1088이란 번호에서

- 240은 지역 번호area code
- 497은 교환국 번호exchange
- 1088은 전화번호Number 니다.

로컬 번호 전화번호부에는(주로 White pages) 지역 교환국 번호의 목록이 있습니다. 교환국 번호와 전화번호만 눌러서 전화하는 곳도 있고, 지역 번호까지 모두 눌러야 하는 곳도 있습니다.

Note 호텔이나 대학 캠퍼스, 사무실 빌딩에서 외부 전화를 사용할 때는 9나 8을 먼저 눌러야 가능하기도 합니다.

장거리 번호 1번을 누르고 지역 번호＋교환국＋전화번호를 누릅니다.

❓ 전화번호만으로 장거리 지역 번호인지 어떻게 알 수 있습니까?

대부분 같은 도시나 타운 내의 지역이라면 지역 전화번호입니다. 장거리 지역에 있는 전화번호인지 확인하려면

- 0번을 눌러 교환원에게 물어봅니다.
- 교환국 번호와 전화번호만 눌러봅니다. 1번을 누르지 않고도 연결되면 그 번호는 지역 전화번호입니다. 장거리 지역의 번호라면 별도의 메시지가 나옵니다.

❗ 미국의 다른 지역에 전화할 때는 시차를 염두에 두고 합니다('여행하기 Traveling In & Out of the US' 편 참조).

❓ 전화번호를 모를 때는 어떻게 합니까?

- 전화번호를 문의하려면 411이나 0번에 겁니다. 지역 번호를 알면, 1＋지역 번호＋555＋1212로 겁니다.
- 로컬 번호는 전화번호부에서 찾을 수 있습니다.
- Yellow Page나 인터넷 www.switchboard.com에서 인명이나 상호명으로 전화번호를 찾을 수 있습니다.

$ 많은 도시에서 월 3회, 무료로 411 통화를 이용할 수 있습니다. 그 후에는 모든 안내전화에 대해 로컬이든 장거리든 75센트에서 1.4달러의 요금이 부과됩니다. 공중전화로 411에 전화하려면 요금을 낼 수 있게 동전을 준비합니다.

? 음성 안내 메시지가 나오는데 무슨 말인지 이해가 안 됩니다. 어떻게 합니까? 미국에서 음성 안내 메시지는 점차 흔해지고 있습니다. 보통은 다음에 누를 번호를 안내하는 내용입니다. 예를 들어 극장에 전화하면, 상영시간 안내는 1, 티켓 예매는 2를 누르라는 메시지가 나올 것입니다. 안내 내용을 이해할 수 없을 때는 다음과 같이 하십시오.

- 버튼을 누르지 않고 기다립니다. 보통은 누군가 전화를 받습니다.
- 0번을 누르면 교환원에게 연결되기도 합니다.
- '특정직원과 통화를 원하는지' 물어보면 해당 번호를 누릅니다.

국제 전화 INTERNATIONAL CALLS

교환원을 통한 통화보다는 직통 번호로 전화하는 것이 저렴합니다. 011+국가 번호+도시 번호+전화번호를 누릅니다. 도시 번호가 0으로 시작하면 0은 누르지 않습니다.

특수 번호 SPECIAL NUMBERS

문자로 된 전화번호 회사 전화번호로 숫자 대신 문자를 사용하는 경우가 있습니다. 전화기에 있는 문자를 누르면 됩니다. 예로 800-WEATHER라는 전화번호는 800-932-8437을 의미합니다.

'800' 번호 '800' '877' '888' 처럼 8로 시작하는 지역번호의 전화번호는 '800' 번호라고 합니다. 이는 toll-free 번호, 즉 해당 회사가 로컬에 있지 않더라도 무료로 걸 수 있는 번호입니다. 전화할 때는 1+800 지역 번호+교환국 번호+전화번호를 누릅니다.

'900' 번호 '915' '976' 처럼 9로 시작하는 지역 번호를 지닌 전화번호는 '900' 번호라고 합니다. 이런 번호로 거는 전화는 유료이며, 때로는 분당 7달러 이상 부과되기도 합니다. 걸기 전에 미리 통화료를 확인하거나 아예 걸지 않는 것이 좋습니다. 전화할 때는 1+900 지역 번호+교환국 번호+전화번호를 누릅니다.

이럴 때는 이렇게

당장 전화기가 필요할 때

- 길거리나 주유소, 편의점, 쇼핑몰에 있는 공중전화를 이용합니다. 동전이나 콜링 카드가 필요합니다.
- 국제 전화를 하려면 전화국telephone center을 찾습니다. 보통 호텔이나 외국인이 많은 도시에 있습니다. 현금을 내야 합니다.
- 호텔 전화를 사용합니다. 로컬 통화는 1달러 미만입니다. 장거리나 국제 통화를 하려면 콜링 카드나 장거리 통화 서비스를 이용합니다.

호텔에서 장거리나 국제 전화를 사용할 때는 미리 통화료를 확인한 후 겁니다. 미국 외의 곳에 거는 통화는 연결하는 데만 4달러 이상, 추가로 분당 2.5~5달러의 요금을 물기도 합니다. 교환원이 연결해주는 경우는 전화 요금이 더 비쌉니다.

당장 콜링 카드가 필요할 때

주유소, 편의점, 우체국, 슈퍼마켓, 신문 판매점, 호텔 로비, 인쇄숍 등을 찾습니다. 콜링 카드로 국제 전화를 할 때도 통화료를 세심하게 따져봅니다.

휴대전화를 빌리려면

차량 대여 회사에 물어보거나 전화 임대 서비스를 이용합니다.

3개월 이상 체류할 때는

가능한 한 빨리 집과 사무실에 전화 서비스를 신청합니다('통신수단Communications at Home' 편 참조). 이렇게 서비스에 가입하는 것이 추가 요금 없이 저렴합니다.

전화 교환원 The Operator

도움 요청하기 HELP!

Note 전화를 걸다가 도움이 필요할 때는 0번을 눌러 교환원을 찾습니다. 교환원의 설명을 들은 후 전화를 끊고 직접 전화를 다시 합니다. 교환원이 전화를 연결해주면 요금은 2~7달러 이상 듭니다.

교환원에게 도움을 청하는 경우입니다.
- 장거리 전화시 전화번호를 잘못 눌렀을 때: 대부분 이런 통화에는 전화 요금을 부과하지 않습니다.
- 연결 상태가 잡음이 많고 잘 들리지 않을 때: 교환원이 무료로 다시 연결해줍니다.
- 공중전화가 돈을 삼켰을 때: 0번을 눌러 교환원을 찾아 다음과 같이 설명합니다. "I put two quarters in the phone machine. I dialed the number, but the line was busy. 전화기에 30센트를 넣고 번호를 눌렀는데 통화 중이었습니다. When I hung up, I didn't get my money back 전화를 끊었는데 돈이 나오지 않습니다." 교환원이 무료로 통화할 수 있게 다시 연결해줄 것입니다.
- 비상 연락해야 하는데 통화중일 때. 생명이 위급한 비상 사태라면, 교환원이 통화중인 라인을 멈추고 연결해줄 수 있습니다.

특별한 전화 서비스 SPECIAL SERVICES

다음의 통화를 하려면 0+지역 번호+교환국 번호+전화번호를 누릅니다.

콜렉트 콜 Collect calls 수신자가 통화료를 부담합니다. 교환원이 전화를 연결한 후 수신자에게 통화료를 부담하고 전화를 받을 것인지 물어봅니다.

지명 통화 Person-to-person calls 교환원에게 통화하고 싶은 사람의 이름을 알려줍니다. 통화하려는 사람이 없으면 교환원이 전화를 연결하지 않고 통화료도 부과하지 않습니다.

선불 전화카드 Pre-paid Calling Cards

보통의 전화카드는 먼저 1번을 누른 후, 800번으로 시작하는 엑세스 번호를 누르고, 개인 암호(카드 번호)를 누릅니다.

❗ 전화카드와 개인 암호는 따로 보관합니다. 개인 암호로 은행 계좌를 확인할 수 있기 때문입니다. 이 계좌로 청구를 요청하고 사용한 모든 통화료는 본인이 부담합니다. 전화카드 뒷면에 이미 핀 넘버가 기재된 경우엔 카드를 습득한 사람이 사용할 수 있으므로 분실하지 않게 주의합니다.

💲 선불 카드의 가격은 종류에 따라 다릅니다. 어떤 카드는 몇 분의 무료 통화와 일정하게 정해진 통화 시간을 가지고 있습니다. 예를 들어 어떤 39.99달러짜리 선불 카드는 60분의 무료 통화에 총 200분의 사용량이 정해져 있습니다. 어떤 카드는 통화료를 계산하기 위해 일정한 단위를 사용합니다. 단위당 통화료가 카드에 명시되어 있지 않으면 가게 주인에게 문의합니다.

❗ 카드 구입 전에 카드에 명시된 설명, 특히 추가 요금에 대해 상세히 읽어 봅니다.

알아볼 점 WHAT TO LOOK FOR

카드 가격 외에 다음 사항을 점검합니다.

분당 통화료 Per-minute rate 가장 자주 통화하는 도시에 발신하는 통화료를 체크합니다. 국제 전화는 분당 3~4달러 이상 차이가 나기도 하므로 자주 거는 지역, 예를 들어 남미나 아프리카, 유럽이나 아시아 등으로 통화하는 전화카드가 따로 있는지 확인합니다.

특별 요금 Surcharges 통화료가 낮은 카드는 종종 특별 요금을 높게 부과하거나 기타 추가 비용을 물게 합니다. 예를 들면 다음과 같습니다.

- 통화 연결 요금으로 통화당 2.5달러 정도 부과하기도 합니다.
- 공중전화에서 걸 때 공중전화 특별

요금(분당 20~40센트)

시간 제한 가게에서 구입한 카드는 대부분 만료 기한이 있어서 정해진 기한이 넘으면 사용할 수 없습니다. 예를 들어 첫 통화한 후 30일까지 사용할 수 있다든지 등으로, 사용할 수 있는 시간에 제한이 있습니다.

통화 액수 제한 가게에서 구입한 카드는 대부분 통화 요금에 제한이 있습니다. 예를 들어 10달러나 20달러를 주고 산 카드는 그 액수만큼 통화하고 나면 더 사용할 수 없습니다. 정해진 액수에 추가로 불입이 가능한 카드도 있습니다. 카드 구입시 문의해 봅니다.

Note 전화 서비스 회사에서 신용카드로 전화카드를 구입하기도 합니다. 이런 경우는 보통 통화 액수에 제한이 없어서, 필요하면 신용카드 정보를 알려 주고 정해진 액수 외에 추가로 충전할 수 있습니다.

카드나 기타 통신 서비스에 대한 자세한 정보는 '통신수단Communications at Home' 편을 참조합니다.

Note 통화료가 특히 중요한 경우에는, 기본 통화료를 계산하는 시간 단위billing increments를 따져봅니다.

휴대전화 임대하기 Renting a Cellular (Cell) Phone

휴대전화를 임대할 수 있는 곳입니다.
- 차량 대여 사무소에 문의할 수 있습니다.
- 휴대전화 서비스: Yellow page의 'Cellular/Telephones&Supplies' 를 찾아봅니다.

$ 하루 임대하는 데 3~6달러의 기본 요금에, 미국 내 통화당 5~25센트의 비용이 듭니다. 보통 세금과 추가 요금, 예를 들면 전체 비용의 8.5%에 해당하는 유틸리티 요금이 붙습니다. 전화를 임대하려면 신용카드가 필요합니다.

 2주 이상 체류할 생각이라면 휴 대전화를 구입하는 방향을 검토합니다.

인터넷 사용하기 Accessing the Internet

컴퓨터 찾기 FINDING A COMPUTER

- 공항
- 호텔의 비즈니스 센터나 호텔 객실: 호텔 내 비즈니스 센터는 인터넷을 한 시간 정도만 사용해도 하루 사용료로 15달러 정도를 청구합니다.
- 인쇄숍과 오피스 용품점(Kinko's 같은 곳), 인터넷 카페 등에서 인터넷을 할 수 있는 컴퓨터를 시간당 6~10달러의 비용으로 빌립니다.
- 도서관: 대부분의 로컬 도서관에서 무료로 컴퓨터를 사용할 수 있으며 고속 인터넷 접속도 가능합니다. 지역 거주민만 컴퓨터를 사용할 수 있는 곳도 있으나 대부분의 도서관에서는 사용자에 대한 제약을 두지 않습니다. 보통은 사용 시간을 한 시간 정도로 제약합니다. 가까운 도서관을 찾거나 전화번호부의 Blue Page를 찾아봅니다.

Note 미국에는 생각보다 인터넷 카페가 많지 않습니다. 많은 미국인이 집에 컴퓨터를 가지고 있기 때문입니다.

Tips 고속도로로 여행할 때는 트럭 운전사 식당truck stop을 이용해보십시오. 도로변의 표시를 참조하거나, 트럭이 많이 다니는 주유소에서 찾을 수 있습니다. 트럭 운전사 식당은 보통 트럭 운전자를 위한 서비스를 제공하지만, 신용카드가 있으면 여행객에게도 컴퓨터 단말기를 대여합니다.

자기 컴퓨터 사용하기 USING YOUR OWN COMPUTER

미리 준비할 사항
- 전화 접속 플러그와 콘센트에 맞는 어댑터
- 변압기: 이미 컨버터가 장착된 컴퓨터도 많이 있습니다.

인명으로 찾기 White page의 'Residence' 섹션을 찾아봅니다.

상호로 찾기 White page의 'Business' 섹션을 찾아봅니다.

서비스나 상호 목록 Yellow page를 찾아봅니다. 예를 들어 인도 음식점을 찾으려면

- 'Restaurant' 이라는 카테고리를 찾고
- 'Indian' 이라는 서브 카테고리를 찾습니다.

카테고리 목록인 'Action Index' 가 책자 후반부에 주황색으로 첨부되어 있습니다.

정부 부처 보통 Blue page의 (White Page 안의) government난을 찾아봅니다. 원하는 정부 부서(국가, 주, 카운티, 도시)를 찾으려면 Blue page의 간이 'Reference' 란을 참조합니다. 그런 후 해당 부서를 찾습니다. 해당 부서를 모르면 목록 상단에 있는 general information으로 연락하거나 다음 장에서 정확한 부서명을 찾습니다.

찾아보기 예

출입국규정Immigration regulations을 찾아보려면, 'United States Government/Immigration & Nationalization Service' 아래를 찾아봅니다.

메릴랜드 주에서 면허따는 요건Requirements for getting a license in Maryland을 찾으려면, 'Maryland State Government/Transportation/Motor Vehicle Administration' 을 찾아봅니다.

몽고메리 카운티에 있는 공립학교 명단A list of the public schools in Montgomery County을 찾으려면, 'County/Montgomery County Government/Schools/Public' 을 찾습니다.

스페인어로 된 책이 있는 도서관 명단A list of libraries with Spanish books을 찾으려면, 'County Montgomery County/Government/Libraries/Branch Libraries and Cultural Services/Cultural Minorities Services : English-Spanish' 을 찾습니다.

• 미국에서 사용 가능한 인터넷 서비스: 호텔과 아파트에서 인터넷 서비스가 가능한 단말기를 제공하기도 합니다. 직접 인터넷 서비스에 가입하려면 사무용품점에서 AOL 등의 ISP(인터넷 서비스 제공회사)에 접속할 수 있는 스타트업 디스켓을 구합니다. 디스켓은 무료이며 인터넷 서비스를 시작할 수 있게 안내합니다. 인터넷 서비스를 이용하려면 신용카드를 준비해야 합니다.

전화번호부 Telephone Directories

대부분의 호텔 객실이나 공중전화 부스에는 전화번호부가 비치되어 있습니다.

• 상호와 서비스 목록은 Yellow page에서 찾을 수 있습니다. Yellow page에는

 – 'Airlines(항공사),' 'Computers(컴퓨터),' 'Schools(학교)' 등의 서비스 목록이 알파벳 순으로 열거되어 있습니다.

 – 광고가 있습니다.

 – 안내된 상점과 서비스에서 사용할 수 있는 할인 쿠폰이 있습니다.

• White page에는 가정집과 회사의 전화번호가 안내되어 있습니다.

• Blue page에는 정부 부처의 전화번호가 안내되어 있습니다.

전화번호부에서 안내하는 기타 정보

전화번호부 전반부에는 다음과 같은 추가 정보가 실려 있습니다.

• 전화 요금과 서비스

• 전화 사용 안내

• 비상 전화번호

• 미국 지도와 지역 번호

• 로컬의 지하철 노선과 도시 지도

• 미국 주요 도시의 시간과 날씨를 확인할 수 있는 전화번호

• 스포츠와 문화 행사

유용한 영어표현 Words to Know

- **'800' numbers** : 무료 전화로, '800' '877' '888' 처럼 지역번호가 8로 시작하는 전화번호. 요금이 없는 전화번호로 장거리 요금이 부과되지 않습니다.
- **'900' numbers** : '900' '915' '976' 처럼 지역번호가 9로 시작하는 전화번호. 이 번호로 전화하면 분당 요금이 부과되며, 때로는 분당 7달러까지 부과되기도 합니다.
- **Access number or code** : 장거리 통화나 인터넷 접속을 위해 거는 전화번호와 암호. 이 번호로 거는 통화는 요금이 모두 본인에게 청구되므로, 다른 사람이 본인 허락 없이 사용할 수 없게 암호와 전화번호를 서로 다른 곳에 보관합니다. 보통 접속을 위해 거는 전화는 무료입니다.
- **Adapter plug**(electric) : 전자 기기의 코드가 미국 콘센트에 맞게 하는 플러그
- **Adapter plug**(telephone) : 전화 접속 커넥터가 미국의 전화 콘센트에 맞게 하는 플러그
- **Answering machine** : 전화에 메시지를 남기는 자동 응답기
- **Area code** : 사는 지역을 알리는 3자리 지역 번호. 예로 202는 워싱턴 DC의 지역번호입니다.
- **Billing increments** : 통화료를 계산하는 시간의 기본 단위. 보통 3분, 1분, 30초, 6초 등의 단위가 있습니다. 만약 3분이 기본 단위라면 통화 시간이 3분 미만이라도 3분마다 통화료를 물게 됩니다. 기본 단위가 작을수록 각 통화에 드는 돈은 적어집니다.
- **Collect** : 장거리 전화시 통화료를 수신자가 부담하는 것
- **Calling card** : 로컬, 장거리, 국제 전화를 할 수 있는 카드
- **Cancellation fee** : 'Termination fee' 참조
- **Carrier** : 'Provider' 참조
- **Connection fee** : 서비스를 처음 시작하거나 접속하는 데 드는 비용
- **Convenience store** : 신문, 식료품, 간단한 의약품 등을 취급하는 작은 가게. 24시간 영업하는 곳이 많습니다.

- **Country code** : 특정 국가에 전화할 때 거는 국가 번호로, 모든 국가는 고유한 번호가 있습니다.
- **Dial** : 통화를 위해 전화기의 숫자나 문자를 누르는 것
- **Dial tone** : 수화기를 들면 나는 신호음
- **Domestic** : 미국 내의
- **Exchange** : 전화번호 중 지역 번호 다음에 나오는 3자리 번호. 240-497-1088이란 번호에서 497입니다.
- **Expiration date** : 상품이나 서비스를 사용할 수 있는 최종일자.
- **Information** : 다른 사람의 전화번호를 알기 위해 거는 번호. 보통 411번을 이용합니다.
- **Local** : 장거리 통화료를 내지 않는 로컬 번호
- **Long-distance** : 무료 통화 지역이 아닌 곳. 장거리 통화 지역은 로컬 지역과 상반되는 개념입니다.
- **Outside line** : 캠퍼스나 사무실, 빌딩, 호텔 등 특정 지역에서 외부로 통화하기 위한 선
- **Menu** : 전화한 후 나오는 음성 안내 메시지. 음성 안내 메시지에서 접속할 수 있는 서비스나 담당자명을 나열하면, 원하는 서비스나 담당자에 해당하는 번호를 누릅니다. 메시지를 이해할 수 없을 때는 0번을 누르고 사람이 응대하기를 기다립니다.
- **Personal code** : 개인의 어카운트를 확인하는 번호. 이 어카운트로 청구되는 모든 통화료는 본인이 부담합니다.
- **Person-to-person** : 장거리 통화의 일종. 교환원에게 원하는 사람을 지명 요청해서 통화하는 것. 지명한 사람이 부재중이면 교환원은 전화를 연결하지 않습니다.
- **Phone card** : 'Calling card' 참조
- **Pre-paid calling card** : 사용하기 전에 비용을 선지급한 카드. 일정하게 지정된 액수만큼 통화할 수 있습니다.
- **Provider** : 서비스를 파는 회사
- **Receiver** : 전화기의 송·수화기
- **Roaming charges** : 휴대전화로 장거리 통화를 하면, 일반 전화비에 추가되어 나오는 비용
- **Standard calling card** : 각 통화료를 신용카드나 일반 전화비 청구서에 포함시키는 전화 카드. 전화를 쓰지 않으면 청구되지 않습니다.
- **Station-to-station** : 장거리 전화의 일종. 누구든 응답하는 사람과 통화하는 것입니다.
- **Surcharge** : 기본 요금(분당 요금 등)에 추가되는 요금
- **Termination fee** : 계약된 기간 이전

에 서비스를 정지하여 무는 요금

- **Toll-free numbers** : 장거리 요금을 내지 않는 전화. '800' 번호는 toll-free입니다.
- **Transformer** : 'Voltage converter' 참조
- **Truckstop** : 트럭 운전사가 주유나 샤워, 잠을 자기 위해 들르는 장소. Truckstop 레스토랑은 트럭 운전사뿐 아니라 일반 운전자에게도 인기가 있습니다. Truckstop은 인터넷을 할 수 있는 컴퓨터를 갖춘 곳도 많습니다.
- **Service unit** : 한 통화료를 계산하는 데 사용되는 양. 보통 카드에 각 unit 당 가격이 명시되어 있습니다.
- **Voltage converter**(transformer) : 미국 전압을 원하는 기기의 전압으로 바꾸는 기기
- **White Pages** : 인명으로 찾는 전화번호부
- **Yellow Pages** : 상품과 서비스 광고를 찾는 전화번호부

04 법적 지위

YOUR LEGAL STATUS

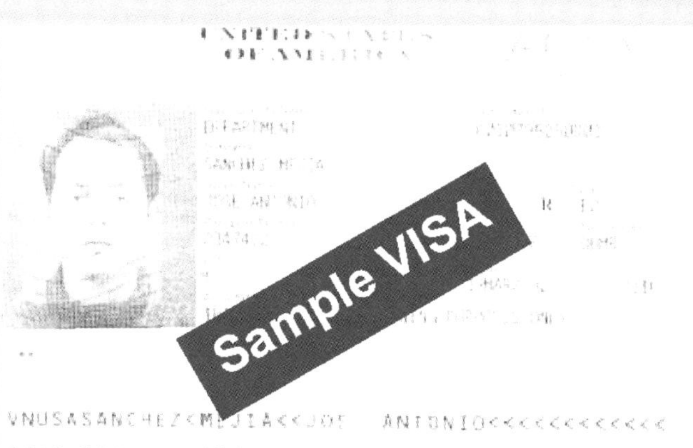

개요 Overview

미국 비자에는 두 종류가 있습니다.

- 미국에서 영구적으로 살거나 취업할 사람을 위한 이민비자(immigrant 또는 permanent immigrant visa)
- 특정 기간만 미국에서 생활하거나 일하다가 본국으로 귀국할 외국인을 위한 비이민 비자(non-immigrant 또는 non-permanent visa)

미국으로 이주하려는 외국인은 모두 비자를 발급받아야 합니다. 비즈니스나 관광 목적으로 단순 방문하는 경우에 비자 발급이 필요없는 국가도 있습니다. 비자가 필요한지는 본국에 있는 미 대사관에 확인합니다.

❓ '그린카드' 또는 '핑크카드'란 무엇을 의미합니까?

그린카드는 영주권이 있는 상태, 즉 원하는 기간만큼 거주하거나 일하는 것이 가능한 상태입니다. 영주권을 얻으면 3~5년 후 시민권을 신청할 수 있습니다. INS에서 새로 발급하는 카드는 이제 그린이 아니라 핑크색입니다. 이 카드를 항상 지니고 다녀야 합니다.

❓ '화이트카드'란 무엇입니까?

화이트카드는 본국의 박해를 피해 망명한 신분을 나타냅니다. 원하는 기간만큼 미국에서 거주하거나 일할 수 있습니다. 영주권을 얻어서 시민권 신청도 할 수 있습니다.

The Federal Information Center에는 연방 정부에 취업하는 절차, 연방 소득세, 이민 관련 서비스, 사회보장 혜택, 기타 연방 부처의 프로그램과 서비스에 대한 책과 작은 책자가 있습니다.

❗ 이민국 직원과 인터뷰할 때나 정부 양식에 기입할 때는 사실만을 기록합니다. 입국 관련 문제가 생겼을 때 사실대로 기록한 경우에만 변호사의 도움을 받을 수 있습니다. 허위 진술을 한 경우엔 문제를 해결하기 어려워집니다. 재입국 허가를 받지 못하고 추방될 수도 있습니다.

❗ 이민자와 비이민자 모두 절도나 음주 운전 등으로 미국 법을 어기지 않도록 주의해야 합니다. 범법 행위를 해

서 추방되면 재입국 허가를 받지 못할 수도 있습니다. 아동이든 성인이든 법에 저촉되는 행위를 하지 않도록 주의합니다.

이민 비자 Immigrant Visas

이민 비자로 할 수 있는 일입니다.
- 미국 내 어디든 여행할 수 있습니다.
- 횟수 제한 없이 미국으로 입·출국할 수 있습니다.
- 원하는 기간에 미국에서 살 수 있습니다.
- 미국에서 일할 수 있습니다.
- 배우자나 자녀 같은 직계 가족을 미국으로 초청할 수 있습니다.
- 5년 이상 거주 후 시민권을 신청할 수 있습니다(미국 시민권자의 배우자로 미국에 온 경우는 3년 이후).

비이민 비자 Non-immigrant visas

미국에서 거주하거나 일할 수 있는 비자를 가지고 입국한다면, 배우자나 자녀를 위한 비자도 신청할 수 있습니다.

당신의 비자가 알려주는 사항입니다.
- 미국에 출입국할 수 있는 횟수: 원하는 만큼 미국에 입출할 수 있는 경우도 있지만, 미국에서 출국할 수 없는 경우도 있습니다. 미국에서 출국하는 경우는 본국의 미 대사관이나 영사관에 확인합니다.
- 일할 수 있는 신분인지 알려줍니다. 본인은 일할 수 있으나, 동반하는 가족은 할 수 없는 경우도 있습니다. 예를 들어 H1이나 H2 비자를 소지한 사람은 일을 할 수 있으나 H4를 소지한 배우자는 일을 할 수 없습니다. 그러나 L1 비자를 소지한 사람의 배우

자는 일할 수 있는 허가를 받을 수 있습니다.

❗ 비자에 찍힌 날짜와 I-94 또는 I-94W 카드에 찍힌 날짜를 혼동하지 않아야 합니다. I-94 카드에 찍힌 날짜 이전에 미국을 나가서 연장을 요청해야 합니다.
카드에 명시된 날짜보다 오래 체류하면 법적으로 보호받을 수 없는 신분out of status이 되고 1년 이상 미국으로 재입국이 허용되지 않습니다.

비자 발급받기 GETTING A VISA

미국 대사관이나 영사관 본국의 미 대사관이나 영사관에 전화하거나 웹사이트를 방문합니다. 이민 비자를 신청하면 동시에 사회보장번호Social Security Number : SSN도 신청할 수 있습니다. 비이민 비자를 신청한 사람은 미국에 입국한 후에 SSN을 신청할 수 있습니다.

❗ 본국에서 오래 동거한 파트너와 입국하는 경우 법적으로 결혼한 상태가 아니면 배우자로 미국에 입국할 수 없습니다. 또한 이민서비스국United States Citizenship and Immigration Services : USCIS 에서는 동성간의 결혼을 인정하지 않습니다.
출입국 관리 법규를 교묘히 피하기 위해 관광 비자로 들어와 체류 기간을 넘기는 행위는 하지 말아야 합니다. 이민 관련 변호사에게 조언을 요청합니다.

사회보장 카드 Social Security

신청하기 HOW TO APPLY

사회보장번호가 있는 사회보장카드는 국가에서 발급하는 신분증 같은 것입니다. 미국에 일을 하기 위해 이주한다면, 도착하고 3주 후에 직접 Social Security 사무실을 방문해 사회보장번호를 신청하십시오. 필요한 제반 서류는 모두 원본이어야 합니다.

필요한 서류는 다음과 같습니다.
• 유효한 여권: 여권은 발급한 지 1년

비이민 비자의 종류

A 비자　고위 공무원이나 미국 주재 공관 파견 외교관, 정부 공무원. 대사, 장관, 외교사절, 영사관 직원 등

B 비자　단기, 보통 1년 미만 방문자

- B-1 : 비즈니스를 목적으로 방문하는 사람. 이민 전문 변호사나 미 대사관, 영사관을 통해 가능한 비즈니스 방문과 그렇지 않은 종류를 확인할 수 있습니다.

- B-2 : 관광을 목적으로 방문하는 사람

E 비자　무역, 투자 목적으로 방문하는 사람

F 비자　미국 내 대학, 신학교, 어학 연수 등 학업을 목적으로 방문하는 학생

G 비자　세계은행이나 유엔 같은 국제 기구의 사절단

H 비자　특정 기간 보통 3년에서 6년 체류 가능한 비자로 대부분 학사 학위 이상 소지자

- H-1 : 비즈니스, 과학, 예술 등의 전문가. 엔지니어, 건축기사, 교사, 변호사 등

- H-2 : 특정 분야의 임시직 종사자

- H-3 : 연수 프로그램 참가자

J 비자　학생, 리서처, 교수, 미국국립보건원에 근무할 과학자 등. 미 정부 교환 프로그램 참가자인 경우가 많습니다.

K 비자　미국 시민권자와 결혼할 배우자와 자녀

L 비자　미국 내 지사 전근자. 보통 다음과 같은 사람에게 발급됩니다.

- 중역, 매니저, 기술자

- 타국에 지사를 둔 대규모 기업의 직원

- 1년 이상 근속한 직원

M 비자　직업 학교 학생. 언어 연수 학교나 대학은 제외입니다.

O, P, Q 비자　문화 프로그램 참가자. 과학, 사업, 예술, 교육, 운동, 영화 사업 등에서 비범한 재능을 소유한 사람에게 발급되는 비자

Tips　전체 목록은 www.USImmigration.com을 참조하면 됩니다.

이상 된 것이어야 합니다. 1년 미만의 여권이라면 구여권도 새로 발급한 여권과 함께 지참합니다.

- 비자와 I-94, 비자 신청 양식: 비자는 발급된 지 일 년 이상 된 것이어야 합니다. 발급된 지 1년 미만이라면, 구비자도 함께 지참해야 합니다.
- 회사에서 발급한 레터로 직위, 연봉, 예상 체류 기간을 명시한 것

Social Security 웹사이트에 가면, 기타 상세 사항과 Social Security 사무실 주소, 지원서 양식 등을 구할 수 있습니다.

❗ 사회보장카드가 발급되기 전에 미국에서 출국하게 되면, 돌아온 후 다시 3주를 기다려야 합니다.

❓ SSN 발급을 기다리는 중인데 은행 계좌를 개설할 수 있나요?
여권을 지참하고 우편물을 받을 수 있는 집주소를 알려준 후 처음 입금할 100달러를 준비하면 됩니다. 현금이나 신용카드, 또는 미국에서 발급한 체크를 사용해서 은행 계좌를 개설할 수 있습니다.

지원 자격 WHO MAY APPLY

비자가 일할 수 있는 신분이면 사회보장카드 신청이 가능합니다. E-1, E-2, H-1, H-2, L-1, L-2 소지자는 카드 신청이 가능합니다. 배우자와 학생, 외교관 동반 가족에 적용되는 규칙은 조금씩 다릅니다('일자리 구하기 Finding Work' 편 참조).

❓ 사회보장번호를 받지 못했습니다. 어떻게 해야 합니까?
사회보장카드를 받지 못했다면, 비즈니스나 학교 등록 등을 위해 다른 신분증이 필요합니다. 상황에 따라서 여권이나 비자 사본, 집 주소를 증명할 수 있는 것, 새로 이주한 집으로 배달된 청구서 등이 필요하기도 합니다.

일할 수 없는 신분일 때 가장 흔히 사용되는 신분증은 Department of Motor Vehicles(DMV)에서 발급한 운전면허증입니다. 평소에 차를 운전하지 않더라도 DMV에서 발급한 면허증은 소지하는 것이 좋습니다('돌아다니기 Getting Around' 편 참조).

미국에서 소득이 발생하는 일을 할 수 없는 신분이라면, Individual Tax Identity Number(ITIN)를 받아야 합니다. IRS W-7 양식을 작성하여 신청합니다('세금내기 Paying Your Taxes' 편 참조). ITIN

은 세금을 낼 때만 유용하고 다른 용도
로는 쓸 수 없습니다.

❓ 여권을 항상 소지하고 다녀야 하나
요?

아닙니다. 신분 증명이 필요한 곳만 지니
고 다니면 됩니다. 예를 들어 새로운 은
행 계좌를 개설하려는데 SSN이 없는 경
우 여권이 필요할 수 있습니다.

변화와 연장 Changes and Extensions

신분의 변화 다음과 같은 경우에는 해
야 하는 절차를 확인합니다.

- 하는 일에 변동이 있을 때. 같은 회사
  에서 일하는 경우라도 변호사나 관련
  전문가와 상의하는 것이 좋습니다. 예
  를 들어 교환 방문객이 리서치 일에서
  임상 작업으로 하는 일이 바뀌었다면
  별도의 양식을 작성해야 합니다.
- 학교를 전학할 때. 학교 내의 국제 사
  무실이나 새로 전학할 학교의 I-20 프
  로세스 담당자를 찾습니다.
- 학업을 마치고 취직할 때. 변호사를
  만나 일해도 문제가 되지 않는 신분
  인지 확인합니다.
- 이사할 때
- 결혼이나 이혼할 때

Note 학생은 대개 학업에 필요한 기간

만큼 체류할 수 있습니다. 외국 학생 담
당 어드바이저에게 확인합니다.

연장Extensions 연장 신청을 하려면 필요
한 사항입니다.

- 이민서비스국USCIS에서 발급하는
  '일시 거주 연장Extended Time of Tem-
  porary Stay' 신청서
- 본인과 배우자, 자녀의 I-94 사본
- 기타 서류는 경우에 따라 달라집니
  다. 회사에서 발급한 레터를 필요로
  하는 경우도 많습니다.
- 신청 비용

반드시 I-94 카드에 기재된 만료일 이전
에 신청 서류를 보내야 합니다. 신청 서
류를 직접 접수하려면 적어도 3개월 전
에 미리 시작하십시오. 허가를 받는 데

1 서류를 점검합니다.
공무원이 작성한 서류에 오류가 없는지 확인합니다('출국하기 전Before You Come' 편 참조). 날짜가 잘못되었다든지 하는 오류가 있으면 지체하지 말고 이민 관련 변호사와 상담하는 것이 좋습니다.

2 미국 도착 후 기억해야 할 중요한 날짜는 따로 기입해둡니다.
예를 들어 아래와 같은 날짜는 잊지 않게 기록해둡니다.
- I-94 양식에 지정된 만료일에 따라 출국하거나 연장 신청을 해야 하는 때
- 재입국 여부와 관계없이 미국 출국시
- 연장이 필요할 때
- 법적 신분에 변화가 생길 때

이민 관련 변호사나 이민 서비스국USCIS에 연락해야 하는 날짜도 기록해둡니다.

❗ 비자 상태를 변경하려면 경우에 따라 다르지만 길게는 1년까지 소요될 수 있습니다. 문제의 소지가 있거나 변화가 예상되면 가능한 한 빨리 수속을 시작하는 것이 안전합니다.

3 변호사나 학교 내의 어드바이저, 회사 담당자의 조언을 구합니다.
입국 후 문제가 더 없더라도, 3개월 후에는 만나 상담해보는 것이 좋습니다. 변호사가 당신의 향후 계획을 들어보고 그에 맞추어 비자 상태를 점검해줄 수도 있습니다.

보통 30~45일 걸리지만 문제가 있는 경우 지연되기도 합니다. 서류 접수 후 기다리고 있는 중에는 서류 접수일자로부터 240일 더 체류할 수 있습니다. 불필요한 문제를 피하기 위해, 전문 변호사를 통해 서류를 접수하기를 권합니다.

법적인 도움을 받을 곳 Choosing Legal Assistance

변호사Attorneys 변호사를 구하려면,
- 대사관을 통해 추천받을 수 있습니다.
- 미 출입 규정 변호사 협회American Immigration Lawyers Association에 연락하여 도움을 받습니다.

Tips 변호사를 고용하기 전에 먼저 상담을 합니다. 특히 변호사가 출입 규정에 대해 경험이 있는지 확인합니다.

비자 서비스 회사 비자 관련 서비스 회사를 이용하기 전에 확인할 사항입니다.

- 서비스 비용
- 구체적으로 어떤 서비스를 해주는지
- 업계에서 서비스 회사의 경험 연수 참고로 레퍼런스를 조회해 볼만 한 곳이 있는지 물어봅니다. 반드시 문서로 사인한 계약서를 작성합니다.

❗ 비자 서비스를 이용하다 보면 본인이 직접 할 수 있는 일인데도 비싸게 요금을 청구할 때가 있습니다. 사기나 불법 개업 혐의로 고발된 업체도 있으므로 업체 선택시 신중하게 알아봅니다.

유용한 영어 표현 Words to Know

- **American Immigration Lawyers Association** : 출입 규정을 전문으로 하는 변호사 협회
- **Attorney** : 사업이나 법률적인 문제의 대리인. 변호사
- **Exchange visitor program** : 서로 다른 두 개 국가의 두 사람이 일을 바꾸어서 해보는 프로그램
- **Extension** : 비자 만료 후 더 체류해도 좋다는 문서상의 허가
- **Fraud** : 사업이나 법률상 불법행위
- **'Green card' or 'Pink card'** : 이민

자의 신분, 즉 원하는 기간 만큼 체류 또
는 일할 수 있다는 것을 나타내는 서류

- **Immediate family** : 부모, 미혼의 21
세 미만 자녀, 배우자와 같은 직계 가
족. 미국 시민권자의 직계 가족은 대
개 immigrant visa를 받습니다.

- **Immigrant visa** : 원하는 기간만큼
거주, 취업이 가능한 영구 이민 비자.
본국으로 다시 귀국할 생각이 없을
때 이민 비자를 받습니다.

- **Immigration and Naturalization
Service**(INS) : 누가 미국으로 와서
얼마나 체류하는지 모니터링하는 미
국 정부 기관. 이민 귀화국.

- **Individual Tax Identification Num-
ber** : 9자리의 숫자로 국세청IRS에서
사회보장번호 대신 사용. SSN을 받을
수 없는 사람만 이 번호를 신청합니
다. ITIN은 과세 용도로만 사용되고
다른 목적으로는 사용되지 않습니다.
ITIN이 미국에서 일할 수 있는 허가
의 표시는 아닙니다.

- **Multiple entry visa** : 미국 출입을 가
능하게 하는 비자

- **Non-immigrant visa** : 보통 6개월에
서 5년 사이의 단기 거주를 가능하게
하는 비이민 비자. 본국에 돌아가 살
계획이 있는 사람은 비이민 비자를
발급받습니다.

- **Non-permanent visa** : ‘Non-immi-
grant visa’ 참조. 특정 기간 후 본국
에 귀국할 예정이 있는 외국인을 위
한 비자

- **Out-of-status person** : 연장 신청없
이 미국에 장기 체류하거나 불법 입
국한 사람. 재입국 허가없이 추방될
수 있습니다.

- **Permanent visa** : ‘Immigrant visa’
참조 미국에서 영구 거주할 이민자를
위한 비자

- **Persecution** : 인종, 정치적 견해, 종
교, 국적 등의 이유로 가해지는 박해.
Refugee(망명자)란 본국 정부의 박해
를 피해 미국에 입국한 사람입니다.

- **Pink card** : ‘Green card’ 참조

- **Point of entry** : 미국에 입국한 공
항, 항구, 국경 지역

- **Principal** : 비자를 발급받는 주체인
학생이나 피고용인. 이들의 동반 가
족은 dependent라고 합니다.

- **Refugee** : 본국 정부의 박해persecu-
tion을 피해 미국에 입국한 사람

- **United States Citizenship and
Immigration Services**(USCIS) : 미
국가 안보부department of Homeland
Security 소속인 이민서비스국. 이민,
비이민 비자와 미국 입국 절차, 외국
인 거주자의 노동허용, 이민자의 재

정 혜택 등을 관할합니다.

- **White card** : 망명자refugee의 신분, 즉 본국의 박해를 피해 망명 중임을 보여주는 서류. Green card나 Pink card를 소지한 이민자와 같은 권리가 있습니다.

05 여행하기

TRAVELING IN & OUT OF THE U.S.

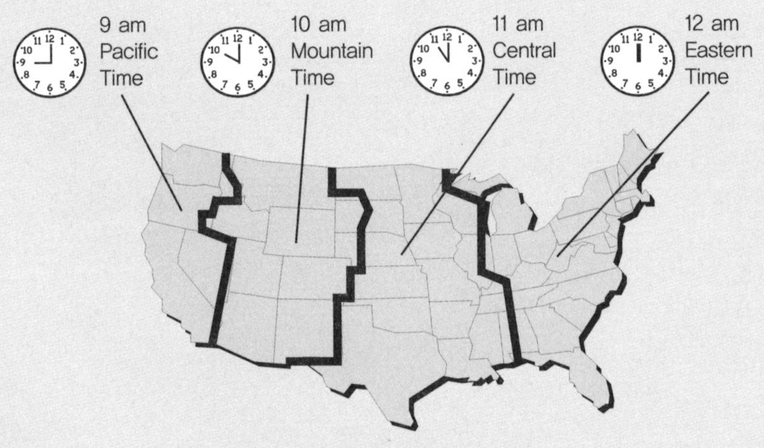

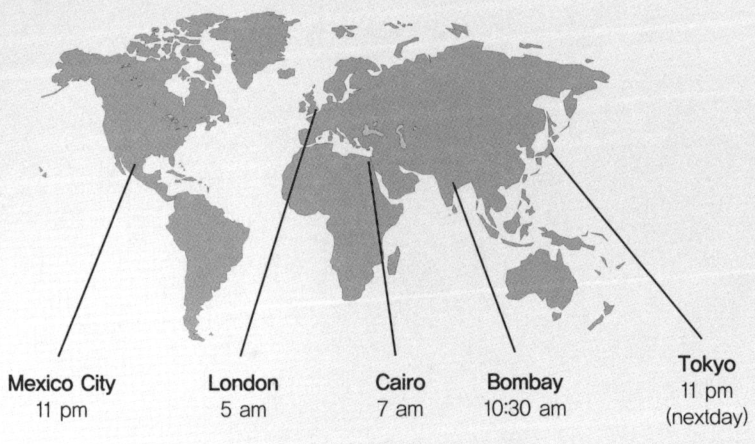

차량 빌리기 Renting a Car

여행할 때 러시아워에는 대도시 주변에 있지 않는 것이 좋습니다. 교통 상황이 괜찮을 때 대도시를 이동하는 데 걸리는 대략의 시간입니다.

- New York City에서 Washington DC 4시간 30분에서 5시간
- Atlanta에서 Miami 12시간
- Dallas에서 Houston 4시간

주요 고속도로에서는 편도 2달러 정도의 통행료를 내기도 합니다. 예로, 2004년 기준으로 Washington DC에서 New York City로 이동하려면 20달러 정도의 통행료를 준비해야 합니다.

Tips '돌아다니기 Getting Around' 편에는 도시간 이동하는 데 유용한 팁이 많이 있습니다. 어떤 도로에서는 현금 대신 패스를 이용하기도 합니다. New York City에서 Washington으로 이동할 때는 EZPass를 사용하면 시간이 절약됩니다.

차량을 빌리려면 25세 이상이어야 합니다.

차를 대여할 때 국제 운전면허나 본국에서 발급한 운전면허가 필요합니다.

차량의 종류, 대여 회사, 도시에 따라 대여 비용은 조금씩 다릅니다. 데스크에서 할인제도가 있는지 물어봅니다. 차량을 일주일 단위로 대여하거나 주말에 대여하면 일별 가격이 조금 더 저렴합니다.

빌릴 수 있는 차량의 종류는 다음과 같습니다.

- 가장 저렴한 이코노미
- 콤팩트
- 미드 사이즈
- 기본 사이즈, 풀 사이즈
- 프리미엄
- 가장 비싼 럭셔리
- 컨버터블이나 SUV, 픽업 트럭 같은 특별 차량

주유 빌리는 차량에는 대여 회사에서 주유를 해줍니다. 차량을 돌려줄 때 기

름을 가득 채우지 않으면 사용한 기름 만큼 돈을 내야 합니다. 이 때는 갤런당 가격을 일반 주유소의 가격보다 비싸게 청구할 수도 있습니다.

💲 직접 주유하면 가격이 더 저렴합니다("돌아다니기Getting Around"편 참조).

보험   이미 소유하고 있는 차량 때문에 자동차 보험에 가입했을 수도 있으나, 차량 대여 회사에서 제공하는 보험에 추가 가입하기도 합니다. 때로는 이런 별도의 보험이 불필요한 경우도 있습니다.

Tips   대여차에 주행 방향을 안내해 주는 GPSGlobal Positioning System가 장착된 것도 있습니다.

버스와 기차 타기 Riding Buses and Trains

버스BUSES

버스는 다른 교통 수단보다 저렴하지만 시간이 오래 걸립니다. 익스프레스 서비스가 있는지 확인합니다.

💲 2004년 기준의 편도가격과 대략의 소요 시간입니다.
- Chicago에서 Houston 105달러, 25시간
- Miami에서 Atlanta 93.5달러, 17시간
- Los Angeles에서 San Francisco 44달러, 8시간

🕐 800마일 이상 걸리는 지역의 티켓을 저렴하게 구입하려면, 될 수 있는 대로 빨리 예약해야 합니다.

기차TRAINS

미국 대륙횡단열차Amtrak은 미국의 주요 부분을 여행하는 유일한 기차인데 대부분의 루트가 직행이 아닙니다. 전화나 인터넷으로 일정을 확인하십시오. 모든 Amtrak에는 객차 내 카페나 식당이 있고, 침대칸이 있는 경우도 있습니다.

🕐 티켓은 신용카드를 사용해서 기차 역에서 또는 전화나 인터넷으로 구입할 수 있습니다.

💲 티켓을 예매하려면 Amtrak 역으로 전화하거나 Amtrak 웹사이트를 이용합니다. 미국을 기차로 여행할 계획이라면 Amtrak 디스카운트 패스를 알아봅니다.

비행기로 여행하기 Flying

티켓 구매하기 BUYING THE TICKETS

돈 절약 하기　국내선은 인터넷 검색으로 시작합니다. Southwest나 JetBlue처럼 저렴한 항공사부터 검색하는데, 사이트에 등록하면 할인 정보를 받게 됩니다. 주요 항공사 티켓도 인터넷을 통해 종종 저렴하게 구입할 수 있습니다. 여행사나 항공사에 전화로 예약할 때는 미리 인터넷 페이지를 준비해서 원하는 시간이 없을 때 여러 가지 다른 시간 옵션을 참고합니다. 여행사나 항공사 직원도 항상 전체 정보를 가지고 있는 것은 아니기 때문입니다.

셔틀 Shuttles　주요 루트 간에는 다음과 같이 셔틀 비행편이 운행되기도 합니다.

• New York City와 Boston 사이
• Los Angeles와 San Francisco 사이

셔틀은 매시간 운행되며 예약하지 않아도 됩니다.

❗ 인터넷으로 티켓을 구매할 때는 정확한 정보를 입력해야 합니다. 자주 발생하는 실수의 예로, 아침 비행기와 저녁 비행기를 혼동해서 'am', 'pm'을 바꿔 입력하는 경우도 있습니다.

🕐 휴일에 여행하려면 티켓을 미리 구입합니다. 가격 조건이 좋은 티켓은 몇 개월 전에 매진되기도 합니다.

마일리지 Frequent fliers　모든 항공사가 마일리지 제도 frequent flier miles를 운영합니다. 어떤 항공사든 처음 이용할 때 회

원 등록을 해서 탑승할 때마다 마일리지가 누적되게 합니다. 신용카드 회사나 호텔도 함께 연계되어 사용시에 항공 마일리지를 누적해주기도 합니다.

Tips 마일리지가 여러 항공사에서 사용 가능한 경우도 있습니다. 특정 비행에 사용하고 싶다면 다시 한 번 확인합니다.

환불 가능 티켓 Refundable tickets 환불이 가능한 refundable 티켓을 구입하면 비행을 취소하거나 변경하려고 할 때 지불한 금액을 돌려받을 수 있습니다. 환불이 불가능한 non-refundable 티켓을 구입하면 취소시 돈을 돌려받지 못합니다. 그러나 티켓 가격이 같은 다른 비행 기편으로 돌려서 사용할 수도 있으므로, 항공사에 문의합니다. 규정은 항공사마다 다릅니다.

종이 티켓과 전자 티켓 Paper vs. Electronic ticket 전자 티켓e-ticket은 종이 티켓과 효력이 똑같습니다. 종이 티켓은 공항이나 항공사 대리점에서 직접 구입한 경우가 아니면 우편으로 배송해줍니다. 티켓 배송료는 보통 10달러 정도 합니다.

전자 티켓을 구매하면 팩스로 이름과 항공편 정보를 받게 됩니다. 전자 티켓의 장점은 인터넷으로 체크인이 가능하다는 것입니다. 단점은 항공기가 결항되거나 다른 항공사로 변경하고 싶을 때 불편하다는 것입니다.

공항THE AIRPORT

필요한 서류입니다.

- 승객의 사진이 붙은 신분증photo ID: 사진이 첨부된 신분증이 없으면 비행할 수 없습니다.
- 티켓이나 티켓을 구입했음을 보여주는 영수증: 전자 티켓을 구매했으면 항공 스케줄이 나와 있는 종이가 영수증 역할을 합니다. 항공사와 이 부분을 확인하시고 기타 보안 규정에 대해 확인합니다.

국내선의 경우는 1시간에서 1시간 30분 전에, 국제선의 경우는 2~3시간 전에 도착합니다. 운전해서 공항에 오는 경우, 주차장에서(또는 대여차 회사에서) 공항까지 셔틀을 타는 시간도 감안해야 합니다. 걸리는 시간도 공항과 여행사에 미리 확인합니다.

주요 공휴일인 Thanksgiving, Christmas, New Year's Day에 여행한다면 더 일찍 도착합니다.

무기나 총, 칼, 가위, 기타 자르는 도구 등 날카로운 도구는 수하물로 가지고 비행할 수 없습니다.

전자 체크인 Electronic check-in 전자 티켓을 구입하면 체크인도 인터넷으로 할 수 있습니다. 즉 인터넷으로 좌석을 결정해서 탑승권을 프린트할 수 있습니다. 비행 하루나 이틀 전에 집에서 미리 체크인할 수 있는 항공사도 있습니다. 공항의 체크인 카운터 옆에 전자 체크인할 수 있는 기기를 비치한 항공사도 많이 있습니다. 짐이 수하물밖에 없다면 이 기기를 사용해봅니다.

커브사이드 체크인 Curbside check-in 국내선은 짐을 수속하는 커브사이드 체크인이 있기도 합니다. 일반 탑승 수속 카운터보다 줄이 짧기도 합니다.

짐Baggage 짐이 많으면 미리 항공사에 연락해서 다음 사항을 확인합니다.
- 한 사람당 부칠 수 있는 짐의 무게, 크기, 개수
- 한 사람당 소지하고 탈 수 있는 carry-on 짐의 무게, 크기, 개수

주차 공항에는 대부분 주차장이 있습니다.
- 단기 주차장short-term lots: 시간당 5달러 이상 합니다.
- 장기 주차장long-term lots: 터미널까지 거리가 멀기도 한데, 이럴 경우 주차장부터 터미널까지 무료 셔틀이 운행됩니다.

Tips 차량을 주차한 위치를 잘 기억합니다. 돌아왔을 때 차량을 찾기 어려우면 셔틀 기사에게 부탁해 차량을 찾을 수 있게 도와줄 직원을 불러달라고 합니다.

Tips 휴대전화를 소지하고 다닙니다. 비행기가 연착되거나 결항되면 항공사에 연락해 조치를 요청합니다. 때로는 전화를 사용하는 것이 길게 줄을 서는 것보다 빠릅니다.

준비하기 Getting Ready

돈 MONEY

여행자 수표　은행이나 American Express 대리점, 환전소에서 준비합니다.
주요 신용카드　신용카드가 분실될 경우에 대비해 번호를 적어놓은 후, 신용카드와 별도로 소지합니다.
ATM 현금 카드　미국 대부분의 지역에서 현금 카드 사용이 가능합니다.

커뮤니케이션 COMMUNICATIONS

'통신 수단 설치하기Getting Connected', '통신 수단Communications at Home' 편에서 휴대전화 사용이나 전화 카드, 인터넷 접속에 관한 정보를 더 얻을 수 있습니다.

휴대전화　대부분의 휴대전화는 미국 전 지역에서 사용할 수 있지만 국외에서는 사용할 수 없는 것이 보통입니다. 기존 전화번호를 그대로 사용할 수 있도록 국제 전화를 임대하려면, 출국 전에 전화기 판매 회사나 전화서비스 회사를 통해 알아봅니다.

콜링 카드　방문할 국가와 도시에 통화할 때 가장 저렴한 통화료를 제시하는 카드를 알아봅니다.

인터넷 접속　많은 공항에서 랩탑laptop 컴퓨터 없이도 인터넷 접속이 가능합니다. 안내데스크에서 문의합니다. 해외 여행을 할 때는 전화기와 어댑터, 필요하다면 변압기도 지참합니다. 인터넷 옵션에 대해서는 '통신수단 설치하기 Getting Connected' 편을 참조합니다.

Tips　DVD 플레이어와 DVD를 대여해주는 공항도 있으므로 아이를 동반할 때 편리하게 이용할 수 있습니다.

여행자 보험 TRAVEL INSURANCE

여행자 보험을 구입할 수 있는 곳입니다.
• 여행사
• 건강 보험 또는 여행자 보험회사

여행 취소 보험Trip cancellation insurance 병에 걸렸거나 가족의 죽음 같은 비상시에 여행을 취소하는 경우, 여행 취소 보험을 통해 이미 지불한 여행 경비를 돌려받을 수 있습니다.

보조 의료보험Medical assistance insurance 여행 중 발생하는 사고나 병에 대비한 보험입니다. 보험회사에 전화해서 여행 중에도 의료보험이 가능한지 확인합니다. 더불어 다른 지역이나 해외에서 병원에 갈 일이 생기면 어떻게 해야 하는지 확인합니다.

❗ 목적지에 도착하면 보석이나 카메라, 비행기표, 현금 같은 귀중품은 호텔에 비치된 귀중품 보관함에 보관합니다. 카메라나 값비싼 물건을 방에 놔두고 외출하지 마십시오.

출국하기 LEAVING THE COUNTRY

여권 여권 사본을 준비합니다. 여권이 분실될 경우를 대비해 별도로 소지합니다.

출국 전에 할 일입니다.
- 미국에 재입국 가능한 비자인지 확인합니다.
- 새 입국 서류가 필요한지 확인합니다.
- 학생이라면 국제 학생처에 미리 알려 놓습니다.

유용한 영어표현 Words to Know

- **Advance purchase** : 미리 티켓을 구입하는 것
- **Airline** : 항공사. 예 : British Airways
- **Automated teller machine**(ATM) : 현금을 입금, 출금할 수 있는 현금 출납기
- **Carry-on** : 비행기에 지니고 탑승하는 수하물
- **Compact car** : 보통 3~5명이 탑승할 수 있는 소형차
- **Curbside check-in** : 국내선 탑승시 짐을 수속할 수 있는 항공사 탑승 수속대. 줄이 더 짧기도 합니다.

- **Electronic ticket**(e-ticket) : 항공 티
  켓의 일종. E-ticket을 구입하면 종이
  티켓 대신 정보가 적힌 종이를 받습
  니다. 실제 티켓은 항공사 데이터베
  이스에 있습니다.
- **Economy car** : 가장 저렴한 대여차
- **Electronic check-in** : 탑승권과 좌
  석 배정을 집의 컴퓨터나 공항에 비
  치된 기계를 통해 미리 하는 것. 종
  이 티켓을 구입하거나 국제선 탑승
  시에는 전자 체크인을 할 수 없기도
  합니다.
- **Full size car** : 'standard car' 참조
- **Frequent flier program** : 무료 항공
  권을 얻을 수 있는 마일리지 제도
- **GPS** : 운전시 주행 방향을 안내하도

집 비우고 떠나기

HOW TO LEAVE YOUR HOME

1 **집을 봐줄 사람을 구합니다.**
   여행 중 집을 봐줄 친구나 이웃을 찾습니다.
   항상 불을 켜놓거나 타이머를 사용해서 소등합니다. 커튼과 블라인드는 닫아놓습니다.

2 **집을 비우는 동안 신문이나 우편물이 쌓이지 않게 배달을 정지시킵니다.**
   단기 여행이라면 신문과 우편물을 매일 치워달라고 이웃에 부탁합니다.

3 **애완동물 보육인(pet-sitter)을 구하거나 애완동물을 데리고 갑니다.**
   여행 중 애완동물 보육인이 집에 와서 애완동물을 돌봐주게 준비합니다.

4 **집안 정리하기**
   장기간 집을 비울 예정이면 히터나 전자 기기의 플러그를 뽑아놓습니다. 냉장고나 냉동
   고의 플러그는 뽑아놓지 않습니다.
   집을 비운 동안 기온이 영하로 내려갈 것 같으면 파이프가 동파되지 않게 싸놓는 등, 방
   한 준비를 합니다. 이웃이나 집 주인에게 어떻게 해야 하는지 물어봅니다.

5 **이웃에게 여행 계획을 알려줍니다.**
   이웃에게 여행 계획을 미리 알려서, 비상 사태나 수상한 사람이 침입했을 때 소방서나
   경찰에 연락하도록 부탁합니다. 이웃이 연락할 수 있는 본인의 연락처도 남깁니다.

록 차량에 장착된 시스템. 주소를 알려주면 시스템이 지도와 음성으로 어떻게 도착할지 안내합니다.

- **Long-term parking lot** : 공항 주변에 하루 이상 장기 주차할 수 있는 주차장
- **Luxury car** : 가장 큰 대여차. 5~6명이 탑승할 수 있습니다.
- **Medical assistance insurance** : 여행 중 의료 비용을 커버하는 보험
- **Mid size car** : 대여차의 일종
- **Non-refundable tickets** : 돈을 환불 받을 수 없는 티켓. 같은 항공사의 다른 항공편으로 변경할 수 있습니다.
- **Paper tickets** : 목적지를 왕복 비행할 수 있는 종이 티켓 묶음. 보통 한 묶음으로 묶여 있습니다.
- **Premium car** : 비싼 대형 대여차
- **Refundable** : 환불 가능한 티켓. 티켓을 취소하거나 교환하면 돈으로 환불 받을 수 있습니다.
- **Rush hour** : 대부분의 사람들이 출퇴근하는 시간대
- **Short-term parking lot** : 공항 주차장. 장기 주차장보다 비쌉니다.
- **Shuttle** : 매시간 출발하는 비행편. 좌석을 예약할 필요가 없습니다. 비행기에서 비용을 지불하기도 합니다.
- **Shuttle bus** : 주차장에서 공항 메인 터미널을 왕복 운행하는 버스
- **Standard car** : 일반적인 크기의 대여차
- **Toll** : 도로나 다리를 통행하는 요금
- **Trip cancellation insurance** : 여행을 취소하거나 일찍 돌아와야 할 때 여행 경비를 부담하는 보험
- **Winterize** : 집안 방한 준비를 하는 것

06 돌아다니기
GETTING AROUND

양 방향 통행. 오른쪽으로 주행합니다.

빨간 신호시 멈추시오. 빨간 신호일 때 아무도 오지 않으면 우회전할 수 있는 도시도 있지만, '빨간 신호시 회전 금지' 신호가 없는지 우선 확인합니다.
빨간 신호가 점멸할 때는 멈추고 주변을 살핀 후 천천히 진행합니다.
노란 신호일 때는 천천히 진행합니다.

신호를 점멸하면서 정차하고 있는 스쿨버스가 있으면 차를 멈춥니다. 버스 뒤에 있거나 반대 차선에서 다가오는 버스가 있으면 멈춥니다.
스쿨버스가 점멸 등을 끄고 진행하면 그 후 출발합니다.

소방차나 구급차, 경찰차의 사이렌 소리를 듣거나 차량을 보면 길 옆으로 차를 멈춥니다.

주에 따라서는 법으로 운전자와 앞 좌석의 동승자가 안전벨트를 매게 되어 있습니다. 5세 미만의 아동은 어린이용 카시트에 앉거나 안전벨트를 매야 합니다.

경찰은 임의로 차량을 멈추고 음주 테스트를 요구할 수 있습니다. 음주 운전으로 발각되면 다음과 같은 문제가 생깁니다.
• 운전 면허가 취소됩니다.
• 벌금이 부과됩니다.
• 감옥에 갑니다.

언제나 운전면허증과 차량 등록카드를 소지합니다. 차량이 도난 당할 경우를 대비해, 차량등록증은 차량 내부보다 지갑에 보관합니다.

대중 교통Public Transportation

철도 교통RAILWAY SYSTEMS

지하철 대도시에는 도심과 교외를 통과
하는 지하철이 있습니다.
지하철은 대부분 15분 이내의 간격으로
운행됩니다.

기차 좀 떨어진 교외와 작은 도시에서
대도시로 운행하는 출퇴근용 기차도 있
습니다.

버스BUSES

도심을 통과하거나 철도 교통과 연결되
는 버스도 있습니다.
❗ 자가 운전을 하지 않으면 대중 교
통을 이용하기 가까운 곳에 집을 구합
니다. 대중 교통이 저녁 시간과 주말을
포함하여 편리한 시간대에 운행되는지
확인합니다.

환승TRANSFERS

철도 교통에서 버스로, 버스에서 다른
버스로 갈아탈 경우도 있습니다. 환승
은 대부분 무료인데 약간의 비용을 지
불해야 하는 곳도 있습니다.

할인DISCOUNTS

다음의 경우에는 할인을 받을 수 있습
니다:
• 노인(65세 이상)
• 한 번에 여러 번의 탑승 티켓을 구입
  하는 경우

택시 | Taxis

거리에서 택시를 잡으려면 차 지붕에 불을 켜고 달리는 택시를 향해 손을 흔들면 됩니다. 택시가 멈추면 재빨리 앞창에 사진이 부착된 면허증이 있는지 확인합니다.

택시를 부르면 시외라 해도 집 앞까지 데리러 옵니다. 대부분의 시외 지역에서 추가 비용을 지불하지 않고 집 앞까지 택시를 불러 이용할 수 있습니다.

보통 택시를 부른 후 15~20분 이내에 도착하지만 날씨가 안 좋은 경우엔 얼마나 걸릴지 물어봅니다. 될 수 있으면 사용일보다 하루나 이틀 전에 예약하고, 사용일에 택시 픽업을 확인하는 것이 좋습니다.

$ 전화로 택시를 부를 때나 택시에 타기 직전이라도, 미리 대강의 운임을 물어봅니다. 대강의 가격이 정확하지는 않더라도 1~2달러 이상 차이나지 않습니다.

택시 요금은 다음에 따라 다릅니다.

- 도시마다 택시 요금을 다르게 부과합니다.
- 거리
- 승객수
- 짐이 얼마나 많은지. 보통 짐 가방 개수별로 추가 비용을 요구합니다.
- 하루 중 시간대. 러시아워에 택시 요금도 가장 비쌉니다.

택시는 대개 미터기를 장착하고 있습니다. 택시 존이 정해져 있어서 이동할 때 택시 존이 늘어날수록 요금이 늘어나는 곳도 있습니다. 이런 경우 택시 존이 표시된 지도를 보자고 요청합니다.

고속도로에서 On the Highway

준비할 것 WHAT TO TAKE

- 여행자 수표나 신용카드. 필요 이상
  의 현금은 지참하지 마십시오. 대부
  분 신용카드로 해결됩니다.
- 휴대전화. 방향을 물어보거나 예약할
  때, 차량 로드 서비스가 필요할 때 유
  용하게 사용할 수 있습니다.

Note 고속도로에서 인터넷에 접속하
는 방법은 '통신 수단 설치하기Getting
Connected' 편 참조

인터넷 지도 INTERNET DIRECTIONS

도시 내 이동시 또는 도시 간 이동시 방
향을 알려주는 인터넷 사이트가 많이
있습니다. 이런 루트는 매우 유용합니
다만, 될 수 있으면 최근에 업데이트된
정확한 정보인지 확인하고 사용합니다.

패스 PASS

로컬 이동시 또는 장거리 여행시 사용
할 수 있는 패스가 있는지 알아봅니다.
Boston, New York, Washington DC
같은 동북부에 사는 경우 EZPass를 구
입하면 주요 도로의 톨 부스에서 줄 서
는 시간을 절약할 수 있습니다.

음식 FOOD

주요 고속도로는 도로변에 음식점이 있
습니다. 이런 음식점은 보통 값싼 햄버
거, 핫도그, 피자, 샌드위치, 아이스크
림, 스낵 등을 판매합니다.

화장실 RESTROOMS

모든 음식점과 주유소에는 화장실이 있
습니다. 아무것도 사지 않아도 화장실
을 이용할 수 있습니다.

모텔 MOTELS

하루 이상의 여행이라면 모텔에서 묵을
수 있습니다. 모텔 표시는 고속도로에
서 빠져나가는 진출로exit에서 주로 볼

수 있습니다.
밤 늦게 묵을 예정이라면 예약하십시
오. AAA에서는 회원을 위해 무료로 여
행 안내를 합니다.

Tips 이동 중에 모텔을 예약할 수
있습니다. 같은 이름의 모텔이 여러 개
보인다면 그 중 한 곳에서 방을 예약합
니다.

안전 SAFETY

속도 보통 제한 속도보다 5마일 이상
속도를 내서는 안 됩니다. 속도 위반 딱
지를 뗄 수 있습니다.

우회 진출로에서 미처 빠져나가지 못
했다면 계속 진행해서 다음 진출로로
나갑니다. 진출로에 A방향과 B방향 회
전이 있다면 B 방향으로 나가십시오.

그러면 원래 있던 고속도로로 돌아갈
수 있습니다.

히치하이킹 길거리에서 히치하이크하
는 사람을 아무나 태워주지 마십시오.
히치하이킹은 안전하지 않을 뿐만 아니
라 대부분의 주에서 불법입니다.

차량 문제 도로에서 차량이 멈춰버리면
길가에 있는 가까운 비상 전화로 도움
을 요청합니다.
갑자기 차량을 멈춰야 하는 경우, 도로
오른쪽에 정차하고 비상등을 켭니다.
문과 창문을 잠급니다.
휴대전화로 다음에 연락합니다.
- 회원이라면 AAA에
- 길가에 공식적으로 표시된 전화번호
  로
- 대여차라면 대여차 회사에
- 지역 내 경찰서나 주유소에 411이나

Hello, USA!

American Automobile Association(AAA) 같은 자동차 클럽에 가입하십시오. AAA 회원이 되면 다음과
같은 서비스를 받을 수 있습니다.
- 미국 주요 고속도로가 표기된 무료 지도와 정보
- 견인 서비스. 차가 도로상에서 멈추면 AAA에서 견인 서비스를 제공합니다.

AAA는 주 이름 아래 표기하기도 합니다. 예 : CSAA(California State Automobile Association)

0번을 눌러 번호를 문의합니다.

 한적한 도로라서 달리 도움을 청할 수 없다면 911에 연락합니다.

휴대전화가 없더라도 차량 밖으로 나오지 않고 도움을 기다립니다. 대부분

10~15분 내에 경찰차가 다가옵니다. 누군가 도와주러 차량에 접근하면 창문을 1인치 이상 열지 않습니다. 다가온 사람에게, 가까운 주유소에 도움을 청하거나 도로변의 비상 전화로 도움을 요청해달라고 부탁합니다.

주차 Parking

도로변에 주차할 때는 'No Parking' 사인이 없는지 주의합니다. 'No Parking' 존에 주차하면 견인될 수 있습니다.

주차하는 곳 PLACES TO PARK

차고　도심에서 차고garage에 주차하려면 시간당 7~12달러, 하루에 25달러가량 지불해야 합니다. 주말이나 야간에는 더 저렴합니다.

미터기　보통 도로변의 미터기Meters는 25센트 동전으로 작동하지만, 10센트나 5센트짜리 동전을 받는 기기도 있습니다. 주차할 수 있는 시간을 확인하십시오. 너무 오래 주차하면 딱지를 떼고 100달러 이상의 벌금을 물 수도 있습니다.

대부분의 장소에서 무료로 주차할 수 있는 시간입니다.

- 저녁 6시 30분 이후
- 일요일
- 공휴일

Parking validation　식당이나 가게, 극장에서 무료로 주차할 수 있습니다. 구입한 티켓을 가져가서 주차 티켓에 도장을 찍어달라고 합니다. 주차장을 나갈 때 주차 관리인에게 도장 찍은 티켓을 보여주면 돈을 내지 않아도 됩니다.

Valet parking 번잡한 도로나 식당, 가게에서는 차를 대신 주차해주는 사람을 고용합니다. 보통 식당 앞이나 인도에 대리주차valet parking 가격이 표시되어 있습니다. 문 앞으로 차를 몰고 가서 주차요원을 찾습니다. 아무도 없으면 길가에 차를 정차하고 클랙슨을 울립니다.

💲 대리주차는 5달러 정도 합니다. 별도로 1달러 정도의 팁을 준비합니다. 대리주차가 무료이면 팁을 2달러 정도 줍니다.

주유소 Service Stations

💲 기름 가격은 바로 옆에 있는 주유소끼리도 서로 다릅니다. 셀프 주유소는 기름을 넣기 전에 미리 돈을 내야 합니다.

현금이나 주유소 카드로 지불하면 싸게 해주는 주유소도 있습니다.

풀서비스Full service 주유소 직원이 기름을 넣어주고 창을 닦거나 오일을 점검해줍니다.

셀프 서비스 Self service 본인이 직접 주유합니다. 셀프 서비스는 풀 서비스보다 기름 가격이 저렴합니다. 주유소는 대부분 신용카드나 데빗 카드 사용할 수 있기 때문에 밤이든 낮이든 언제나 원하는 때에 기름을 넣을 수 있습니다. 셀프로 주유하는 방법이 화면에 나오지만 가끔 따라 하기 어려울 때도 있습니다. 도움이 필요하면 주유소 직원에게 부탁합니다.

운전면허 따기 Getting an ID/Driver's License

운전면허는 여러 경우에 유용한 신분증입니다. 예를 들어 체크를 현금화하거나, 비디오테이프를 대여할 때, 비행기를 탈 때 운전면허증을 사용할 수 있습니다. 운전을 하지 않더라도 교통과 자동차 법규 관할기관Motor Vehicle Administration : MVA나 면허시험소Department of Motor Vehicles : DMV에서 발급하는 비운전자 신분증을 받을 수 있습니다.

미국에서 30일 이상 거주하면 운전하기 위해 면허를 취득해야 합니다. 연령은 18~21세 이상이지만 주마다 규정이 다릅니다.

 MVA나 DMV는 이른 아침이나 주중에 가는 것이 좋습니다.
가능하면 다음 요일에는 방문을 피하십시오.
- 월요일, 금요일
- 월초와 월말
- 공휴일 다음날

지참해야 하는 서류를 전화로 확인합니다. 전화번호부의 주정부란에서 'Motor Vehicle Administration' 이나 'Motor Vehicles-Department of' 를 찾아봅니다. 모든 서류는 공식으로 영문화된 것이어야 합니다.

추가로 다음 서류가 필요할 수 있습니다.
- 국제 운전면허증이나 본국의 운전면허를 번역한 것: 이미 운전면허가 있으면 도로 주행을 면제받기도 합니다.
- 거주 증명: 주소와 본인의 이름이 찍힌 전기세나 전화세 등의 청구서도 거주 증명으로 사용할 수 있습니다. 거주하는 주소는 호텔 이름이 아니라 영구 거주지여야 합니다.
- 이름과 나이 증명: 영문화된 원본의 출생증명서나 고용 허가 카드 같은 공식 서류를 지참합니다.
- 비자와 I-94 카드가 있는 여권
- 사회보장 카드: 사회보장 카드를 만들 수 없는 신분이라면 사회보장 사무소에서 면제 대상 서류를 발부받습니다. 외교관이나 동반 가족은 대사관, 영사관으로 연락합니다.

- **American Automobile Association** (AAA) : 차량 운전자 클럽. 비상 수리, 지도, 안전 운전을 위한 팁 등의 서비스를 제공합니다. 비상 수리가 특히 유용한데, 미국 어느 지역이라도 도로에서 차가 멈추면 AAA 비상 수리 차량이 도와주러 옵니다.
- **Child safety seat** : 아동을 위한 카시트
- **Department of Motor Vehicles** (DMV) : 'Motor Vehicle Administration' 참조
- **Divided highway** : 잔디나 흙, 벽으로 중앙 분리대가 설치된 고속도로
- **Driver education** : 주행하는 방법을 배우고 운전 면허를 따려는 사람들을 위한 수업
- **Driver's manual** : 운전과 주차 규율, 샘플 시험 문제가 실린 운전면허 책자
- **E-Z Pass** : 고속도로에서 시간을 절약할 수 있는 패스. 미국 동북부에서 사용하는 패스지만 대부분의 지역에 비슷한 종류의 패스가 있습니다. 신용카드로 패스를 구입하고 앞 창문에 패스를 꽂아둡니다. 톨게이트에 있는 기계가 자동으로 통행료를 당신의 계산서에 청구합니다. 패스를 가진 차량의 줄은 훨씬 짧습니다.
- **Full service** : 주유소에서 하는 풀 서비스
- **Gallon** : 3.8리터
- **Glove compartment** : 차량 앞좌석에 있는 작은 스토리지 칸.
- **Hazards** : 차량 옆면과 뒤에 달린 긴급 비상 등
- **Letter of exemption** : 사회보장 사무소에서 당신이 사회보장 번호를 받을 수 없는 대상임을 확인해주는 서류. 운전면허를 받을 때 이 서류가 필요합니다.
- **Licensed**(taxi) : 시나 카운티 정부에서 택시 운전면허를 발급한 차량
- **Meter** : 택시에 장착되어 택시 요금을 알려주는 기계 또는 도로변에 설치되어 주차할 때 돈을 넣는 기계
- **Motel** : 차량으로 여행하는 사람들이 묵는 호텔
- **Motor Vehicle Administration** (MVA) : 교통과 자동차 법규를 관할하는 주 기관

- **Non-driver identification card** : MVA나 DMV에서 비운전자에게 발급하는 신분증
- **Notarize** : 문서에 공식 인장을 찍어 법적으로 유효하게 하는 것
- **Peak hours** : 러시아워
- **Public transportation** : 기차, 버스, 지하철 등 대중 교통
- **Registration card** : 차량이 MVA나 DMV에 등록되었음을 증명하는 카드
- **Road test** : 운전면허 주행 시험. MVA 직원이 동승하여 도로에서 운전하는 시험입니다.
- **Rush hour** : 대부분의 사람이 출퇴근을 위해 차량을 운전하는 시간대
- **Seat belt** : 안전 벨트
- **Self-service** : 직접 주유하는 것
- **Transfer** : 버스에서 버스나, 지하철에서 버스로 갈아탈 수 있는 환승표
- **Validation** : 무료 주차나 주차료를 할인받도록 주차 티켓에 도장을 찍어주는 것
- **Valet parking** : 식당이나 회사에 고용된 사람이 차를 대신 주차해주는 것. 보통 5달러 정도 가격에 1~2달러 팁을 줍니다. 대리주차가이 무료이면 팁을 2달러쯤 줍니다.

PART II

오락과 친구 만들기

Fun & Friends

07 미국의 각종 기념일

AMERICAN HOLIDAYS

New Year's Day*(1월 1일)

New Year's Eve는 12월 31일. New Year's Eve에는 많은 미국인이 파티를 합니다. 자정에는 새해를 축하하는 건배를 하고, 식당이나 클럽에서는 특별한 디너 파티를 열기도 합니다. 자정에는 뉴욕의 큰 빌딩에서 거대한 볼을 굴리는 것을 텔레비전으로 시청할 수 있습니다.

Chinese New Year

샌프란시스코 같은 도시에서는 밴드와 용춤을 추는 댄서들, 광대들의 행진을 볼 수 있습니다. 중국 식당에서는 특별한 메뉴를 준비하기도 합니다.

Martin Luther King, Jr. Day*(둘째 월요일)

시민권리를 옹호하는 데 앞장 선 지도자를 기념하는 휴일입니다. 대도시에서는 어디서나 의식에 참여할 수 있습니다. 예를 들어, 킹 목사가 그 유명한 "내게는 꿈이 있습니다"라는 연설을 했던 Washington DC의 링컨 메모리얼에서는 의식이 열립니다.

Valentine's Day(2월 14일)

사랑하는 사람을 챙기는 날입니다. 아이들은 가족과 선생님, 친구를 위해 카드를 준비하고, 부부나 연인은 사탕이나 쿠키, 장미 등의 선물을 주고받습니다.

President's Day*(셋째 월요일)

링컨 대통령과 워싱턴 대통령의 생일을 기념하는 날입니다.

Eid al-Adha(2월)

예언자 아브라함이 아들 이스마엘을 제물로 바친 것을 기리는 날입니다. 이슬람에서는 기도를 올리며 이 날을 기립니다.

Black History Month

박물관과 학교에서는 미국 흑인의 역사와 문화를 기념하는 특별한 프로그램을 마련합니다.

St. Patrick's Day(3월 17일)

아일랜드 성인을 기념하는 날. 아이리시 계통의 사람들은 초록색 옷을 입습니다. 뉴욕과 보스턴에서는 큰 퍼레이드가 있습니다.

Holi, or Festival of Color(3월)

힌두교에서 봄을 맞이하는 축제. 춤을 추고 그림을 그리고 전래동화를 이야기합니다.

Easter(3월이나 4월)

부활절을 기리는 기독교 봄 축제. 대부분의 상점은 문을 닫습니다.

Mother's Day (둘째 일요일)

어머니의 날. 아이들과 남편은 어머니를 위한 카드와 선물을 준비합니다. 음식점에서는 어머니의 날을 기념하는 특별한 메뉴를 준비하기도 합니다.

Memorial Day*(마지막 월요일)

전쟁에서 죽은 참전용사를 기념하는 날. 많은 미국인이 군인 묘지를 찾습니다.

Father's Day(셋째 일요일)

아버지의 날. 아이들은 아버지를 위한 카드와 선물을 준비합니다.

Independence Day*(7월 4일)

미국이 영국한테서 독립한 날을 기념합니다. 낮에는 기념 퍼레이드가, 밤에는 불꽃놀이가 있고, 이날 미국인은 주로 야외 소풍을 가거나 바비큐 파티를 합니다.

Labor Day*(9월 첫째 월요일)

근로자의 날. 바다나 산을 찾아 야외 피크닉이나 바비큐 파티를 합니다.

Rosh Hashanah and Yom Kippur(9월/10월)

유대인의 새해. 유대인이 많이 사는 도시의 학교나 회사는 문을 닫기도 합니다.

Columbus Day*(둘째 월요일)

아메리카 대륙 발견을 기념하는 날.

Halloween(10월 31일)

아이들이 즐기는 할로윈 저녁. 아이들은 특별히 만든 의상을 입고 'trick-or-treating'(이웃집을 찾아가 대접treat을 요구하는 것)을 하러 돌아다닙니다.

Veterans Day*(11월 11일)

 미국 군대와 제1차 세계대전의 종결을 축하하는 날. 대도시에서는 기념행사가 있습니다. 대통령이 Washington DC에 소재한 알링턴 국립묘지에서 연설을 하기도 합니다.

Thanksgiving Day*(셋째 목요일)

가진 것을 감사하는 날. 가족이 모여 칠면조 요리와 호박 파이가 주를 이루는 성찬을 함께 합니다.

Diwali, or the Festival of Truth and Light(10월/11월)

힌두교에서는 촛불을 켜고 불꽃놀이를 하며 이 새해 공휴일을 기념합니다.

Ramadan

힌두교의 금식월인 Eid al-Fitr축제는 Ramadan으로 마무리됩니다. 이때 곳곳의 모스크와 이슬람 사원에서는 음식을 마련해 의식을 올립니다.

Hanukkah(12월말)

 8일간 계속되는 유대 기념일. 상점이나 가정, 공공장소에서는 메노라(나뭇가지를 여덟 개 꽂은 촛대)를 준비합니다.

Christmas*(12월 25일)

기독교의 기념일. 많은 미국인은 Thanksgiving부터 New Year에 걸친 축제 기간에 카드나 선물을 주고받습니다('미국인 만나기Meeting Americans' 참조).

Hello, USA!

* 국가 공휴일에는 은행과 우체국이 문을 닫습니다.

Note 미국에서 가장 보편적인 종교는 기독교지만, 힌두나 유대교, 이슬람교 같은 다른 종교의 의식도 많이 있습니다. 각 종교는 제각기 다른 달력을 기준으로 기념일을 지냅니다. 이 날짜들은 미국 달력에 따라 매년 다르기도 합니다.

DINING IN & OUT

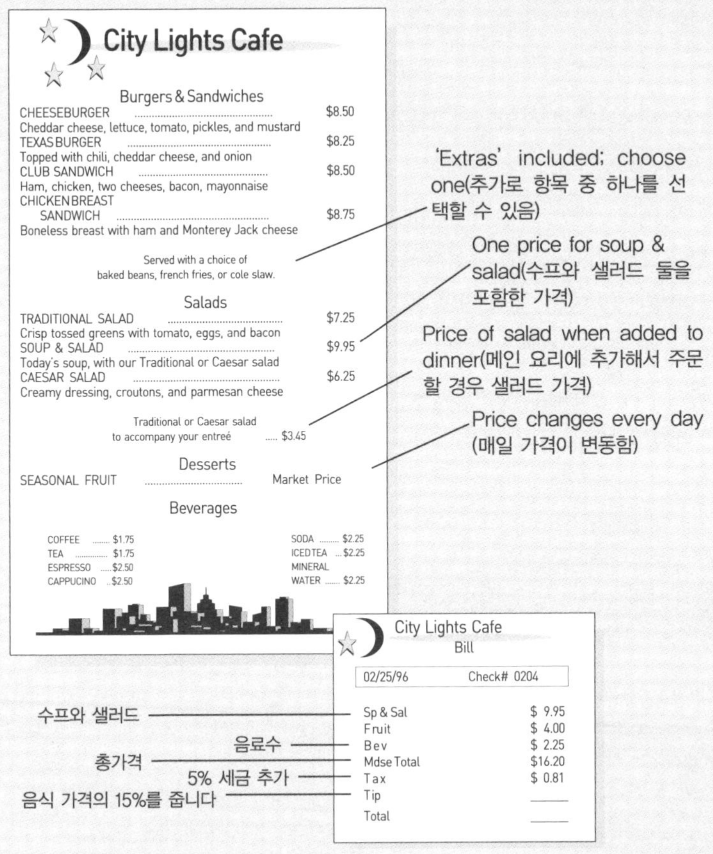

'Extras' included; choose one(추가로 항목 중 하나를 선택할 수 있음)

One price for soup & salad(수프와 샐러드 둘을 포함한 가격)

Price of salad when added to dinner(메인 요리에 추가해서 주문할 경우 샐러드 가격)

Price changes every day (매일 가격이 변동함)

수프와 샐러드

음료수

총가격

5% 세금 추가

음식 가격의 15%를 줍니다

미국 음식 American Foods

식사 종류 MEALS

아침식사 Breakfast 일반적인 아침식사 메뉴입니다. 시리얼 토스트나 베이글, 머핀 계란이나 베이컨 또는 소시지, 와플 또는 팬케이크, 과일주스, 커피 또는 차

점심식사 Lunch 점심시간은 정오에서 오후 1시 사이가 일반적입니다. 식당에서는 점심 영업을 오전 11시에서 3시 사이에 합니다. 대부분의 직장 점심시간이 한 시간 이하이므로 점심식사는 가볍고 빠른 것, 예를 들어 샌드위치, 샐러드, 수프 등을 흔히 먹습니다. 식당의 점심 메뉴는 저녁 메뉴보다 싼 것이 보통이지만 대신 음식 양도 적은 편입니다.

저녁식사 Dinner 하루 중 가장 성대하게 식사를 하는 때입니다. 미국인은 남미나 유럽인보다 조금 이른 6~7시 무렵 저녁식사를 하는 편입니다. 식당의 저녁 영업 시간은 오후 5시~저녁 10시 사이입니다. 교외나 시골 지역은 영업을 더 일찍 마감하기도 합니다.

저녁 메뉴는 메인으로 육류나 닭고기 또는 생선 요리에, 조리한 야채와 빵을 곁들이고, 메인 식사 이전에 샐러드를 먹습니다.

저녁 6~7시 무렵 'early-bird' 스페셜을 제공하는 식당도 있습니다. 'early-bird' 스페셜이란 일찍 오는 손님에게 저녁식사를 저렴하게 제공하는 것인데, 보통 요리 하나의 가격으로 풀 디너를

Hello, USA!

모국의 음식점을 찾으려면 Yellow Page의 'restaurant' 란에서 French, Chinese, Italian, Japanese 등을 종류별로 찾을 수 있습니다. 육류나 생선을 먹지 않는 채식주의라면 'vegetarian' 난을 찾아봅니다. 포장된 음식을 사가지고 나가서 먹는 'take-out'이나 'carryout' 식당도 'Food' 아래에서 찾을 수 있습니다. 서점에는 유명한 식당의 가격과 메뉴를 소개한 책자가 있습니다. 레스토랑 리뷰는 지역 일간지 금요일, 일요일 판에 흔한 기사입니다. 레스토랑 리뷰는 일간지 인터넷 판에서도 찾아볼 수 있습니다.

먹을 수 있습니다.

브런치Brunch　아침식사와 점심을 겸한 식사를 브런치라고 하는데, 일요일이나 휴일 오전 11시에서 오후 3시 사이에 흔한 식사 형태입니다. 뷔페 형식인 브런치가 많습니다.

미국 식당 가보기Restaurants

많은 식당이 창가에 메뉴를 비치하기 때문에 들어가기 전에 가격과 음식 종류를 확인할 수 있습니다. 창에 메뉴가 소개되어 있지 않은 식당은 들어가서 보여달라고 하면 됩니다. 메뉴를 본 후 마음에 들지 않으면 그냥 나가도 문제되지 않습니다.

메뉴에 나온 가격은 팁이나 세금을 포함하지 않은 가격입니다. 웨이터에게 세금 이전 가격의 15~20%를 팁으로 줍니다. 서비스가 좋지 않았다면 15% 미만으로 팁을 주되 주방의 실수가 아니라 웨이터의 서비스가 문제였다는 것을 분명하게 하는 것이 좋습니다.

가격 지불시 팁이 계산서에 이미 포함된 것은 아닌지 확인한 후, 테이블에 팁을 두고 나가거나 계산서에 추가합니다.

음식값 영수증에는 세금이 추가되는데 식사에 붙는 세금은 보통 5~10% 사이입니다.

레스토랑 종류TYPES OF RESTAURANTS

Tips　메뉴판에는 선택에 도움을 주기 위해 그림으로 표시한 경우가 있습니다. 예를 들어 심장 모양이 그려 있으면 그 메뉴가 저지방 식품이라는 뜻입니다. 채식주의자용이나 매운 음식 옆에도 그림으로 표시하기도 합니다.

Tips　뷔페식 식당도 있는데 긴 테이블에 놓인 뷔페 음식을 원하는 만큼 가져다 먹는 형태입니다. 가격은 먹은 양에 관계없이 일정합니다.

레스토랑full-service 경우에 따라 캐주얼한 분위기의informal 식당도 있고 타이와 재킷을 입는 등 격식을 갖춰야 하는for-mal 경우도 있습니다.

카페, 커피숍 그리고 다이너스 일반 식사 외에 커피와 빵류를 판매합니다.

카페테리아 손님이 쟁반을 들고 줄을 서서 원하는 음식을 골라 담는 형태입니다. 먹기 전에 계산대에서 담은 음식을 계산합니다. 케페테리아는 형식을 따지지 않는 식당입니다.

델리카트슨(delis) 샌드위치, 샐러드, 수프 등을 판매합니다. 식탁과 의자가 없이 음식을 사서 가져가는 경우도 있습니다. Deli는 형식을 따지지 않는 식당입니다.

스낵바Snack bars 패스트푸드, 샌드위치, 포테이토 칩, 프레젤, 쿠키 같은 스낵을 판매합니다. 보통 의자가 없이 서서 음식을 먹습니다. 스낵바도 형식을 따지 않는 식당입니다.

패스트푸드 레스토랑 햄버거나 프렌치 프라이같이 미리 만들어놓은 음식을 빨리 준비해주는 곳입니다. 식당에서 먹으려면 'for here'로, 음식을 가지고 가서 먹으려면 'takeout'이나 'to go'로 주문합니다.

다이너스Diners 음식을 빨리 먹을 수 있는 곳입니다. 부스나 주방 근처의 카운터에 앉습니다. 밤낮으로 영업하는 경우도 있습니다. 식사 후 나갈 때 계산대에서 돈을 지불합니다.

바 레스토랑 Bar restaurant 출입구 근처에 바가 있고 반대편에 테이블이 있습니다. TV로 스포츠게임이나 뮤직비디오를 보여주기도 합니다. 좋은 레스토랑은 음료를 위한 오픈 바를 갖추고 다른 쪽에 근사한 저녁을 위한 별도의 공간이 있는 경우가 많습니다.

젊은이들이 혼자, 또는 친구들과 어울려 바 레스토랑을 많이 가는데 술을 마시려면 21세 이상이어야 합니다. 바에는 금요일 밤 5~7시 사이 소위 'Happy Hours'가 있어서 저렴한 가격으로 술을 마시거나 무료로 오르 되브르를 먹을 수 있습니다. 의상은 비즈니스 캐주얼이나 캐주얼입니다.

디너 시어터 Dinner theaters 코미디, 뮤지컬, 미스터리 등의 극장 공연과 음식을

1 전화로 예약합니다.

금요일이나 토요일 밤에는 예약하는 것이 좋습니다. 예약을 받지 않는 식당도 있습니다. 주차가self parking(본인이 직접 주차하는 것)인지 valet parking(직원이 주차해주는 것)인지 확인합니다. Valet parking은 보통 2~5달러 정도 비용이 드는데, 무료라면 도와준 직원에게 1~2달러 정도 팁을 줍니다.

2 예약한 시간보다 10분 이상 늦지 않습니다.

도착하면 예약한 이름을 알려줍니다.

3 흡연석이나 금연석을 요청합니다.

모든 레스토랑은 법에 따라 금연석을 갖추어야 합니다. 어떤 레스토랑은 아예 흡연할 수 없는 곳도 있습니다.

Note 안내받은 자리가 너무 시끄럽거나 붐비면 다른 자리를 요구해도 괜찮습니다.

4 주문합니다.

보통 음료 주문을 먼저 받습니다. 물은 무료입니다. 풀코스 정식을 원하지 않는 경우를 위해 코스 내의 개별 메뉴를 일품 요리로 별도 주문할 수 있습니다(à la carte). 보통 샐러드가 코스 첫 메뉴로 나옵니다.

5 금액을 지불합니다.

레스토랑에 따라 식사가 끝나기 전이라도 청구서check, bill를 갖다주는 경우가 있습니다. 테이블이 만석이라 사람이 많이 기다리는 경우가 아니라면, 원하는 만큼 오래 있어도 괜찮습니다. 많은 미국인이 친구들과 식사할 때는 비용을 나눠서 지불합니다. 각각 신용카드를 내면 웨이터가 각 사람의 카드에 똑같이 나눠서 청구해줍니다. 각기 지불할 생각일 때는 웨이터에게 미리 알려줍니다.

6 남은 음식이 있으면 'doggie bag'을 요청합니다.

남은 음식을 집에 가져가고 싶으면 '남은 음식을 싸가는 봉지doggie bag'을 요청합니다. 웨이터가 비닐이나 상자에 음식을 넣어줍니다.

같이 즐기는 곳입니다. 티켓 가격에 공연과 음식값이 포함되지만 음료, 세금, 팁은 별도입니다.

디너 쿠르즈Dinner cruises 강이나 항구를 순항하는 보트에서 풀서비스의 식사를 즐기는 곳입니다. Dinner cruises는 관광용으로 인기가 있는데 가끔 댄싱이나 라이브 뮤직도 공연합니다. 티켓에는 음식값이 포함되지만 음료, 세금, 팁은 별도입니다.

'Star' restaurant and cafes '하드록 카페'를 들어보았을 겁니다. 시끄러운 음악이 나오고, 음식은 피자나 핫도그, 햄버거 등 간단한 종류입니다. 유명한 영화나 음악 스타의 티셔츠나 기념품을 팔기도 합니다. 의상은 캐주얼입니다.

집에서 식사 즐기기 Entertaining at Home

파티의 종류 KIND OF PARIES

Open house 일정한 시간 동안 초대받은 사람들이 원하는 때 왔다가 돌아갑니다. 음료와 오르 되브르 또는 디저트만, 아니면 뷔페로 간단히 대접할 수 있습니다.
Dinner party 뷔페나 'sit-down(손님은 앉고 주인이 서빙하는 것)'으로 대접합니다.
Cocktail hour 일정한 시간 동안 초대받은 사람들이 원하는 시간에 왔다가 원하는 시간에 돌아갑니다. 음료와 오르 되브르를 대접합니다.
Barbecue 야외에서 즐기는 디너파티. 주로 핫도그나 햄버거, 닭고기나 갈비 등을 그릴에 굽습니다.
'Game' party TV로 스포츠를 함께 즐기러 오는 파티. 스낵류나 피자, 핫도그, 햄버거, 맥주로 간단한 식사를 대접합니다.
Social get-together 주말 저녁 8시 무렵에 시작하여 대화를 즐기는 사교 모임. 오르 되브르를 대접하고 디저트와 커피, 차를 대접합니다.

초대하기 INVITATION

• 손님이 몇 명 안 될 때는 전화를 걸어

초대합니다. 초대할 때 알려줄 사항
입니다.

  – 약속 시간
  – 나올 음식. 초대받은 사람은 별도
    로 디너가 나오는지 궁금할 것입
    니다. 특별히 먹지 않는 음식이
    있는지 물어봅니다.
  – 모임에서 입을 의상 종류
  – 집으로 오는 길

• 우편으로 초대장을 보냅니다. 집으로
  오는 길을 설명한 지도를 첨부하고
  R.S.V.P.(참석여부를 대답해주는 것)를
  요청할 수 있습니다. R.S.V.P.는

  – 초대한 사람 모두에게 요청할 수
    있습니다. R.S.V.P.난 옆에 당신
    의 전화번호를 적어 놓습니다.
  – 참석 못하는 사람에게만 요청할
    수 있습니다. 전화번호를 적고 그
    옆에 ‘R.S.V.P regrets only(참석
    못하는 사람만)’로 표시합니다.

감사인사 하기 SAYING ‘THANK YOU’

누군가의 집에 초대받으면 선물을 준비
하기도 합니다. 파티가 끝난 후 전화나
우편으로 감사 메시지를 전달하십시오.

Note 집에서 여는 파티에 대해 더 자
세한 사항은 ‘미국인 만나기Meeting
Americans’ 편을 참조합니다.

요리 케이터링 CATERERS

조리된 음식 구입ready-made   Gourmet
deli, 레스토랑, 호텔, 슈퍼마켓, 케이터
링 서비스점에서는 파티용으로 미리 만
들어놓은 음식을 접시에 세팅해 판매
prepared platters하므로, 직접 구입하거나
배달시켜 이용할 수 있습니다. 조리가
된 음식을 구입하는 것이 음식을 따로
주문하거나 케이터링 풀 서비스를 이용
하는 것보다 저렴합니다. 가격은 음식
의 종류와 양에 따라 다릅니다.

집에서 케이터링prepared in your home   출
장요리사를 고용하여 가정에서 원하는
메뉴를 준비하게 할 수 있습니다. 출장
요리사는 대개 메뉴를 짜는 것부터 도와
줍니다. 어떤 케이터링 서비스는 자신들
이 준비해온 요리나 식기, 테이블보, 냅
킨, 장식 등을 제공하기도 합니다.

- **À la carte** : 각기 가격표가 붙어 선택할 수 있는 일품요리
- **Bagel** : 베이글. 가운데 구멍이 있는 둥근 빵. 베이글도 poppy seed(양귀비 씨), onion(양파), garlic(마늘), plain(섞인 것 없이 담백한) 등 여러 종류가 있습니다.
- **Brunch** : 브런치. 아침과 점심을 함께 겸하는 식사.
- **Buffet** : 일정한 가격에 원하는 만큼 자기가 가져다 먹는 뷔페.
- **Cafeteria** : 원하는 음식을 골라서 자기 자리에 가져다 먹는 카페테리아
- **Cater** : 파티에 음식을 조달하는 것. Caterer는 대신 요리해주는 출장 요리사
- **Continental breakfast** : 주스, 커피나 차, 롤이나 머핀으로 이루어진 아침식사
- **Counter** : 음식을 먹는 긴 테이블
- **Course** : 식사 코스 중 일부분. 예 : 전채나 디저트
- **Delicatessen**(deli) : 샌드위치, 샐러드, 수프 등을 파는 음식점
- **'Early-bird' special** : 저녁 일찍 더 저렴한 가격에 제공되는 식사
- **Entrée** : 메인 메뉴
- **Fast food** : 맥도널드 햄버거처럼 빨리 조리해 판매하는 음식
- **'For here'** : 식당에서 음식을 먹는 것
- **Gourmet** : 일반 음식보다 더 맛있는 고급 음식
- **Platter** : 고기나 치즈, 과일, 디저트 등을 얹은 큰 접시
- **Reservation** : 식당 예약
- **R.S.V.P.** : 초대에 참석 여부를 응답하는 것.
- **'Sit-down' meal** : 손님은 테이블에 앉고 주인이 서빙하는 식사
- **'Take-out'** : 식당에서 음식을 사서 집으로 가져가 먹는 것
- **'To go'** : 식당에서 먹지 않고 음식을 가져가 먹는 것
- **Valet parking** : 식당이나 파티에서 차를 대신 주차해주는 것

09 뉴스, 스포츠, 오락
NEWS, SPORTS & ENTERTAINMENT

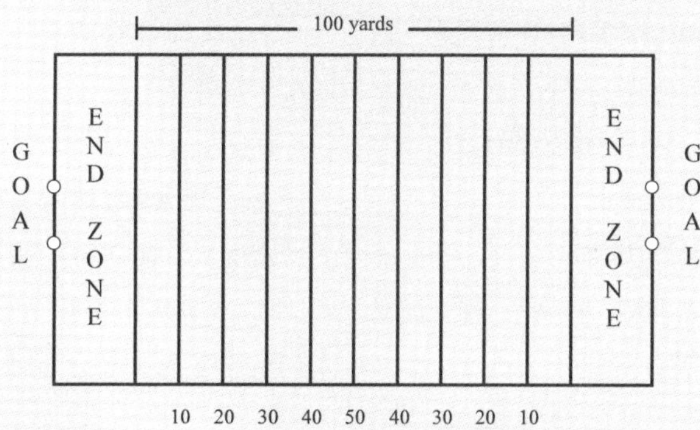

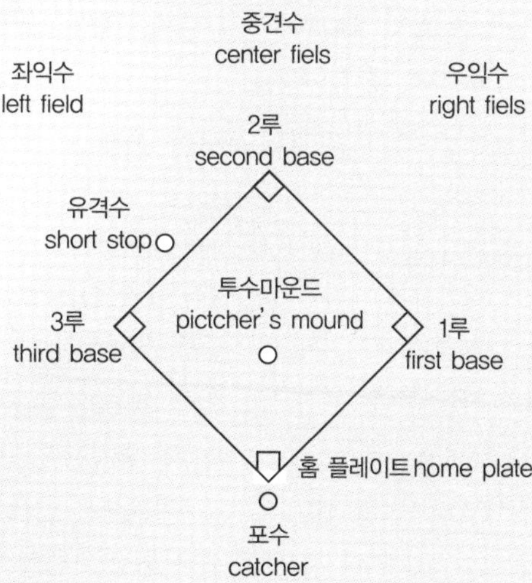

인쇄물 Publications

시 일간지 YOUR CITY PAPER

시의 지역 일간지는 다음과 같은 일반 정보를 구할 때 유용합니다.

- 종교 단체의 리스트와 종교 행사 ('친구 사귀기 Making Friends' 편 참조)
- 부동산정보, 새로 지은 집에 대한 상세 정보와 광고 등
- 비즈니스와 구인란
- 문화와 예술 관련 인터뷰, 평론, 예정된 이벤트 일정 등

신문은 구독하면 더 저렴합니다. 구독을 신청하려면 Yellow Page 전화번호부의 'News papers' 난을 찾아 'Home delivery' 번호로 연락합니다. 대규모의 신문사는 인터넷에도 뉴스를 올립니다.

기타 일간지 OTHER POPULAR DAILIES

전국적으로 애독되는 일간지에는 다음 두 종류가 있습니다.

- The Wall Street Journal(비즈니스지)
- USA Today(대중적이고 읽기 쉬운 신문)

커뮤니티 신문 COMMUNITY AND ETHNIC PAPERS

커뮤니티 신문은 해당 지역 소식을 전합니다.

- 상점과 세일 정보
- 영화 예고
- 클럽과 강좌 정보('친구 사귀기Making Friends' 편 참조)
- 구인,구직란. 특히 집수리, 베이비시터, 가정교사 자리 등 가정에서 필요한 직업 정보가 실립니다.

커뮤니티 신문은 대개 주간이며 무료로 가정에 배포됩니다. 가까운 도서관이나 슈퍼마켓에서도 구할 수 있습니다.

해외 신문 OUT-OF-TOWN AND INTERNATIONAL PAPERS

대도시에서는 외국어 신문, 다른 지역의 신문, 민족 신문도 구할 수 있습니다. 해외 신문은 일간지당 75센트에서 3달러 사이의 가격으로 구입할 수 있습니다. 대부분은 인쇄 당일자를 구할 수 있으나 종종 2~3일 이후 일자만 있는 경

우도 있습니다.

관련 정보는 Yellow Page 전화번호부
나 인터넷에서 구할 수 있습니다.

잡지 MAGAZINES

대도시에서는 공연이나 문화, 예술 등
특정한 주제를 다루는 잡지를 구할 수
있습니다. 각종 취미생활, 즉 여행, 자
동차, 하이킹, 사진 등을 다루는 잡지도
쉽게 구할 수 있습니다.

서적 BOOKS

대도시에서는 학교, 쇼핑, 비즈니스와
구인, 아이들을 위한 활동 등 실생활 정
보를 소개하는 안내 책자를 쉽게 구할
수 있습니다.

라디오와 텔레비전 Radio & TV

Note 광고가 많은데 놀라실 수도 있
습니다. 어떤 프로그램은 10분마다, 또
는 더 자주 광고를 내보내기도 합니다.

공영 텔레비전과 라디오 PUBLIC TELEVISION AND RADIO

공영 텔레비전과 라디오 프로그램은
정부, 개인 사업체 또는 개인이 스폰서
하는 비용으로 운영되므로 광고가 별
로 없습니다.

AM/FM 라디오

라디오는 AM과 FM 두 개로 나뉩니다.

- AM에 많은 프로그램
  - 광고가 많은 프로그램
  - 록 뮤직 프로그램
  - 24시간 뉴스 프로그램
  - 사람들이 직접 전화해서 질문하
    고 의견을 말할 수 있는 토크쇼
- FM : 고전 음악과 공영방송

케이블 텔레비전 CABLE TELEVISION

케이블 텔레비전은 유료 서비스로 다음
과 같은 서비스를 제공합니다.
- 다양한 채널
  - CNN
  - 공영 텔레비전

– 기상 채널
– 역사나 영화 같은 특별한 흥미 위
주의 채널
• 모든 채널에 대해 더 좋은 수신율

케이블 텔레비전에 대해 더 알고 싶으
면 다음을 참고할 수 있습니다.
• 모든 케이블 채널 리스트를 수록한
케이블 가이드가 월 1달러입니다.
• 신문에 실리거나 슈퍼마켓에 비치된
주간 텔레비전 가이드

비디오/디브이디 Videos/DVDs

대여 RENTING

비디오 대여점에서는 비디오와 DVD 테이프만 대여하는 것이 아니라 플레이어도 대여해줍니다. 대부분의 대여점에서 각종 영화(외국 영화 포함), 다큐멘터리 필름, 운동 프로그램, 콘서트 테이프를 구할 수 있습니다. 전세계나 특정 국가의 필름을 전문적으로 취급하는 대여점도 있습니다.

$ 작은 비디오 대여점에는 일정한 회비가 있는 경우도 있습니다. 테이프를 늦게 반납하면 연체료가 있으며, 영업 시간 이외에는 회수함에 테이프를 반납하면 됩니다.

구매 BUYING

❗ 본국에서 가져온 텔레비전이나 VCR, DVD 플레이어를 사용할 수 없는 경우도 있습니다('출국하기 전Before You Come' 편 참조). 전자 제품을 사용하기 위해 필요한 것이 있는지 미리 확인하지 않으면 고장날 수 있으니 주의합니다.

수출 전문의 전자제품 회사를 통해 어댑터 등이 필요한지 확인할 수 있습니다. Yellow Page에서 'Sound Systems' 'Television' 'Video Recorders' 난을 찾아봅니다. 새로운 전자제품을 구입해서 나중에 본국에 가져갈 생각이라면, 향후에 본국에서 사용하기 위해 필요한 것이 있는지 구입 전에 확인합니다.

외국에서 녹화된 테이프 역시 미국의 플레이어로 사용하려면 변환이 필요한 경우가 있습니다.

변환이 필요한 비디오테이프를 가져온 경우 Yellow Page 아래 'video production' 난을 찾아봅니다.

영화 MOVIES

🕐 극장은 대부분 보통 하루 3~4회 상영합니다. 상영관이 6~8개 정도인 극장이 많습니다. 좌석은 따로 예약하지 는 않습니다.

Tips 주말 저녁에 인기 있는 공연물은 일찍 도착하지 않으면 표가 매진되기 쉽습니다. 표를 미리 구입해놓기도 합니다. 신용카드로 인터넷이나 전화로 티켓 구입이 가능한지 확인합니다. 티켓을 미리 구입할 때는 1달러 이상 돈을 더 낼 경우도 있습니다.

💲 저녁 6시 이전에는 특별히 할인된 가격으로 공연을 볼 수 있는 'early bird' 가격제가 있는 상영관도 있습니다.

스포츠 관람하기 Watching Sports

개요 OVERVIEW

야구, 미식축구, 농구, 아이스하키는 가장 인기 있는 팀 스포츠입니다. 유명한 야구팀이나 미식축구팀이 있는 도시에 산다면 만나는 미국인 특히 남성 이 스포츠 게임을 화제로 이야기하는 것을 좋아할 것입니다. 어떤 도시에서는 미식축구의 인기가 너무 대단해서 홈 경기의 티켓을 좀처럼 구하기 어렵습니다. 프로 게임이나 대학 게임은 텔레비전으로 관람할 수 있습니다.

$ 시즌 티켓이나 하프 시즌 티켓을 그룹으로 싸게 구입할 수 있습니다. 학생들에게 대학경기는 무료일 때가 많습니다. 학생이 아니라면 대학에 전화해서 '스포츠 정보 센터'를 찾습니다.

'스포츠 파티Sports parties' 스포츠 팬들은 친구들과 모여 풋볼 같은 운동경기를 텔레비전으로 관람하기도 합니다. 이런 모임에는 주로 피자나 맥주를 준비합니다. 이런 '스포츠 파티'에 초대받았다면 청바지, 셔츠나 스웨터, 운동화 같은 캐주얼 차림으로 방문합니다.

야구 BASEBALL

프로야구는 4월에 시작해서 10월의 월드 시리즈로 마감합니다. 모든 야구팀은 American League나 National League에 속합니다. 월드 시리즈 때에는 각 리그의 최고 팀끼리 시합합니다. 일곱 번의 게임에서 네 번 승리한 팀이 월드 시리즈의 우승자가 됩니다.

미식축구 FOOTBALL

미식프로축구는 American Conference와 National Conference로 나뉩니다. 9월에 시즌이 시작되어 1월 마지막 일요일 Superbowl로 마감합니다.

거의 모든 프로 선수가 대학 경기부터 시작했습니다. 최고의 대학팀들은 Cotton Bowl이나 Rose Bowl 같은 여러 미식축구 시합에 선발됩니다.

농구 BASKETBALL

프로 게임은 10월에 시작됩니다. 4개 division의 NBA 팀들이 4월까지 시즌 경기를 벌입니다. 그 후 최종 결승 게임인 플레이오프가 6월 말까지 계속됩니다.

대학 경기 시즌은 11월에 시작되어 3월의 NCAA 토너먼트로 마감합니다. 토너먼트는 64개 대학팀이 최강의 우승자를 가리기 위해 3주간 경합을 벌입니다.

아이스하키 ICE HOCKEY

NHL(National Hockey League)는 미국팀

스포츠 용어

Amateur : 스포츠 게임에 돈을 받지 않고 하는 아마추어 선수

Cheerleader : 치어리더

Conference(풋볼이나 하키), **division**(야구), **league**(야구와 축구) : 각 팀을 몇 개 그룹으로 나눈 것. 시즌 동안 팀들은 서로 경합을 벌인 후 시즌 말 각 conference(division이나 league)에서 최우수팀이 다시 경합을 벌이게 됩니다.

Defense : 수비 팀. 상대방이 점수를 올리는 것을 막는 팀

Division : ('Conference' 참조)

Foul : 반칙 행위로 보통 벌점이 있음

Goal : 하키나 축구 경기시 득점할 수 있는 장소

League : ('Conference' 참조)

Offense : 볼이나 퍽, 배트를 가지고 공격하는 팀

Pass : 같은 팀 선수에게 공이나 퍽을 던져주는 것

Playoffs : 시즌 말 결승시합. 최종 우승자를 가려내기 위해 최강의 팀들이 경합을 벌임

Professional : 급여를 받는 선수

Referee or umpire : 선수들이 경기 규칙을 제대로 따르는지 판단하는 심판

Season tickets : 시즌 동안 진행되는 홈 경기 티켓. 단, 플레이오프 제외.

26개와 캐나다 팀으로 된 2개의 conference로 되어 있습니다. 프로 하키는 10월에 시작하여 6월의 Stanley Cup으로 마감합니다.

 축구 SOCCER

축구는 젊은 사람들 사이에 인기가 늘어가는 스포츠 종목입니다. 축구 연습장에 아이들을 차로 데려다주는 근교에 사는 젊은 엄마를 소위 'soccer mom'

이라는 용어로 부릅니다.
1996년 이후 미국에는 8개의 팀으로 구

성된 프로 리그가 있습니다.

미술과 공연 The Arts

🕐 미술관이나 박물관은 월요일에 휴관하는 경우가 많습니다.

갤러리 GALLERIES

💲 판매용 예술작품을 전시하는 갤러리는 입장료가 무료입니다. 입장해서 구경하고 질문을 한 후 마음에 드는 것이 없으면 그냥 나가도 좋습니다. 특별한 이벤트나 쇼에 대한 정보를 우편으로 받고 싶으면 게스트 북에 사인을 해 둡니다.

박물관 MUSEUMS

💲 박물관을 자주 간다면 일정한 가입비를 내고 회원이 되는 것이 좋습니다. 회원이 되면 입장료 없이 관람하며, 박물관 행사에 대한 정보를 미리 받아보고, 다른 사람들보다 특별한 전시회에 우선 입장할 수 있습니다.

음악 공연 MUSIC AND THEATER

💲 당일 쇼의 티켓을 할인하거나 반 가격에 판매하는 곳도 있습니다. 극장에 연락하여 그런 티켓을 구입하는 방법이 있는지 확인합니다. 예를 들어 뉴욕 시에서는 타임스퀘어에서 반 가격에 티켓을 구할 수 있습니다. 단, 오래 줄서서 기다려야 합니다.

도서관 Libraries

공공 도서관 PUBLIC LIBRARIES

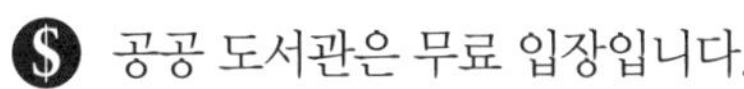 공공 도서관은 무료 입장입니다.

도서관에 있는 것 책과 잡지 외에도 다음과 같은 것을 도서관에서 찾을 수 있습니다.

- 음악 판, 오디오 카세트테이프, 컴팩트 디스크
- 비디오 테이프나 DVD
- 구인이나 성인 교육 등의 정보를 담은 뉴스레터
- 외국어로 된 책이나 잡지, 신문. 카운티 내의 어느 도서관이 원하는 외국어 책자를 갖추고 있는지 확인합니다.
- 백과사전이나 여행 가이드 같은 참고서. Reference section에서 찾습니다.
- 컴퓨터가 있어서 기술, 편집, 인쇄, 인터넷 서핑 등이 가능합니다.

- 독서 토론이나 어린이를 위한 스토리텔링 같은 특별활동('어린 자녀 Your Young Child' 편 참조)

책이나 비디오를 대여하려면 안내 데스크에서 회원증을 발급 받습니다. 거주지를 증명하기 위해 유틸리티 청구서나 집 임대 계약서 사본 등을 보여줄 수 있습니다. 가족에게 각각 회원증을 발급해주기도 합니다.

규정 대여할 때 다음 규정을 잘 확인합니다.

- 한 번에 대여할 수 있는 책이나 테이프, DVD 개수
- 얼마나 오랫동안 빌릴 수 있는지 확인합니다. 보통 책은 2~3주, 테이프나 DVD는 1~7일 대여가 가능하지만 도서관마다 다르므로 규칙을 확인합

니다.
- 제때 반납하지 않았을 때의 벌금
- 도서관이 열리는 시간

❗ 대여한 책이나 테이프는 반납일 due date을 지키지 않으면 벌금을 내게 됩니다. 경우에 따라 다르지만 테이프를 늦게 반납하면 하루에 5달러의 연체금을 무는 곳도 있습니다. 도서관이 문을 닫은 시간이라면, 바깥에 'Book Drop' 이라 표시된 슬롯이 있는지 확인합니다. 같은 카운티에 있는 다른 도서관에 반납하는 것이 허용되는 카운티나 도시도 있습니다.

❓ 반납일이 지난 후까지 책이나 테이프를 보고 싶은 경우는 어떻게 합니까? 도서관에서 직접, 또는 전화나 인터넷으로 연장 대여할 수 있습니다. 도서관마다 다르므로 문의합니다.

FOOTBALL WORDS

미식축구 용어

Interception : 공격팀의 선수가 같은 팀 선수에게 볼을 패스하는데 수비팀의 선수가 가로채는 것

Fumble : 공격하려는 선수가 실수로 공을 떨어뜨리면 필드의 어떤 선수든지 공을 집어들 수 있음

Half-time : 게임의 전반부와 후반부 사이 시간. 보통 홈팀의 치어리더와 밴드가 관객을 즐겁게 하는 시간

Tackle : 수비 중인 선수가 볼을 들고 뛰는 공격 선수를 힘으로 눌러 넘어뜨리는 것

Quarterback : 공격 선수 중 공을 패스하는 선수. Quarterback은 팀에서 가장 중요한 선수

Touchdown : 6포인트 만에 공을 골라인에 넘겨 득점하는 것. 공격팀은 터치타운을 위해 공을 들고 뛰거나 패스함

Base : 다이아몬드 삼각점에 있는 패드를 넣은 물체로, 주자가 점수를 따려고 할 때 이곳을 닿아야 합니다.

Batter : 공격수 타자

Bleachers : 가장 저렴한 외야석. 지붕 없는 관람석.

Catcher : 수비수 포수. 투수가 던진 공을 잡습니다.

Home plate : 홈베이스

Home run(혹은 homer) : 홈런. 보통 담장을 넘기는 히트. 홈런을 치면 주자는 전체 베이스를 돌고 홈으로 돌아옵니다. 다른 공격수가 베이스에 있으면 그 공격수도 홈 플레이트를 향해 뜁니다. 홈으로 들어온 선수 수만큼 득점하게 됩니다.

Infielder : 내야수. 1루, 2루, 3루에 가까이 있는 수비수. 유격수shortstop는 2루와 3루 사이에 위치합니다.

Inning : 야구 게임의 횟수 단위. 각 게임은 9 inning입니다. Inning 중 양팀이 공격을 교대로 합니다.

Out : 주자가 베이스를 돌지 못하게 만드는 것. 3회 아웃이면 공격수는 점수를 내지 못하고 다른 팀에게 공격 기회를 내어줍니다.

Outfielder : 외야수.

Pitcher : 투수

Run : 점수. 9회 경기 후 점수를 더 많이 낸 팀이 승리합니다.

Umpire : 선수가 경기 규칙을 따르는지 판단하는 심판

유용한 영어표현 Words to Know

- **AM radio** : 라디오 방송 중 주로 록 뮤직이나 토크쇼가 많습니다.
- **Broadcasts** : 라디오나 텔레비전 방송
- **Cable television** : 유료 텔레비전 서비스. 여러 가지 기타 채널 서비스와 더 좋은 수신율을 서비스합니다.
- **Conversion** : 변환(비디오 카세트나 기타 기기의)
- **Dailies** : 매일 발행되는 신문
- **Ethnic** : 미국 내에서 특정 그룹에 속하는. 예 : African-American, Asian-American, Latin-American 등
- **FM radio** : 라디오 방송 중 AM 방송보다 음질이 선명합니다.
- **Home delivery** : 집으로 배달해주는 것
- **Home games** : 경기 팀이 속한 고향에서 하는 경기
- **Public television or radio** : 정부와 기업, 개인한테 스폰서받는 방송. 상대적으로 광고가 적습니다.
- **Season tickets** : 그 시즌에 행해지는 모든 홈 게임의 입장 티켓
- **Subscribe** : 돈을 내고 정기적으로 신문이나 잡지를 구독하는 것
- **Talk shows** : 라디오나 텔레비전 프로그램 중 시청자가 전화해서 질문도 하고 이야기도 하는 프로
- **Video machine**(VCR) : 비디오 플레이어

10 미국인 만나기
MEETING AMERICANS

Marcia : Hello! How are you? (안녕하세요?)
Ahmed : Ok. How are you? (안녕하세요?)
Marcia : I met your friend last night... You know, the one who is a writer. I told him I know you... (간밤에 왜 있잖아요, 그 작가라는 친구분을 만났어요. 당신을 안다고 말했지요.)

Note Marcia와 Ahmed는 'hello' 와 'how are you?' 를 함께 말합니다. 실제로 내가 어떤지를 자세히 대답할 필요가 없는 인사 말이라는 것을 알 수 있습니다.

작별 인사 SAYING GOOD-BYE

Marcia : Ahmed, I'm late for an appointment right now, but I'd like to get together. Can I call you back? (Ahmed, 나 지금 약속에 늦었는데 그래도 우리 만나야지. 나중에 전화 다시 할게)
Ahmed : Sure. Call this evening. I'll be home. (그래, 저녁에 전화해. 집에 있을 거야.)
Marcia : Thanks. Talk to you then. (고마워. 그때 얘기하자.)

Tips 미국인은 종종 한 번 만나자고 말은 하지만 다시 연락하지 않는 경우가 있습니다. 다시 만나고 싶은 경우에는 약속을 합니다.

Note Marcia는 헤어질 때 good-bye 대신 간단한 인사로 대신합니다.

만날 때 인사하기 Saying 'Hello'

이름부르기 NAMES

First and last names 미국인은 대부분 처음 만난 경우에도 성이 아닌 이름, 즉 first name을 부릅니다. 또한 James 대신 Jim, Judith 대신 Judy와 같이 애칭을 부르기도 합니다.

Middle names 여성 중에는 결혼 전 이름을 성과 이름 사이에 middle name으로 넣어 사용하는 경우도 있습니다. 예로, Carol Smith Taylor 같은 이름은 Smith라는 middle name을 사용한 것입니다.

Mr. And Ms 더욱 격식을 갖춰 사용하려면.

- 결혼 여부에 관계없이 여성은 Ms.로 예 : Ms. Smith. 여성에 따라서는 미혼인 경우에 Miss로, 결혼한 경우엔 Mrs.로 구분해서 부르는 것을 좋아하기도 합니다.
- 결혼 여부에 관계없이 남성은 Mr.로 예 : Mr. Harrison

상사나 연배가 많은 사람을 처음 만났을 때는 Mr.나 Ms.를 붙여서 부르는 것이 좋습니다.

Sir, Miss, and Ma'am 개인적으로 잘 알지 못하는 사람, 웨이터나 웨이트리스, 집배원, 가게 점원 등을 호칭할 때 이런 타이틀을 앞에 붙입니다. 특히 'Ma'am'은 미국 동남부 지역에서 많이 쓰이는 호칭입니다.

호칭을 어떻게 부를지 모른다고 해서 휘파람을 불거나 큰 소리를 지르는 것은 결례입니다.

Titles of respect 기타 특별한 경칭을 사용하는 경우입니다.

- 대학 등 고등교육 기관에서 : President Marcus, Professor Smith, Dean Harrison
- 정부 관료 기관에서 : Senator Lombardi, Mayor Ferris, Ambassador Evans. 미 국회 하원의원은 'Congressman'이나 'Congresswoman'으로 부릅니다.
- 종교계 지도자 : Reverend Samuels, Father O'Connor, Rabbi Cohen

- 의사나 치과의 : Dr. Peters
- 박사학위 소지자 : Dr. Halley

몸짓 언어 BODY LANGUAGE

악수와 키스 남자건 여자건 처음 만나는 사람과는 흔히 악수를 합니다. 여자 친구끼리 만나면 한쪽 볼을 비비면서 허공에 키스를 하거나 서로 껴안기도 합니다. 남자끼리는 악수하거나 등을 두드리는 것으로 인사하기도 합니다. 헤어질 때도 다시 악수를 하거나 키스를 합니다. 남성과 여성이 서로 친구인 경우에는 뺨에 키스하기도 합니다.

아이 컨택과 미소 미국인은 마주치면 눈을 잠깐 응시하며 미소를 짓습니다. 대화할 때도 잠깐씩 눈을 쳐다봅니다. 미국에서 눈을 마주치는 아이 컨택은 서로 신뢰하는 데 도움이 됩니다.

미소 짓는 것 역시 중요합니다. 미국인은 심지어 모르는 사람에게도 미소를 보냅니다. 예를 들어 거리를 걷거나 지하철을 탈 때 전혀 모르는 사람이 당신을 보고 미소 지을 수도 있습니다. 눈을 맞추고 미소짓는 것은 일종의 '안녕하세요' 하는 인사입니다. 미소로 화답하면 상대방은 지나가면서 'hello' 나 'hi'로 응답할 것입니다. 상대방이 미소를 지으며 'hi' 라고 인사했다고 해서 멈춰서 대화를 계속하려는 의도는 아니므로 오해 없도록 합니다.

대화시 거리 미국인은 통상 대화할 때 2피트(약 1/2미터) 정도 떨어져서 말합니다. 당신이 너무 가까이 서 있으면 상대방이 뒤로 물러서거나, 너무 멀리 서 있으면 조금 더 다가올 것입니다.

옷 입는 법 Dressing 'Right'

('쇼핑몰Shops & Malls' 편에서 유럽과 미국의 옷 사이즈 차트를 참고할 것). 미국에서 옷 입는 예절은 다음과 같이 경우에 따라 다릅니다.

- 하루 중 어느 때인가에 따라: 저녁 모임은 좀더 격식을 갖춘 경우가 많습니다.
- 연령에 따라: 나이든 사람보다는 젊은 사람이 더 캐주얼하게 입겠지요. 예를 들어 20대의 경우엔 대부분의 모임에 청바지와 티셔츠 차림이 보통입니다.
- 지역에 따라: 캘리포니아 주 샌프란시스코나 산호세 같은 특정 지역에서는 다른 곳에서보다 좀더 캐주얼하게 입는 경향이 있습니다.
- 계절에 따라: 외부에 테이블을 놓는 음식점에서는 겨울엔 좀더 격식을 차리고 여름엔 캐주얼하게 입을 수 있습니다.
- 회사 성격에 따라: 어떤 회사에서는 남자 직원은 타이와 재킷을 갖춰 입고, 여자 직원은 슈트(치마 정장)나 팬트슈트(바지 정장), 드레스를 갖춰 입습니다. 반면 어떤 회사에서는 남녀 모두 스웨터와 청바지를 입습니다. 대부분 고객을 만나는 자리에서는 격식을 갖춰 입습니다.

Tips 회사에 따라서는 '캐주얼 프라이데이'라는 것이 있어서 직원들이 금요일에는 평상시보다 좀더 캐쥬얼하게 입기도 합니다. 어떤 은행은 금요일에 청바지와 셔츠 차림으로 근무하기도 하

Hello, USA!

대부분의 미국 내 건물은 외부 날씨와 관계없이 연중 비슷한 기온을 유지합니다. 여름에는 에어컨을 너무 세게 가동할 수 있으므로 식당이나 극장에 갈 때 얇은 재킷이나 긴소매 셔츠를 입는 것이 좋습니다. 겨울에는 대부분의 건물이 히터를 가동하므로 두꺼운 옷은 실내에서 벗는 것이 좋습니다.

옷 '제대로' 입기

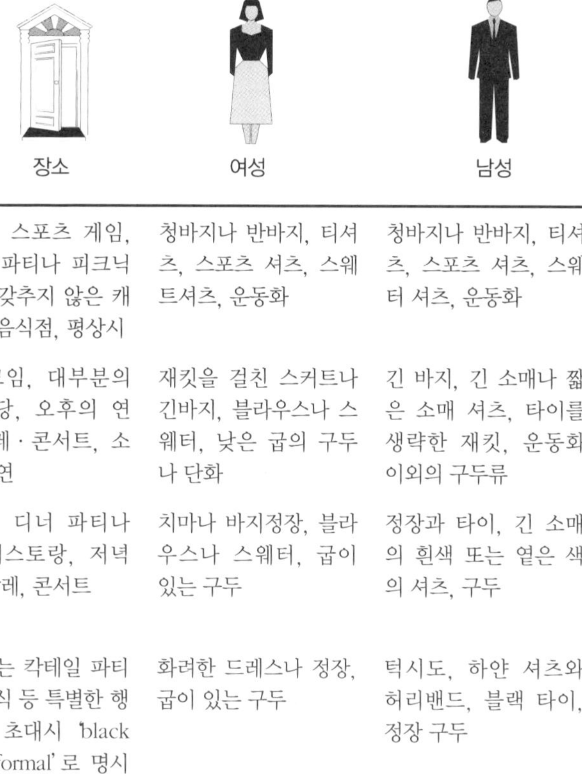

	장소	여성	남성
스포티한 캐주얼	쇼핑몰, 스포츠 게임, 바비큐 파티나 피크닉 격식을 갖추지 않은 캐주얼한 음식점, 평상시	청바지나 반바지, 티셔츠, 스포츠 셔츠, 스웨트셔츠, 운동화	청바지나 반바지, 티셔츠, 스포츠 셔츠, 스웨터 셔츠, 운동화
비즈니스 캐주얼	사교 모임, 대부분의 고급식당, 오후의 연극·발레·콘서트, 소극장 공연	재킷을 걸친 스커트나 긴바지, 블라우스나 스웨터, 낮은 굽의 구두나 단화	긴 바지, 긴 소매나 짧은 소매 셔츠, 타이를 생략한 재킷, 운동화 이외의 구두류
평상시	사무실, 디너 파티나 고급 레스토랑, 저녁 연극, 발레, 콘서트	치마나 바지정장, 블라우스나 스웨터, 굽이 있는 구두	정장과 타이, 긴 소매의 흰색 또는 옅은 색의 셔츠, 구두
격식 갖춘 옷	격식 있는 칵테일 파티나 결혼식 등 특별한 행사(보통 초대시 'black tie'나 'formal'로 명시함). 밤에 공연하는 오페라(첫 공연은 대개 화려함)	화려한 드레스나 정장, 굽이 있는 구두	턱시도, 하얀 셔츠와 허리밴드, 블랙 타이, 정장 구두

Note 보통은 5~6벌 이상의 옷을 갖고 있기 때문에, 한 주 동안에는 옷을 매일 갈아입는 편입니다.

❗ 대부분의 해변이나 수영장 파티에서는 상반신이 노출된 '톱리스' 수영복을 입지 않습니다

는데 바로 이 경우입니다.

 모임에서 어떻게 입어야 할지 확신이 안 서는 경우 다음과 같이 합니다.

- 초대한 집주인에게 직접 물어봅니다.
- 결혼식 등에 초대되어 의상을 사는 경우라면, 옷 가게 직원에게 사려는 의상이 격식에 맞을지 문의합니다.

민족의상 대도시의 미국인은 타국의 의상에 익숙하기 때문에 쳐다보거나 하지는 않습니다. 모임에서 대개 본국에서 입던 의상이나 머리장식을 해도 좋습니다.

개인적 기호 Personal Habits

흡연 공공장소에서 흡연하는 것은 법으로 금지된 경우가 많습니다. 주변에 재떨이가 없다면 흡연이 가능한지 확인하는 것이 좋습니다. 보통 화장실에서는 금연입니다.

다음 장소에서는 '흡연 구역smoking-designated areas' 이 어디 있는지 확인하십시오.

- 레스토랑: 처음 식당에 들어갈 때 주인이 흡연석을 원하는지 금연석을 원하는지 물어보는 것이 보통입니다. 어떤 식당은 절대 금연인 경우도 있습니다.
- 쇼핑몰: 많은 쇼핑몰은 금연입니다. 몰의 출입구에 'no-smoking' 사인이 있는지 확인하십시오.
- 공항: 공항 전체가 금연일 때도 있습니다. 주변에 재떨이가 없다면 절대 흡연해서는 안 됩니다.
- 버스와 전철: 차량이나 객차에 'smoking,' 'non-smoking' 표시를 확인하십시오.
- 사무실: 사무실은 대개 금연입니다. 흡연자는 휴식시간에 바깥에 나와서 흡연하는 것이 보통입니다.
- 병원: 병원은 대부분 절대 금연입니다.
- 학교: 대학. 학교는 대부분 흡연에 대해 **규율**이 엄격합니다.

술 디너나 저녁모임에서 흔히 마시는 알코올은 와인과 맥주입니다.

❗ 주류점, 슈퍼마켓, 바, 나이트클럽에서 술을 구입하려면 21세 이상이어야 합니다. 나이를 확인할 수 있는 ID를 요구할 때도 있습니다.

모든 미국 주법은 음주 운전에 대해 엄격합니다. 경찰은 운전자를 멈추고 음주 테스트를 할 수 있습니다. 음주 운전시 벌금을 내거나 면허를 박탈당합니다.

개인 위생

• 미국인은 목욕이나 샤워를 매일 합니다. 보통 향이 너무 강한 향취제나 향수, 에프터쉐이브 로션은 좋아하지 않습니다.

• 미국 여성은 보통 다리와 겨드랑이를 면도합니다.

❗ 모임이나 직장에서 같은 나라 사람을 만날 때가 있습니다. 본국어로 너무 길게 대화하는 것은 주변 사람을 무시하는 것처럼 보일 수 있으므로 주의합니다.

시간 엄수하기 Being on Time

미국인은 보통 시간 엄수를 당연시 합니다.

• 늦을 것 같으면 미리 전화해서 알려 줍니다

• 이미 늦었다면, "I'm sorry"라고 사과하고 정시에 오지 못한 이유를 설명합니다.

사교 모임 SOCIAL GET-TOGETHER

가정집 초대

가정집에 초대받은 경우 약속 시간보다 5분 이상 일찍 오는 것은 결례입니다. 집주인이 아직 준비 중인 경우도 있습니다.

보통 초대할 때 모임의 시작 시간과 끝나는 시간을 알려주기 때문에 정확히 정각에 올 필요는 없습니다. 예를 들어 초대장에 모임이 오후 2시부터 5시 사이라고 되어 있다면 2시 30분이나 2시 45분에 온다고 해도 결례는 아닙니다. 5시가 지난 후에는 30분 정도 더 있기도 하지만 그 이상 머물지는 않습니다.

디너 파티 Dinner parties 약속시간보다 15분 이상 늦게 오는 것은 결례입니다. 보통 초대한 사람이 저녁식사를 시작할 시간을 염두에 두고 초대하기 때문입니다. 식사가 끝나면 바로 떠나지 않고 적어도 30분은 머무릅니다.

칵테일 파티 Cocktail parties 초대장에 파티 시간이 언급되어 있습니다. 30~45분 늦게 도착해도 결례가 되지 않습니다.

격식없는 모임 Informal get-togethers 20분 이상 늦지 마십시오.

오픈하우스 파티 Open house parties 초대장에 명시된 시간 중 어느 때 와도 좋습니다.

레스토랑Restaurants 10분 이상 늦거나 먼저 가지 않습니다. 예약했지만 기다릴 경우도 있습니다. 예약 시간보다 15분 이상 늦은 경우 좌석을 다른 손님에게 양도하는 경우도 있습니다.

약속Appointments 약속한 정시에 맞추십시오. 미국인은 대부분 기다리는 것을 싫어합니다. 20분 이상 늦으면 상대방이 기다리지 않을 수도 있습니다.

서프라이즈 파티 Surprise parties 서프라이즈 파티(깜짝 파티)라고 명시된 경우에는, 약속시간보다 10~15분 일찍 갑니다. 늦을 것 같으면 초대한 사람에게 언제 나타나도 좋은지 미리 확인합니다.

비즈니스 모임 BUSINESS SITUATIONS

모든 모임에는 5분 이상 늦거나 빠르지 않게, 가능한 정시에 나타납니다. 다음 모임에서는 정시에 도착하는 것이 특히 중요합니다.

- 오찬 미팅이나 점심 약속: 상대방이 점심시간으로 1시간밖에 여유가 없을 수도 있습니다.

- 면접: 10분쯤 먼저 도착하는 것이 좋습니다.

카드와 선물 Cards & Gifts

Holiday season

Holiday season은 Thanksgiving 이후 시작해서 New Year's Day까지 계속됩니다('미국의 각종 기념일Holidays' 편 참조). 이때 미국인은 카드나 선물을 줍니다.

카드 문구점에서 카드 세트를 구입하거나 '개인 취향에 맞게 맞춘personalized' 카드를 주문할 수 있습니다. 크리스마스를 기념하지 않는 유대인이나 이슬람인에게는 'Merry Christmas'라고 쓰지 않고 'Happy Holiday'라고 씁니다.

결혼한 사람에게 카드를 보낼 때는 그 배우자를 모른다 하더라도 두 사람 모두에게 보내는 형식을 취합니다. 카드를 보내는 대상은 다음과 같습니다.

- 비서를 포함하여 매일 만나는 직장 동료들(아래 '직장에서 선물' 참조)

- 타국에 사는 친구. 미국인은 종종 카드에 가족 사진을 붙여 보내기도 합니다.

- 자주 만나는 친구들

직장에서 선물 직장마다 관례가 다릅니다. 예를 들어 어떤 직장에서는 매니저가 비서에게 선물을 주거나 점심을 사주거나 꽃을 보내기도 합니다. 직장에 따라서는 선물을 주고받는 것이 금지된

모임이 끝난 후에는 주인에게 전화를 하거나 'thank-you' 레터를 보냅니다. 메시지는 간단히 합니다. 음식이 좋았다거나, 함께 초대받은 사람들이 재미있었다는 정도의 말을 하면 됩니다.

곳도 있으니 미리 확인하십시오.

Holiday 팁   정기적으로 이용하는 서비스는 팁을 줍니다. 카드에 팁을 넣어 주는데 금액은 도움을 받은 정도에 따라 다르게 줍니다. 다음과 같이 팁을 줄 수 있습니다.

- 신문이나 우편물을 배달해준 사람: 5~10달러의 팁을 카드에 넣어 줍니다. 우편물을 전달해주는 사람이 한 명 이상이면 팁을 줄 필요가 없습니다.
- 아파트 경비나 리셉션: 연중 도움을 받았다면 카드에 팁을 넣어줍니다. 액수는 이웃과 비슷한 수준으로 하는데, 보통 15~100달러 정도를 줍니다.
- 미용실: 정기적으로 사용하는 미용실이 있다면 15달러 이내의 적은 팁이나 작은 선물을 할 수 있습니다.

선물   보통 선물은 5~10달러의 작은 것입니다. 쿠키를 구워 포장해주기도 합니다. 다음과 같이 선물을 줄 수 있습니다.

- 아이의 담임선생님: 선물은 감사 표시일 뿐이므로 선물 여부에 관계없이 선생님은 아이에게 똑같이 대할 것입니다.
- 절친한 친구: 미국인은 절친한 두 세

명의 친구나, 특별히 도움을 받은 사람에게 선물을 줍니다.

특별한 경우 SPECIAL OCCASIONS

기타 공휴일('미국의 각종 기념일 Holidays' 편 참조).

축하파티 Celebration parties   보통 축하파티에는 선물을 준비합니다. 상대방이 무엇을 갖고 싶어하는지 물어보는 것이 결례가 아니므로 미리 물어봐도 좋습니다.

- 결혼식이나 bridal shower: 결혼하는 커플이 받고 싶은 선물 목록을 만들어 숍에 등록 register 하기도 합니다. 결혼하는 커플에게 선물하려면 'register' 되었는지 물어보고 등록되어 있다면 리스트를 가지고 해당하는 숍에 가서 물건을 고릅니다('쇼핑몰 Shops & Malls' 편 참조).
- 졸업식, 견진성사 confirmation 성인식 (유대 성인식 bar mitzvah, bat mitzvah): 주로 하는 선물은 책 또는 책이나 판을 살 수 있는 상품권
- 출산축하 baby shower나 세례 baptism, christening: 베이비 샤워에는 부부가 원하는 선물을 'register' 하기도 합니다.
- 서프라이즈 생일 파티: 생일인 사람

에게 줄 선물을 준비합니다. 초대장에 선물을 사양한다고 언급한 경우에는 와인이나 사탕, 꽃을 준비합니다.

- 새 집에 초대한 경우: 파티가 아니더 라도 새 집에 초대받으면 집들이 선물을 준비합니다.

가정집 모임 Home parties 다음과 같은 경우에 선물을 준비합니다.

- 디너 파티: 많이 하는 선물로는 와인이나 셰리주, 사탕, 꽃이 있습니다. 초대받았을 때 무엇을 가져오면 좋을지 물어보는 것도 방법입니다. Potluck이라고 언급된 파티는 초대받은 사람들이 모두 음식을 조금씩 준비해오는 것입니다.
- 칵테일 파티: 와인이나 셰리주, 기타 술 종류가 흔히 하는 선물입니다.

유용한 영어표현 Words to Know

- **Baby shower** : 임신한 부모를 위한 파티
- **Baptism** : 기독교에서 새로 태어난 아기에게 주는 세례식
- **Bris** : 새로 태어난 아기를 축하하는 유대교 행사. 남자아기는 출생 후 8일째 할례를 받는데 이 행사는 보통 집에서 합니다.
- **Bar or bat mitzvah** : 유대 행사로 13세가 된 소년, 소녀를 위한 성인식
- **Bridal shower** : 결혼을 앞둔 처녀를 위한 파티
- **Christening** : 아기에게 세례를 주고 이름을 붙이는 기독교 행사
- **Cocktail party** : 에피타이저와 음료

가 제공되는 파티. 보통 손님이 많이 초대됩니다.

- **Dean** : 대학에서 학생과 교육 프로그램을 책임지는 사람
- **First name** : 이름 중 성이 아닌 부모가 지어주는 이름. Amy, Robert, Gloria, Mark 같은 이름이 first name 이며, 가족의 성은 last name 또는 family name이라 합니다.
- **'Housewarming' party** : 집들이
- **Jeans** : 청바지
- **Maiden name** : 여자가 결혼 전 갖고 있던 성. 미국에서 대부분의 여성은 결혼 후 남편의 성을 따릅니다. 일부 여성은 maiden name을 계속 사용하

기도 합니다.

- **Last name** : Smith, Harrison, Evans 같은 가족의 성
- **'Potluck'** : 모임에서 모든 사람이 조금씩 나눠먹을 음식을 준비합니다.
- **Open house** : 일종의 파티. 초대하는 주인이 2시에서 5시 사이처럼 파티 시간을 정해주면 그 사이 아무 때나 방문해도 상관 없습니다.
- **'Smoke-free' environment** : 흡연이 금지된 식당, 숍, 몰, 사무실 등
- **Sneakers** : 운동화.
- **Sweatshirts** : 헐렁하고 두꺼운 면 셔츠. 안감이 보송하게 처리되어 조깅이나 운동할 때 입습니다.

11 친구 사귀기
MAKING FRIENDS

Jack : Greta, it's so good to see you! How are you? (Greta, 만나서 정말 반가워! 잘 지내지?)

Greta : Fine, thanks. I'm glad to see you, too. (그래, 잘 지내. 만나서 반갑다.)

Jack : I wanted you to meet some of my friends... Let me introduce you. (너랑 내 친구들이 만났으면 했어. 널 친구들한테 소개해 줄게.)

Note 남자와 여자 친구가 만나면 악수를 합니다. 절친한 친구라면 가벼운 키스를 하기도 합니다.

Jack : Greta, these are my neighbors, John and Barbara Weedon. (Greta, 이분들은 이웃인 John Weedon과 Barbara Weedon 씨야.)

Greta : (shaking hands) Pleased to meet you. ((악수하며) 만나서 반갑습니다.)

Jack : And this is Carl Post. Carl used to live here, but he's moved away. (그리고 이분은 Carl Post 씨야. Carl은 여기서 살았는데 이사 갔어.)

Greta : (shaking hands) Oh, where do you live now? ((악수하며) 아, 지금은 어디 사시는데요?)

Jack : (leaving) Someone's at the door. Greta, I'll let you introduce yourself to others... ((자리를 뜨며) 누가 왔네. Greta, 네가 다른 분들께도 인사 드리겠니.)

Note Jack은 Greta가 직접 자신을 소개하고 대화를 시작하길 바랍니다. 대화를 시작할 때 하는 흔한 질문이 "Where do you live? (어디 사시나요?)"나 "What do you do? (어떤 일을 하세요?)" 같은 직업에 대한 질문입니다.

개요 Overview

많은 미국인이 몇 년에 한 번씩 다른 도시로 이주합니다. 이주할 때마다 새로운 친구를 사귀게 되는데, 이 때 친구란 사교적인 목적으로 가끔씩 보는 사람을 의미합니다. 직장에서 잠깐씩 들러 대화를 나누는 동료도 서로를 친구라고 하기도 합니다.

때로 대도시의 미국인은 친구를 사귈 틈이 없이 바빠 보입니다. 사람들은 친절한 미소를 띠고 "언제 한번 만납시다"라고 쉽게 말하지만, 그런 후 다시 연락이 없는 경우가 많습니다. 친구를 사귀고 싶다면 당신이 먼저 만남을 시작해야 할 때도 있습니다.

방문해볼 곳 Where to Go

정보 구하기 GETTING INFORMATION

신문 보통 신문에서 클럽이나 종교단체, 교육 프로그램에 관한 정보를 찾을 수 있습니다.
- 도시 내 주요 일간지('뉴스, 스포츠, 오락News, Sports & Entertainment' 편 참조)
- 해당 카운티의 지역 일간지: 여기에는 커뮤니티 센터, 클럽, 지역 내 교육 정보가 실려 있습니다.
- 민족 신문ethnic newspapers

해당 카운티의 상공회의소: White Page 에서 'Riverton Chamber of Commerce' 와 같이 상공회의소 번호를 구합니다.

도서관, 식당, 가게 보통 출입구에 비치되어 있습니다.

인터넷 '통신 수단 설치하기Getting Connected' 편 참조

전화번호부White and Yellow Pages 종교단체나 클럽 이름은 앞부분에서 찾을 수 있습니다.

방문해볼 곳 PLACES TO GO

이웃 Neighborhood 어떤 동네는 이웃이 이사 오면 케이크나 쿠키를 들고 찾아와서 인사하는 경우도 있습니다. 그러나 당신이 이사왔는지 아무도 눈치조차 채지 못할 수도 있습니다. 서로에게 관심이 없거나 아니면 너무 바쁠 수도 있습니다. 외롭다면 길에서 이웃을 만났을 때 먼저 당신을 소개하십시오. 잠깐 대화를 나누고 집에도 초대하십시오.

종교 단체 Religious organizations 교회나 유대교회, 이슬람 모스크 등에는 다음과 같은 것이 있습니다.

- 미혼 그룹과 결혼한 그룹의 소모임
- 성경과 역사를 공부하는 모임
- 아이들을 위한 교육시설과 데이케어

Yellow Page에서 Churches, Synagogues, Mosques, Religious Organization 등의 섹션을 참고할 수 있습니다.

민족 단체 Ethnic organizations 대도시에는 Korean-Americans, Chinese-Americans, Polish-Americans, Hispanic-Americans 같은 민족끼리의 모임이 있습니다. 회원들은 미국에서 태어났으나 부모나 조부모 세대에 이민 온 경우도 있습니다. 이런 단체에서 구할 수 있는 정보입니다.

- 피크닉이나 파티 같은 사교모임
- 비즈니스 네트워킹('일자리 구하기 Finding Work' 편 참조)
- 아이들이 언어와 역사를 배우는 주말학교
- 데이케어나 보육학교
- 가난한 사람들을 돕는 자원봉사 일

직업 모임 Professional associations 어느 직업이나 직업이 같은 회원끼리 모이는 그룹이 있습니다. 지역모임도 있지만 대개 연 1회 이상의 주 모임이나 국내 모임이 있습니다. Yellow Page에서 'Association' 부분을 찾아볼 수 있습니다.

자원봉사 Volunteer work 미국인들은 남는 시간에 무료로 봉사활동을 하는 경우가 많습니다. 직업이 없는 여성들이 자원봉사를 많이 하지만, 직업이 있는 사람들도 저녁이나 주말을 활용하여 자원봉사를 하는 경우가 많습니다. 자원봉사 일은 커리어에 도움이 될 뿐 아니라('일자리 구하기 Finding Work' 편 참조), 같은 일에 흥미가 있는 사람들을 만나는 자리가 되기도 합니다.

- PTA(학부모-교사 모임)나 기타 학부모 소모임: PTA 활동을 하면 다른 학부

재미있는 프로그램과 모임들

	내용	전화번호
4년제 또는 2년제 대학	직업교육이나 음악, 미술, 역사, 요리, 댄스를 배우는 교양 수업. 직업과 커리어에 관한 수업도 인기 있습니다. 카운티 거주민resident은 2년제 학교 등록시 등록금이 더 쌉니다.	Yellow Page에서 'Schools-Academic-Colleges & Universities'를 참조합니다.
공립학교	직업교육이나 교양 수업	Yellow Page에서 'Schools-Academic-Secondary & Elementary'를 참조합니다.
카운티 레크리에이션 센터	교양수업, 에어로빅, 영양학, 미술과 공예 등이 인기 있습니다. 많은 레크리에이션 센터에 소프트볼, 야구, 축구의 성인반도 있습니다.	전화번호부의 'Recreation' 아래 가장 가까운 레크리에이션 센터 번호를 찾습니다.
도서관	매월 다른 책을 주제로 토론하는 독서클럽은 무료인 경우가 많습니다.	전화번호부 'Libraries' 아래에서 찾습니다.
커뮤니티 센터	에어로빅 등의 교양강좌, 독서토론, 새 회원을 위한 '환영클럽'이 있는 커뮤니티 센터도 있습니다. 모임은 대개 월 1회 정도 있습니다.	상공회의소Chamber of Commerce에서 가까운 커뮤니티 센터 번호를 확인할 수 있습니다.

❗ 해당 카운티의 resident로 인정되는지 확인하십시오. 어떤 카운티에서는 지난해 재산세를 낸 경우에만 resident로 인정하기도 합니다.

재미있는 프로그램과 모임들(cont.)

YMCA/ YWCA	수상 스포츠나 야구, 에어로빅 등. 종교와 관계없이 참여할 수 있습니다. 보통 가입비와 월 회비가 있습니다.	
여성센터	강좌와 토론- 특히 좋은 커리어와 직업 찾기, 직업 기술 개발하기 등	상공회의소에서 확인하거나 Yellow Page의 'Women,' 'Career' 난에서 확인합니다.
헬스클럽/ 피트니스 센터	에어로빅, 헬스, 수영. 보통 가입비와 연회비가 있습니다.	Yellow Page에서 'Health Clubs' 난을 참조합니다.
야외 모임	새 관찰, 하이킹, 바이킹, 캠핑	스포츠 용품점에 문의하거나 Yellow Page의 'Clubs' 난을 확인합니다.
테니스 클럽	그룹 레슨, 실내외 코트 임대. 퍼블릭 코트는 사설 코트보다 가격이 저렴합니다.	Yellow Page의 'Tennis Courts-Public' 과 'Tennis Courts-Private' 를 참조합니다.
골프 클럽	사교 모임과 골프 레슨. 어떤 클럽은 회원에 가입하려면 대기자 명단이 있거나 기존 회원의 초대가 있어야 가능할 수도 있습니다. 가입비는 수천 달러에 달하고 보통 연회비가 있습니다. 퍼블릭 코스는 조금 더 저렴합니다.	Yellow Page의 'GolfCourses-Public,' 'GolfCourses-Private' 를 참조합니다.

❗ 어떤 헬스클럽은 회원 가입시 계약서를 씁니다. 이해가 안 가는 부분은 통역을 받아서라도 내용을 잘 숙지해야 합니다. 만약 2년 계약을 했다면, 중간에 이사를 해서 탈퇴하더라도 비용을 계속 내야 합니다. 대부분의 클럽은 요청하면 6개월짜리 계약을 해주기도 합니다. 많은 헬스클럽이 가격과 계약 기간에 대해 협상이 가능합니다.

모들과 만날 기회가 되고, 학교에서 자녀의 생활을 더 잘 이해하는 계기가 되기도 합니다. 보통 PTA 모임은 규모가 커서 특별히 누군가 사귀기 어려울 수도 있습니다. 자원봉사일은 다음과 같은 것이 있습니다.

　－기금 모금. 예를 들어 학교 기자재 구입과 필드 트립을 위한 시장을 열 수도 있습니다.
　－수업시간이나 컴퓨터 랩, 도서관에서 학생들을 지도, 감독하는 일

- 교회나 기타 종교 모임: 공부를 가르치거나 병문안, 기금 모금, 가난한 사람에게 음식물을 전달하는 등의 활동을 할 수 있습니다.
- 박물관: 수업을 들어서 예술작품에 대해 배운 후, 방문객을 안내하는 일을 할 수 있습니다. 많은 박물관에서 리서치 프로그램에 자원봉사자를 활용합니다.
- 도서관: 책을 정리하거나 아이들에게 책 읽어주는 봉사 활동이 있습니다.
- 병원, 양로원, 어린이 교육 시설

국제 학생 단체 International student organizations 부록 B의 'Colleges and Universities' 편 참조

신문의 'dating' 광고 신문에는 데이트를 원하는 미혼들이 자신의 취미, 나이, 성별, 종교, 인종을 소개하는 난이 있습니다. 항상 그런 것은 아니지만, 대부분 남성이 음식과 데이트 비용을 지불합니다. 'Dutch Treat' 데이트에서는 남녀가 각각 음식값을 지불합니다.

소개팅 서비스 Dating services 수수료를 받고 소개팅을 주선해주는 서비스가 있습니다. 이용하기 전에 가격을 정확히 확인합니다.

바와 나이트클럽 미혼인 사람들은 금요일이나 토요일 밤, 친구와 함께 바bar나 나이트클럽을 찾습니다. 어떤 레스토랑은 할인 가격에 음료를 제공하거나 오르 되브르를 무료로 주는 'happy hour'가 있습니다.

❗ 바나 나이트클럽에서 사람을 만날 때 주의할 점

- 방금 만난 사람을 잘 알게 되기 전에 주소나 전화번호를 알려주지 마십시오.
- 혼자서 처음 만난 사람을 집으로 데려가지 마십시오. 더 만나고 싶다면 사람이 많은 공공 장소를 택하는 것이 좋습니다.

유용한 영어표현 Words to Know

- **Aerobics** : 에어로빅
- **Chamber of Commerce** : 상공회의소. 카운티, 도시, 주 단위로 상공회의소가 있습니다. U.S. Chamber of Commerce는 미국 전체의 비즈니스 협회입니다.
- **Community Center** : 동네 커뮤니티 센터. 커뮤니티 센터에서 교육 프로그램이나 소모임에 참여할 수 있습니다.
- **Country club** : 회원이 사교적으로 모임하는 클럽. 대부분 식당과 골프 코스, 수영장, 라켓볼이나 테니스 코트 등 스포츠 시설을 갖추고 있고, 연회원으로 가입할 수 있습니다.
- **Ethnic group** : 전세계에서 미국으로 이주해온 타 민족 그룹
- **Fitness center** : 'Health club' 참조
- **Health club** : 피트니스 클래스와 수영 등을 할 수 있는 장소
- **Initiation fee** : 클럽에 가입하기 위한 가입비
- **Mosque** : 이슬람 사원
- **Parent-Teacher Association** (PTA) : 학부모와 교사의 모임
- **Recreation department** : 운동과 미술, 공예, 음악 등의 교육 프로그램. 보통 카운티나 시에서 운영합니다. 프로그램에 따라 어린이 전용이나 성인이 함께 할 수 있는 것이 구분되어 있습니다.
- **Synagogue** : 유대 교회
- **Volunteer work** : 자원 봉사 일. 다른 사람을 돕고, 직업 기술을 강화하거나 사람을 만나는 기회로 좋습니다.
- **Welcome club** : 지역에 새로 이사 온 사람을 위한 클럽. 대개 월 1회 모임이 있습니다.
- **White Pages directory** : 인명 전화 번호부
- **Yellow Pages directory** : 상업 광고와 서비스, 상호로 찾아보는 전화번호부
- **Young Men's (or Women's) Christian Association** (YMCA or YWCA) : 스포츠 강좌와 클럽을 갖춘 단체. 종교와 관계없이 참가할 수 있습니다. YMCA는 다른 클럽 활동보다 비용이 저렴한 경우가 많습니다.

도착 직후

When You Get Here

12 식료품 구입하기

FOOD SHOPPING

브랜드명

평균 한 번에
사용하는 양

비슷한 다른 제품보다 1/2가
량 지방이 적고 1/3가량 칼로
리가 낮음

높은 함량은 심장병의
원인이 되기도 합니다.

하루 2,000칼로리 섭취
를 기준으로 합니다.

높은 함량은 심장병의
원인이 되기도 합니다.

소금 함량이 많으면 고혈압
의 원인이 되기도 합니다.

오븐 온도

Heat	화씨Fahrenheit	섭씨Centigrade	British
Very low	100~250°	40~120°	Regulo 1~5
Low	300°	150°	Regulo 6
Moderate	325~350°	165~180°	Regulo 6~7
Hot	400°	205°	Regulo 8
Very hot	450~500°	235~260°	Regulo 9~10

Note 대부분의 레시피는 음식을 오븐에 넣기 전에 오븐이 이미 예열되어 있다고 가정한 것입니다.

음식을 오븐에 넣기 전에 15분 정도 예열합니다. 필요한 경우 오븐용 온도계oven thermometer를 구입해서 온도가 정확한지 확인할 수 있습니다.

고기용 온도계meat thermometer도 있는데 고기 내부의 온도를 재어서 준비가 되었는지 알려주는 것입니다.

Note 기온과 고도가 요리에 영향을 주기도 합니다. 예를 들어 Miami에서는 습도가 높아 빵이나 파이 껍질이 잘 구워지지 않습니다. Denver는 고도가 높아서 레시피에 나오는 것보다 오븐 온도를 25도 뜨겁게 달구는 것이 좋습니다.

슈퍼마켓 The Supermarket

🕐 시간이 허락한다면 물건 구입 전에 여러 가게를 둘러봅니다.

슈퍼마켓은 대개 주 7일 영업합니다. 보통 월요일부터 토요일까지는 오전 6시부터 저녁 11시까지 열고, 일요일에는 좀 일찍 문을 닫습니다. 24시간 영업하는 슈퍼마켓도 있습니다. 영업 시간은 출입구에 명시되어 있습니다.

Thanksgiving, Christmas, New Year's Day 등의 공휴일에는 문을 닫거나 영업을 일찍 마감하는 것이 보통입니다.

❓ 계산하려고 보니 현금이 충분하지 않으면 어쩌나요?

대부분의 가게는 신용카드를 받습니다. 은행 카드가 있다면 근처에 현금출납기 ATM가 있는지 물어봅니다.

❓ 구입한 다음날 물건을 돌려주고 환불받고 싶으면 어떻게 합니까?

큰 슈퍼마켓은 물건에 문제가 있거나 마음이 변한 경우도 환불이 가능합니다. 물건과 영수증을 가지고 매니저를 찾아갑니다. 계란이나 우유같이 신선도가 중요한 식품은 환불받지 못합니다.

쇼핑 품목 WHAT YOU CAN FIND

농산품Produce 신선한 과일과 야채는 보통 파운드 단위로 팝니다. 패키지로 포장되어 있거나 낱개 판매하기도 합니다. 계산대에서 직원이 무게를 달아 가격을 매깁니다.

고기류Meat Meat counter라고 쓰인 고기 판매대에서 쇠고기나 닭, 기타 가금류의 생고기나 냉동고기를 구할 수 있습니다.

고기류는 보통 등급이 매겨져 있습니다.

- Prime meat이 최상품이며 가격이 가장 비쌉니다. 지방이 많고 육질이 부드럽습니다.
- Choice meat은 가장 일반적인 등급이며 지방이 덜하고 육질이 덜 부드럽습니다.
- Select meat이나 Lean meat은 지방

1 필요한 물건을 찾습니다.

카트나 작은 바구니에 필요한 물건을 담습니다. 통로 천장이나 줄별로 해당 아이템 목록이 적혀 있습니다. 손잡이 아래 작은 차트가 부착되어 있는 쇼핑 카드도 있습니다.

2 체크를 승인받습니다.

향후에도 계속 체크로 비용을 지불하려면 매니저를 찾아 사인을 받습니다. 신청서를 작성해 Courtesy card를 신청합니다.

3 'Checkout' 이라 표시된 계산대를 찾습니다.

사려는 물건 목록이 적은 경우에는 'express lane'에 줄을 서면 빠릅니다. 어떤 express lane은 현금만 받고 어떤 곳은 카드나 수표만 받습니다. 가게에는 대개 'No Cash' 라고 표시된 줄이 있습니다. 머리 위의 사인보드를 확인합니다. 바쁠 때는 구입한 물건을 직접 봉지에 넣는 계산대를 찾습니다. 여기선 신용카드로만 계산이 가능합니다.

4 계산대 직원이 구입한 목록을 스캔합니다.

계산대 위의 스크린 화면에서 가격을 확인할 수 있습니다.

5 할인 쿠폰이나 보너스 카드가 있으면 계산하는 직원에게 보여줍니다.

직원은 전체 가격에서 쿠폰 할인 가격만큼 공제합니다.

6 최종 가격을 지불합니다.

슈퍼마켓은 대개 현금, 체크, 데빗카드, 신용카드 모두 받습니다. 또한 현금출납기를 갖춘 곳도 많습니다.

7 카트를 차로 밀고 가거나 입구에 둡니다.

경우에 따라 물건을 봉지에 담아주는 bagger가 카트를 주차장으로 운반해주기도 합니다. 어떤 곳에서는 물건을 카트에 두고 차를 운전해와 픽업해 가기도 합니다.

을 다듬어 떼어낸 것입니다. 다른 부위보다 질기기도 하지만 대부분의 슈퍼마켓에서 육질이 연하게 다듬어 팝니다.

• 등급이 없는 고기도 좋은 상품일 수 있으나 보통은 가격이 싼 대신 육질이 연하지 않습니다.

도움을 받으려면 정육대 근처 벨을 누릅니다. 직원에게 특별한 고기 부위나 정확히 원하는 양만큼만 포장해달라고 요청할 수 있습니다.

가금류Poultry　닭이나 영국 암탉, 칠면조 등의 가금류는 AA나 A로 등급이 매겨 있습니다. AA가 가장 비싼 종류로 지방이 적고 신선하면서 육질이 가장 부드럽습니다.

해산물Seafood　해산물 판매대seafood counter에는 신선한 생물과 미리 얼려놓은 냉동 해산물이 비치되어 있습니다. 흔히 볼 수 있는 생선류는 grouper(농어과), salmon(연어), swordfish(황새치), flounder(넙치), halibut(큰 가자미), catfish(메기), tuna(참치) 등이 있습니다. 조개나 갑각류로는 shrimp(새우), clams(대합조개), mussels(홍합), oysters(굴)이 있습니다. 다른 나라에서 수입한 해산물도 찾을 수 있습니다.

유제품Dairy　유제품 판매대dairy에서 계

Hello, USA!

신선 식품은 유통기한을 확인합니다. 다음은 음식을 보관할 수 있는 기간입니다.

계란	5주
갈지 않은 고가	2~3일
간 고가	1~2일
포장된 조제 고가	7일
우유	7일
해산물	1~2일

음식 보관에 대한 정보가 담긴 인터넷 사이트에서 캔 조리 식품이나 냉장식품의 보관 기간을 찾아볼 수 있습니다.

란, 우유, 치즈, 요거트, 과일 주스 등을 구입할 수 있습니다. 피클이나 소스, 신선한 파스타도 여기에서 찾을 수 있습니다.

버터는 파운드나 스틱(1/4파운드)으로 판매합니다. 계란은 6개들이(1/2dozen)나 12개들이(1dozen) 포장으로 판매하고 가격은 크기에 따라 다릅니다.

구입 이전에 유통기간expiration date을 확인합니다.

조제 식품Delicatessen 조제 식품 판매대 deli counter에는 신선한 샐러드, 뜨거운 바비큐 치킨, 에피타이저, 기타 미리 요리한 음식을 판매합니다. 1인분은 보통 고기나 샐러드를 1/4파운드 정도 주문하면 됩니다.

음식 맛을 볼 수 있도록 조금 더 달라고 해도 좋습니다.

제과점Bakery 구운 빵을 매일 새롭게 판매합니다. 때로는 하루 지난 빵이나 페이스트리를 반 가격에 구입할 수 있습니다. 습도가 높은 지역에 산다면 빵이 단단히 포장되어 있는 것이 신선합니다. Bakery나 Deli에서는 번호표를 받아 기다렸다가 차례가 되면 구입하기도 합니다.

냉동식품Frozen 냉동 처리된 야채, 주스, 아이스크림, 고기, 생선, 빵, 디저트를 모두 포함합니다. 냉동 조제 식품으로는 라자냐, 베리또, TV 디너 등이 있습니다.

식이요법 식품Special diet food 법에 따라 식품에 붙은 'low fat'이나 'low sodium' 등의 라벨은 연방 정부가 정하는 일정한 규정을 따르게 되어 있습니다.

아기 용품Baby items 이유식, 아기용 시리얼, 분유, 기저귀 등을 찾을 수 있습니다.

민속 음식Ethnic foods 동양계, 이탈리아, 히스패닉, 유대 음식 등을 찾을 수 있습니다.

빵굽기 재료Baking goods 설탕, 밀가루나 기타 양념류를 찾을 수 있고, 빵이나 케이크, 쿠키, 푸딩을 굽는 데 쓰는 믹스 첨가물도 찾을 수 있습니다.

푸드 바Food bar 덥거나 차게 조리된 음식물을 고른 후 파운드로 계산합니다.
- Hot food bar: 구운 고기, 닭, 파스타, 수프, 칠리 등이 덥게 조리됩니다.
- Cold salad bar: 신선한 야채와 과일,

참치나 계란 샐러드가 차게 조리됩니다.

• Frozen yogurt machine: 요구르트는 매일 두 가지 다른 맛으로 제공됩니다.

원하는 만큼 식품을 가지고 계산대에서 무게를 달아 계산합니다.

약국Pharmacy 약국에서는 처방전 없이 구입할 수 있는 over-the-counter와 의사의 처방전이 필요한 prescription medicines으로 나누어 팝니다('의료체계Medical Care' 편 참조). 칫솔이나 생리대, 선글라스, 빗, 솔, 면도크림 등도 약국에서 구입할 수 있습니다.

사진 현상소 Photo center 필름을 구입하거나 사진을 현상할 수 있습니다.

가격 계산하기 Calculating the Price

Labels 가게 자체 브랜드 상품을 찾습니다. 다른 유명 상표만큼 질이 좋은데 가격은 저렴합니다.

Item price 포장된 상태의 가격입니다. 서로 다른 포장 두 개에 같은 양의 음식이 담겨 있다면 어느 브랜드가 싼지 금방 계산이 될 것입니다. 양이 서로 다르다면 unit price를 확인합니다.

Unit price 두개의 물건 두 개가 서로 양과 크기가 다른 경우, unit price를 비교해서 어느 물건이 싼지 알 수 있습니다. Unit price란 1온스당 가격을 말합니다. 예를 들어 두 개의 수프를 비교하는데 하나는 양이 많고 다른 하나는 적다면 unit price를 비교합니다. Unit price는 물건이 비치된 선반 아래 붙어 있습니다.

Coupons 쿠폰은 신문의 'food' 난이나 잡지, 우편물 사이에 끼어 오는 광고 전단지에서 찾을 수 있습니다. 쿠폰으로 특정 품목을 할인받을 수 있습니다. 간혹 쿠폰을 사용할 수 없는 경우도 있습니다.

• 쿠폰에 기재된 사용기간이 지난 후
• 모든 상점 체인에서 사용할 수 있는지 확인합니다. 해당 쿠폰을 배포한 상점에서만 사용할 수 있는 경우도 있습니다.

때로는 'double', 'triple' 쿠폰인 경우
도 있는데 이 의미는 쿠폰에 기재된 할
인가의 두 배, 세 배 할인을 의미합니
다. 예를 들어 크리넥스 티슈 25센트 할
인 쿠폰이 있고 이것이 double coupon
이라면 실제로는 50센트를 할인받는 것
입니다.

Sales tax 세금이 부과되는 물건은 영
수증의 품목명 옆에 'T' 라고 표기되어
있습니다. 고기나 우유, 빵과 농산품 같
은 기초 식품은 대개 세금이 붙지 않습
니다. 스낵용 음식이나 집안 살림 물품
은 과세가 되는 지역도 있습니다.

특별한 서비스 Special Services

특별 주문 대부분의 가게는 고기, 생선,
페이스트리 등을 미리 주문받기도 합니
다. 예를 들어 Thanksgiving이나
Christmas가 되기 일주일 전에 미리 칠
면조나 햄을 주문해둘 수 있습니다. 손
님 초대 계획이 있다면 고기의 특정 부
위나 조리된 음식, 디저트를 주문해두
면 편리합니다.

재포장 디스플레이 된 것 이외에 썰어
놓은 수박이나 생선을 구입하여 재포장

할 수 있으므로 문의해봅니다.

커피 식료품점에서는 보통 신선한 커피
콩을 갈아서 판매합니다. 커피콩 옆에
커피 분쇄기를 놓아두어 손님이 직접
갈도록 해놓은 곳도 있습니다.

체크로 계산 Courtesy card나 check-
cashing card를 만들어두면 손쉽게 체
크로 계산할 수 있고, 같은 이름의 어느
가게에서나 사용할 수 있습니다. 대형

보통 대형 슈퍼마켓은 공중 화장실을 갖추고 있습니다. 직원에게 위치를 물어봅니다.

슈퍼마켓에서는 현금이 필요한 손님이 계산금액보다 많은 액수를 체크로 써주면 그만큼의 현금을 돌려주기도 합니다.

Courtesy card를 만드려면 매니저를 찾아 해당 양식을 작성하여 신청합니다. 은행에서 몇 주 이내에 우편으로 카드를 발송해줍니다. 어떤 상점에서는 임시로 사용 가능한 카드를 발급해주기도 합니다.

보너스 카드 대형 식료품점이나 약국에서는 보너스 카드를 만들어주기 때문에, 이 카드를 활용해서 특정 품목에 대해 할인을 받을 수 있습니다. 한 가게를 계속 이용한다면 보너스 카드를 만들어서 계산할 때 직원에게 보여주고 할인을 받습니다.

특화된 상점 Specialty Stores

자연식품 NATURAL FOODS

많은 슈퍼마켓에서 화학물질이 첨가되지 않은 자연식품이나 오가닉을 판매합니다. 자연식품만 취급하는 상점도 찾을 수도 있습니다.

민속식품 ETHNIC GROCERS

대도시에서는 같은 고향 사람과 음식을 접할 수 있는 민속 식품점이 있게 마련입니다. 모국어로 된 비디오테이프나 오디오테이프, 책, 신문도 구할 수 있습니다.

Yellow Pages에서 'Grocers-Retail'을 찾아보십시오. 아니면 White Pages의 'Business' 난에서 한국인 상점 이름을 찾을 수도 있습니다.

창고형 할인 매장 WAREHOUSES

대도시 주변 교외 지역에는 음식과 물품을 할인 가격으로 판매하는 대형 창고형 할인점이 있습니다. 연회비 명목으로 25~50달러가량 내야 하는 경우도 있습니다.

각 할인점마다 경우가 다르지만, 어떤 곳은 쇼핑한 물건을 운반할 쇼핑백을 가지고 와야 하는 곳도 있습니다. 어떤 곳은 모든 물건을 대량으로 구입하게 묶어 파는 곳도 있습니다.

보통은 음식 구매를 위해서 창고형 할인점을 활용하고, 기타 특정 품목을 사기 위해서는 다른 곳을 쇼핑하기도 합니다. 음식 외의 옷이나 전자제품, 자전거와 장난감 등을 판매하는 대형 할인점도 있습니다.

Gourmet Foods

Gourmet food라 명시된 가게는 보통 다른 체인점보다 가격이 높고 다음과 같은 구입할 수 있습니다.

- 오가닉 식음료: 오가닉과 오가닉이 아닌 일반 식품을 겸비하고 있어서 선택하여 구입할 수 있습니다. 설탕 대용품이나 방부제 같은 인공 감미료를 사용하지 않습니다.
- 신선한 과일과 야채: 다른 가게에서는 찾을 수 없는 겨울철 복숭아나 신선한 무화과, 대추 야자 등을 구입할 수 있습니다.
- 고기, 생선, 닭, 치즈, 커피, 차 종류
- 가게에서 미리 만든 파스타 소스, 게살

배달 Home Delivery

배달 가정으로 배달해주는 식료품점도 있습니다. 전화로 주문하고 당일 배송 받을 수 있습니다. 배달료는 별도로 지급합니다.

온라인 서비스(홈쇼핑) 많은 대도시에서는 온라인으로 주문해서 가정으로 배달하는 서비스가 있습니다. 식료품과 심지어는 음식도 배달됩니다.

상점에서 직접 구입하는 것과 가격은 비슷하지만, 선택의 폭은 직접 가서 쇼핑하는 쪽이 더 많다고 볼 수 있습니다. 대부분의 온라인 서비스는 최소 주문 단위(보통 최소 75달러)가 있습니다. 신용 카드로 주문할 수 있으며 쿠폰은 받지 않습니다.

유용한 영어표현 Words to Know

- **Altitude** : 해발 고도. 고도가 높으면 요리할 때 영향을 받습니다.
- **Bonus card** : 식료품점이나 약국에서 할인을 받을 수 있는 카드
- **Brand name** : 브랜드 이름
- **Checkout counter** : 계산대
- **'Choice'** : 고기 등급 중 중간 부류
- **Coupon** : 할인 쿠폰
- **Courtesy card, Check-cashing card** : 체크로 계산할 수 있게 하는 카드
- **Dairy products** : 유가공품. 우유, 치즈, 요거트
- **Debit card** : 물건 살 때 쓸 수 있는 은행 카드. 물건 구입시 은행 계좌에서 바로 돈이 빠져나갑니다.
- **Drugstore** : 약국
- **Deli platter** : 고기, 치즈, 샐러드 등을 담은 대형 접시
- **Expiration date** : 유통 기한. 유통 기한 이후엔 할인 쿠폰을 사용할 수 없습니다. 유통 기한이 지난 식품은 사지 않습니다.
- **Express lane** : 소량 계산대
- **Genetic Engineering** : 유전자 공학
- **Gourmet food store** : 다른 상점보다 양질의 오가닉 식품을 갖춘 가게
- **Graded** : 물품의 등급. 고기류는 'prime, choice, lean' 등으로 등급을 매깁니다.
- **Home delivery** : 배달 서비스
- **Humidity** : 습도. 빵을 굽는 데 영향을 줍니다.
- **Item price** : 한 박스나 포장된 상태의 가격
- **Lean** : 기름이 거의 없는 고기 종류
- **Natural foods** : 화학물질이 첨가되지 않은 음식
- **Organic foods** : 설탕 대체품이나 방부제 등의 화학물질이 첨가되지 않은 유기농 식품. Organic meat란 자연에서 자란 풀을 먹은 동물의 고기를 말합니다. 인간이 만든 방사선 처리 등을 하지 않은 음식입니다.
- **Pesticides** : 살충제. 농약
- **Pharmacy** : 약국
- **Preservatives** : 방부제
- **'Prime'** : 가장 양질의 비싼 고기 부위
- **Produce** : 신선한 과일과 야채
- **Radiation** : 일정한 방사 에너지로

음식이 상하는 것을 막는 프로세스

- **Repackaging** : 재포장. 더 소량이나 대량의 음식으로 다시 포장하는 것
- **Sales slip** : 산 품목과 가격이 적힌 영수증
- **Sales tax** : 부가 가치세. 고기, 우유, 빵, 농산품은 비과세지만, 포테이토 칩 같은 스낵류에는 과세됩니다.
- **Scan** : 계산대에서 산 물건의 바코드를 읽어 가격을 찍는 것
- **Select** : 거의 기름이 없는 고기류. Lean이라고도 표시합니다.
- **Special order** : 가게에서 주문을 받아 음식을 미리 준비하는 것
- **TV dinner** : 오븐이나 전자레인지에 데워 먹는 냉동 음식
- **Unit price** : 파운드나 온스당 가격
- **Ungraded** : 저렴하고 육질이 질긴 고기
- **Warehouse** : 도매 가격에 물건을 파는 대형 창고형 할인매장

13 쇼핑몰

SHOP & MALLS

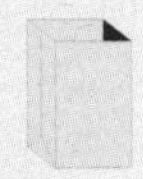

여성복 사이즈

'미스' 정장, 코트, 스커트

한국	55		66		77			88			
미국	3	5	7	9	11	12	13	14	15	16	18

스웨터와 블라우스

한국	M	L		XL		XXL
미국	10	12	14	16	18	20

'주니어 미스' 원피스, 정장

미국	3	5	7	9	11	13	15

신발

한국	220	230	240	250	260	270
미국	5	6	7	8	9	10

남성복 사이즈

정장, 오버코트, 스웨터

한국	S		M		L		XL	
미국	34	36	38	40	42	44	46	48

셔츠(목 사이즈. 소매 사이즈는 32~36)

한국	S	M		L		XL		XXL
미국	14.5	15	15.5	16	16.5	17	17.5	18

신발

한국	250	260	270	280	290	300	310
미국	7	8	9	10	11	12	13

* 제시된 사이즈 비교표는 통상적인 것으로 제조사별 혹은 상품별로 차이가 있을 수 있습니다.

도량형 단위

	미국 단위 American	미터법 Metric
길이 Length	1 inch (1")	2.54 centimeters
	1 foot (1')	0.305 meter
	1 yard	0.914 meter
	1 mile	1.609 kilometers
넓이 Area	1 square inch	6.452 sq.cm.
	1 square foot	929.030 sq.cm.
	1 square yard	0.836 sq.m.
	1 acre	4,047 sq.m.
용량 Volume/Capacity	1 pint	0.473 liter
	1 quart	0.946 liter
	1 gallon	3.785 liters
무게 Weight	1 ounce	28.350 grams
	1 pound	453.592 grams
	1 ton	0.907 metric ton

	미터법 Metric	미국 단위 American
길이 Length	1 centimeter	0.394 inch
	1 decimeter	03.937 inches
	1 meter	39.37 inches
	1 kilometer	0.621 mile
넓이 Area	1 square cm.	0.155 sq.in.
	1 centare	10.764 sq.ft.
	1 hectare	2.477 acres
용량 Volume/Capacity	1 deciliter	0.211 pint
	1 liter	1.057 quarts
	1 decaliter	2.642 gallons
무게 Weight	1 decagram	0.353 ounce
	1 kilometer	2.205 pounds
	1 metric ton	1.102 tons

개요 Overview

비교하기 COMPARING

미국 사람들은 물건을 구입하기 전에 이곳저곳 둘러보고 비교하며 구매하는 것에 익숙합니다. 둘러볼 때 염두에 둔 품목에 대해 세일즈맨과 이야기를 한참 나눈 후 생각해보겠다고 말하는 것이 결례가 되지는 않습니다.

지불 PAYING

💲 대부분의 가게는 체크나 신용카드로 지불이 가능합니다. 체크로 지불할 때 다음과 같은 ID(신분증)를 요구하는 경우가 있습니다.

- Photo ID–운전면허나 직원 카드처럼 사진이 부착된 신분증
- 도서관 카드

가격에 세금 더하기 물품의 가격표에 쓰인 금액이 실제 지불하는 금액이 아닙니다. 각 주에는 대부분 sales tax라는 일종의 부가가치세가 있어서 가격표에 추가로 붙습니다. 만약 물건값이 10달러인데 sales tax가 6%라면 최종 지불하는 돈은 10.60달러가 됩니다.

환불과 교환 RETURNING AND EXCHANGE

영수증Sales slip 영수증을 항상 보관합니다. 구입한 물건이 맘에 들지 않을 때 영수증이 있으면 대부분의 가게에서는 환불이 가능합니다. 가게에 따라서는 특정 기간 이내에만 환불이 가능한 경우도 있습니다.

어떤 가게에서는 환불 정책이 'store credit' 만 가능한 경우도 있는데, 이 말은 돈으로 환불되는 것이 아니라 같은 가격 이상의 상품으로만 교환됨을 의미합니다.

환불Returning 물건을 산 가게를 찾아 판매 직원에게 바꾸려는 물건과 영수증을 보여주면서 환불 사유를 알려줍니다.

Tips 환불을 위해서 꼭 이유가 있어야 하는 것은 아닙니다. 그냥 마음이 바뀌었다고 해도 충분한 환불 사유가 됩니다.

❓ 하자가 있는 물건을 샀는데 판매직원이 환불해주지 않으면 어떻게 합니까? 매니저를 찾아 문제를 말합니다. 계속해서 환불조치되지 않으면 해당 매니저의 상사를 보자고 합니다. 그래도 만족스런 조치가 취해지지 않으면 해당 주나 카운티의 Office of Consumer Affairs에 연락합니다. 연락처는 전화번호부 'Consumer Regulatory Affairs' 아래 카운티 기관에서 찾을 수 있습니다.

쇼핑몰 Shopping Malls

🕐 쇼핑몰의 영업 시간은 지역마다 다르지만 대체로 다음과 같습니다.

- 주중: 오전 10시부터 저녁 9시 30분
- 토요일: 오전 10시부터 저녁 5시나 9시
- 일요일: 정오부터 저녁 5시나 6시

Christmas 무렵에는 대부분의 쇼핑몰이 매일 오전 9시부터 저녁 10시까지 영업합니다.

쇼핑몰의 점포와 서비스 STORES AND SERVICES

점포 종류

- 특정 품목 책, 전자 제품, 모피, 신발, 선물, 옷, 장난감, 보석, 스포츠 용품 등이 특화되어 있는 전문 가게들
- 여러 품목을 취급하는 백화점. 침구, 보석, 신발, 잠옷, 텔레비전, 문방구류 등 한 곳에서 많은 품목을 구입할 수 있습니다. 백화점 내에 미용실이나 사진 현상소가 있는 경우도 있습니다.

디렉토리Directories　쇼핑몰의 주 출입구에는 각 점포의 위치를 안내하는 디렉토리를 찾을 수 있습니다. 또는 안내데스크에 문의할 수도 있습니다.

화장실Restrooms　모든 쇼핑몰은 각 층에 적어도 한 개씩은 공중 화장실을 갖추고 있으며, 특히 푸드 코트 주변에 있는 경우가 많습니다.

식당Restaurants　쇼핑몰에는 푸드 코트나 다양한 음식과 테이블을 갖춘 공간이 있습니다. 카운터에서 음식을 주문하는 경우도 있고, 카페테리아 식으로

주문하는 경우도 있습니다. 몰 주변이나 백화점에 격식을 갖춘 레스토랑도 찾을 수 있습니다.

❓ 세일즈맨이 집으로 방문하거나 전화를 하면 어떻게 합니까?

저녁 7~8시 무렵 세일즈를 목적으로 하는 전화를 간혹 받을 수도 있습니다. 어떤 판매 직원은 한낮에 집을 찾아오는 경우도 있습니다. 구입할 의사가 없다면 문을 닫거나 전화를 끊으십시오.

특별한 서비스 Special Services

옷 수선 ALTERATION

구입한 옷을 수선해주는 가게도 있습니다. 편리하기는 하지만 가격은 보통 세탁소에서 수선하는 것보다 비싼 편입니다.

쇼핑 도우미 PERSONAL SHOPPERS

어떤 백화점은 personal shopper(쇼핑 도우미) 서비스를 제공하는 곳이 있습니다. 해당 가게에서 물건을 구입하면 무료로 서비스를 제공하며 다음과 같은 일을 도와줍니다.
- 선물 고르기
- 옷 구입
- 여러 가지 다른 경우에 어떻게 입을 지 결정
- 메이크업과 머리스타일 선택

Personal shopper가 집으로 구입한 물건을 방문, 전달해주기도 하지만 이 때는 추가 비용이 있는지 확인해야 합니다. 마음에 드는 personal shopper가 있다면 전화해서 예약합니다.

홈 인테리어 전문가 HOME DECORATORS

Personal shopper처럼 home decorator도 개별 쇼핑을 도와주는 사람입니다. 백화점 인테리어 전문가를 무료로 활용할 수도 있습니다. 집으로 방문해서 가구나 카펫, 휘장, 벽지 등에 대해 조언을 해주기도 합니다. 사설 인테리어 전문가는 시간당, 또는 일의 규모에 따라 비용을 청구합니다.

특별 주문 SPECIAL ORDERS

❓ 찾는 물건의 재고가 없는 경우 어떻게 합니까?

해당 점포에서 취급하는 물건인데 재고가 없다면 따로 주문할 수 있습니다. 원하는 셔츠의 사이즈가 재고가 없다면

- 점원이 해당 물건을 특별 주문special order할 수 있습니다.
- 점원이 다른 점포에 있는지 확인하여 구해놓을 수 있습니다. 물건이 도착하면 반드시 구입해야 하는지 미리 물어봅니다.
- 해당 브랜드의 웹사이트에서 온라인으로 주문할 수 있습니다. 운송비 등이 추가로 들 것입니다.

운송 SHIPPING

미국 내에서는 약간의 운송비만 지불하면 물건 배송이 가능합니다. 특히 떨어진 곳에 선물을 보낼 때 유용한데, 원하면 선물 포장도 해주고 카드를 보내주기도 합니다.

선물 GIFTS

선물 포장 Gift wrapping 보통은 요청하면 물건 싸는 상자를 무료로 줍니다. 약간의 추가 비용을 내고 선물 포장을 해주는 경우도 있으며 동봉할 카드가 비치된 곳도 있습니다.

선물 상품권 Gift certificate 졸업이나 생일, Mother's Day, Father's Day에는 흔히 상품권을 선물합니다. 50달러짜리 상품권이 있으면 해당 가게에서 50달러 상당의 물건을 구입할 수 있는 것입니다. 선물 상품권은 백화점이나 레코드점, 작은 전문 점포 등 많은 가게에서 취급하고 있습니다.

결혼 선물 등록 Bridal registry 사람들이 선물을 고르는데 용이하도록 신부가 가게에 원하는 선물 목록을 등록해놓습니다. 신랑 신부는 원하는 선물 목록을 만들어 가게에 전달합니다. 가게에서는 사람들이 이용할 수 있는 컴퓨터에 리스트를 올려놓습니다. 신랑이나 신부 이름으로 리스트를 검색하면, 신랑 신부가 원하는 선물의 목록을 볼 수 있습니다. 또한 다른 사람이 이미 구입한 선물도 표시되어 있습니다. 원하면 세일즈맨에게 요청해서 사려는 물건을 보여달라고 하거나 심지어는 보내달라고 할 수 있습니다. 카드도 넣어달라고 부탁합니다.

신용카드가 있으면 전화로 선물을 주문

해 보낼 수 있습니다. 집에서 선물을 골
라서 비용을 지불하고 우송할 수 있는
것입니다.

아기 선물 등록Baby registry 결혼 선물처
럼, 새로 태어난 아기 선물도 목록을 등
록할 수 있습니다. 아기 용품점에 문의
합니다.

카탈로그 홈쇼핑 Catalogs

카탈로그 종류KINDS OF CATALOGS

점포용 카탈로그Store catalogs 점포에 비
치된 것보다 더 많은 물건을 수록합니
다. 실제 점포에는 원하는 사이즈나 색
상이 없더라도, 카탈로그를 보고 주문
할 수 있습니다. 고객에게 카탈로그를
우편으로 보내주기도 합니다.

우편 카탈로그Mail catalogs L.L.Bean이나
Land's End처럼 별도의 점포가 없는 경
우입니다. 원하지 않는 카탈로그가 자
꾸 배달되면 회사에 전화해서 배송 리
스트에서 삭제해달라고 요청합니다.

카탈로그와 인터넷 쇼핑에 대한 추가
사항은 다음을 참조합니다.

주문하는 방법HOW TO ORDER

우편이나 팩스, 전화, 인터넷으로 주문
할 수 있습니다. 카탈로그 회사에서는
신용카드 번호와 유효기간을 물어볼 것
입니다.

❗ 배송료는 물건값에 비례해서 추가
됩니다. Sales tax는 점포 위치나 카탈
로그 회사에 따라 낼 수도 안 낼 수도
있습니다.

전자 상거래E-COMMERCE

이제는 의류, 전자 제품, 책, 꽃 등 어떤
물건이나 인터넷을 통해 구입이 가능합
니다.

Note 항상 신용카드로 비용을 지불합
니다. 일반적으로 신용카드 정보는 전
화로 주문하는 것만큼 안전합니다.

❗ 화면 왼쪽에 잠긴 자물쇠 모양의

'보안' 표시가 떠 있는지 확인합니다.

장점 ADVANTAGES

- 편리성: 집에서 일주일 내내, 밤낮을 가리지 않고 미국의 어디로든 주문이 가능합니다. 또한 미국 외의 나라로 배송해주는 사이트도 많이 있습니다.
- 추가 서비스: 생일이나 특별한 기념일을 알려주는 꽃 가게도 있고, 새로운 상품이 나오면 알려주는 사이트도 있습니다.
- 선택의 폭: 인터넷에서 선택의 폭은 상상을 초월하여 날이 갈수록 늘어갑니다. 특히 특별한 사이즈의 옷을 주문한다거나, 시중에서 찾기 어려운 오래된 음악 CD, 심지어는 특별히 연한 스테이크를 주문하는 등, 특별한 물건을 찾을 때 인터넷은 더욱 편리합니다.

단점 DISADVANTAGES

- 운송비: 보통 세금은 내지 않지만 운송비로 구입 가격의 5~10%를 지불합니다. 물건을 환불할 때는 물건을 돌려보내는 운송비도 본인이 부담해야 합니다.
- 물건에 대한 불만족: 물건의 색상이 기대와 다르거나 맞지 않을 수도 있습니다. 구매 전에 환불 정책을 확인합니다. 대부분의 큰 회사는 쉽게 환불이 가능합니다.
- 운송 지연: 주문한 상품의 재고가 없는 경우 기다려야 합니다. 때로는 지연 상태가 며칠부터 한 달 이상이 되기도 합니다. 큰 회사는 대부분 운송이 지연될 것으로 생각되면, 전화로 연락해서 배송을 기다릴지 주문을 취소할지 물어봅니다.

온라인 경매 사이트 ON-LINE AUCTION SITES

어떤 사이트는 물건을 경매하기도 합니다. 경매에서는 판매자가 물건을 올리고, 사람들이 입찰, 즉 얼마나 지불할 것인지 경쟁합니다. 유명한 경매 사이트로 eBay가 있습니다. 사람들은 여기서 중고 아기 용품이나, 극장 티켓, 러그, 심지어 그림도 구입합니다. 구매와 판매 시 규칙은 사이트를 참조하세요.

싼 가격 찾기 Bargain Hunting

❗ 물건이 세일 중이라도 가게에서 바로 구입하지 않습니다. 종종 개인 판매인에게 더 싸게 구입할 수도 있습니다.

광고 ADVERTISEMENT

신문광고classifieds 신문 뒷면의 항목별 광고는 개인이 사용하던 물건을 판매하는 경우가 많습니다.

점포 광고store ads 신문에 세일 품목을 가끔 광고하는 가게도 있습니다. 관심 있는 물건이 있다면 미리 전화해서 정보를 더 확인합니다. 세일 기간이 언제까지인지, 세일 가격이 적용되지 않는 제한 사항이 있는지 확인합니다.

특별 할인 SPECIAL SALES

세일 품목을 구입하러 가게에 갈 때 할인 광고 전단을 가지고 갑니다. 가게에 재고가 없으면, 판매점원이 나중에 같은 세일 가격으로 구입할 수 있게 배려해주는 경우도 있습니다(rain check).

구입을 원하는 물건이 있으면 판매점원에게 곧 세일에 들어갈 계획이 있는지 문의하는 것이 좋습니다.

❓ 얼마 전 정상가로 구입한 물건이 세일 중인 것을 알게 되면 어떻게 합니까? 판매점원에게 물건과 영수증을 보여주면 세일가로 할인받을 수 있습니다.

할인 쇼핑 DISCOUNT SHOPPING

모든 물건은 별도의 할인점이 있게 마련입니다. 단, 환불이 불가능한 경우도 있으므로 환불 규정을 미리 확인해야 합니다.

창고형 클럽Warehouse club 창고형 매장은 브랜드 물품을 저가로 판매하는 대형 할인점입니다. 때로는 정상 가격의 반쯤 저렴할 때도 있습니다.

창고형 매장의 25%가량은 냉동, 캔 가공, 또는 포장된 음식물입니다. 신선한 음식은 판매하지 않는 매장도 있습니다. 대부분의 매장은 문방구류, 소형 가전, 스포츠용품, 집안 가재도구, 옷 등의 다양한 상품을 판매합니다.

창고형 매장을 이용하려면 35달러 가량의 연회비를 지불해야 하는 경우도 있습니다.

할인점Discount stores 할인점은 창고형 할인 매장보다는 규모가 작지만 가격은 더 비쌀 수도 있습니다. 대신 대규모 번들로 물건을 구입하거나 연회비를 낼 필요가 없습니다. 옷이나 가구, 가죽, 신발, 스포츠용품 등 거의 모든 품목에 대해 할인점이 있습니다. 신문 광고에서 할인점 정보를 구할 수 있습니다.

아울렛Outlet mall 공장에서 바로 유통된 물건을 저가에 판매하는 곳입니다. 원하는 물건이 중고이거나 약간 하자가 있는 것인지 확인합니다. 얼룩이 있거나, 버튼이 떨어졌거나, 실밥이 풀렸거나, 구멍이 있는 경우도 있습니다.

차고 세일 Garage/yard sales 보통 일반 가정에서 쓰던 중고 물건을 파는 것입니다. 오래된 골동품이나 고서적, 가구, 옷, 접시 등을 살 수 있습니다. 산 물건을 환불할 수는 없지만 가격 흥정은 가능합니다.

위탁 중고 판매 Consignment shops 옷이나 전등, 책 등 중고품을 판매하는 것. 보통 환불이나 가격 흥정이 안 됩니다.

벼룩 시장 Flea market 여러 물건을 내다 파는 시장. 보통 야외에서 많이 하지만 실내에서 크게 여는 벼룩 시장도 있습니다.
중고 가구나 옷, 보석, 골동품 등 쓰던 물건을 판매합니다. Yard sale처럼 환불은 안 되지만 물건값을 흥정할 수는 있습니다.

- **Alteration** : 옷 수선
- **Auction** : 경매에서 사람들이 각기 원하는 물건에 입찰하면 가장 높은 가격을 부른 사람이 물건을 갖게 됩니다. eBay 같은 사이트에서는 판매자가 최저가로 입찰을 시작하고 입찰할 수 있는 일정한 시간을 정해놓습니다.
- **Baby registry** : 부모가 아기 선물로 받고 싶은 선물 리스트
- **Bridal registry** : 신랑, 신부가 결혼 선물로 받고 싶은 선물 리스트
- **Bulk** : 대량의 묶음. 대형 매장에서 'bulk'로 구입하면 할인을 받기도 합니다.
- **Cafeteria** : 원하는 음식을 스스로 가져다 먹는 식당
- **Catalog** : 판매하는 물건의 사진과 가격을 소개한 책자. 전화나 우편으로 주문할 수 있습니다.
- **Classified section** : 신문의 광고란
- **Consignment shop** : 중고품을 파는 가게
- **Defective** : 하자가 있는 것
- **Discount store** : 할인 가격으로 물건을 파는 곳
- **E-commerce** : 인터넷에서 물건을 사고 파는 것
- **Flea market** : 오픈된 야외에서 여러 사람이 테이블이나 텐트에 물건을 놓고 파는 곳. 골동품이나 가구, 보석, 오디오나 비디오테이프, 재킷이나 모자 같은 의류를 팝니다.
- **Food court** : 푸드 코트
- **Garage/yard sale** : 가정집에서 중고품을 판매하는 것
- **Gift certificate** : 일종의 선물로 주고받는 상품권. 점포의 계산대에서 구입할 수 있습니다. 상품권을 선물하면 받은 사람은 해당 가게에서 명시된 액수만큼 물건을 구입할 수 있습니다.
- **Gift wrap** : 선물 포장
- **Mail-order company** : 주문한 물건을 우편으로 배송해주는 회사. 전화나 체크를 발송해서 주문할 수 있습니다.
- **Mall** : 여러 가게가 밀집한 쇼핑몰
- **Name-brand product** : 유명 브랜드 상품

- **Outlet mall** : 상품 생산자가 직접 소유하는 몰. 생산자는 품질과 가격면에서 잘 알려진 브랜드인 경우가 많습니다. 대형 아울렛은 90개 이상의 점포를 갖추기도 합니다.
- **Personal shopper** : 선물이나 옷을 고를 때 개인의 취향에 맞추어주는 쇼핑 도우미
- **Rain check** : 세일 기간이 끝나도 그 가격에 물건을 구입할 수 있게 증명해주는 문서
- **Receipt** : 영수증
- **Refund** : 환불
- **Sales tax** : 물건 구입시 추가로 붙는 세금
- **Sales slip** : 영수증
- **Second-hand** : 중고의
- **Specialty store** : 전등이나 보석, 골동품 등 특정 품목만을 전문 취급하는 점포
- **Store credit** : 환불할 때 돈 대신 해당 가게의 물건으로 바꿀 수 있는 증표
- **Warehouse club** : 저가로 물건을 판매하는 창고형 할인 매장

14 우편물

YOUR MAIL

반송시 주소   항공 우편 우표

시, 국가 순서

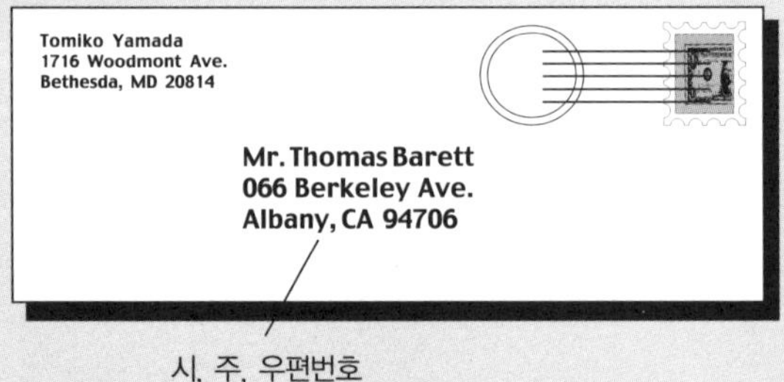

시, 주, 우편번호

우체국 가기 Getting to the Post Office

위치 대부분의 우체국은 미국 성조기를 걸고 'U.S. Post Office' 표시가 있습니다.

서비스 우체국에서 할 수 있는 일입니다.

- 편지와 소포를 부칠 수 있습니다.
- 편지와 소포의 무게를 달아 우송하는 데 드는 비용을 확인합니다.
- 우표와 편지봉투나 박스 같은 용품을 구입합니다.
- 우편환을 구입할 수 있습니다('돈 문제Money Matters' 편 참조).

- 우체국 상자를 대여합니다.

지불 방법

- 현금
- 체크: 운전 면허증 같은 신분증을 요구합니다.
- 신용카드나 데빗 카드

🕐 우체국은 보통 월요일부터 금요일까지, 아침 8~9시부터 오후 5시까지 문을 엽니다. 토요일엔 아침부터 정오나 오후 1시까지 여는 우체국도 있습니다.

Hello, USA!

미국에서 우편물을 보낼 때는 주소를 쓸 때 우편번호(zip code)도 기재해야 합니다. 우편번호는 우체국의 위치를 나타내는 5~9자리 숫자입니다. 우편번호는 우체국에 문의하거나 우체국 웹사이트에서 찾아볼 수 있습니다.

국내 우편 Domestic Mail

우편 종류 WAYS TO SEND

First class 편지나 엽서를 보내는 가장 일반적인 방법입니다. 거리에 따라 다르지만 도착하는데 보통 2~3일 소요됩니다.

Fourth class(parcel post) 1파운드 이상의 소포를 보내는 일반적인 방법. 소포는 도착하는 데 8일까지 소요됩니다.

Book rate 책이나 레코드 테이프, 잡지 등을 보내는 저렴한 요금

Express 밤새 나가는 우편. 제 시간에 우편물이 도착하지 않으면 우편물이 어디에 있는지 확인tracking이 가능한 우편. 배송된 날짜와 시간을 알려주는 delivery confirmation도 받을 수 있고 수취인의 서명도 받을 수 있습니다.

Priority 13온스 이상의 우편물을 first class로 보내는 것입니다. 우송하는데 2~3일 소요됩니다. Tracking과 delivery confirmation을 원하면 'certified' 로 보내달라고 합니다. 수취인의 서명을 받고 싶으면 'return receipt'를 신청합니다.

Collect-on-delivery(COD나 일부 국가의 CASH) 우체부가 배달한 물건값을 지불합니다.

⚠ 현금을 우편으로 보내지 마십시오. 현금이 분실되면 찾을 수 없습니다. 체크나 우편환을 이용합니다.

Note 소포에 보험을 들거나 적은 비용으로 배송 증명을 뗄 수 있습니다. 우체국 직원에게 문의합니다.

우편물 포장 MAILING PACKAGES

우편물을 포장합니다. 큰 글자로 상자 앞뒤에 다음과 같이 표시합니다.

- FRAGILE: 깨지기 쉬운 물건
- DO NOT BEND: 사진이나 서류이므로 굽히지 마시오
- DO NOT X-RAY: 컴퓨터 디스켓이나 필름

1 **수취인의 이름, 주소, 시, 주, 우편번호를 기재합니다.**

2 **발신인의 주소를 봉투 왼쪽 상단에 기재합니다.**
수취인의 주소를 잘못 기재하면 편지가 발신인에게 반송되어옵니다.

3 **우편물이 일반적인 first class이면 우표를 구입합니다.**

4 **푸른색 우체통에 편지를 넣습니다.**
우체통은 다음 장소에서 찾을 수 있습니다.
- 거리에서. 특히 우체국 근처
- 공항
- 쇼핑몰

Note 우체통에 쓰인 용어를 잘 읽어보십시오. 어떤 우체통은 express 우편 전용입니다.

- PERISHABLE: 상하기 쉬운 음식물 우편물을 우체국에 가져가면 직원이 상자 무게를 재고 그에 맞는 우표를 붙여줍니다.

❗ 보내는 소포가 1파운드 이상이면 우체국으로 가져가서 부칩니다. 이 정도 무게의 소포는 메일박스에서 픽업해 가지 않습니다.

국제 우편 International Mail

편지/소포 LETTERS/PACKAGES

항공우편은 4~7일가량 소요됩니다.

❗ 미국 우체국에서는 해외로 가는 우편물을 수취인이 거주하는 국가까지만 우송합니다. 따라서 국내 우편 서비스가 미숙한 국가에서는 우편물이 개인에게 도착하는 시간이 지연되기도 합니다. 수취인에게 직접 전달되는 서비스를 이용하려면 United Parcel Service (UPS)나 Federal Express 같은 사설 서비스를 이용합니다.

Express

국제 익스프레스 우편은 2~3일가량 소요됩니다. 우편물이 분실되면 목적하는 국가에 도착할 때까지 추적이 가능합니다. 원하는 국가에 도착한 이후는 미국 우체국의 관할이 아닙니다.

배송일은 정확히 보장되는 것이 아닙니다. 정확한 배송일을 보장한다든지, 수취인에게 직접 전달하는 서비스, 또는 하루 사이에 배달되는 것을 원한다면 사설 서비스를 이용합니다.

❗ 우편물의 무게에 제한이 있는 국가도 있습니다. 특정 국가의 우편물 규정은 우체국 직원에게 문의해야 합니다.

사설 서비스 Private Services

우편물 MAILING

사설 우편 서비스는 우체국에서 하지 않는 일을 합니다. 예를 들어 Federal Express나 UPS 같은 업체에서는 다음과 같은 일을 합니다.

• 집까지 방문해서 우편물을 픽업합니다.

• 하루 사이에 해외로 배송합니다.

❗ 주소 기입시 거리 이름과 집 주소

를 정확히 기재합니다. FedEx나 UPS 같은 업체는 사서함(P.O. Box#)으로는 배송하지 않습니다.

💲 우편물을 픽업해 가는데 요금을 지불할 수도 있습니다. 규격화된 레터 크기의 봉투를 비치한 곳도 있지만, 집에서 보내려면 직접 포장을 하고 라벨을 붙여야 합니다.

비용 지불방법 대부분의 사설 서비스는 신용카드나 데빗카드로 지불합니다. 업체에 등록된 어카운트가 있으면 전화로 요금을 지불할 수 있습니다.

기타 서비스Other services

포장Wrapping 사설 서비스 회사는 우체국보다 포장이나 이용할 수 있는 사무용품이 더 많은 편입니다. 직원이 포장을 도와줍니다.

메일박스Mailboxes 사설 서비스 중에는 월별로 메일 박스를 대여해주는 곳도 있습니다. 당신이 여행 중일 때 체류할 도시로 우편물을 전달해줍니다.

전보, 메일그램 Telegrams, Mailgrams 해외로 빠른 메시지를 전달할 때 전보를 이용하기도 합니다. Western Union이 유일한 전보 회사로 800 전화번호로 주문을 받습니다.

미 우체국 홈페이지인 www.usps.com을 방문해 봅니다. 이곳에서 찾을 수 있는 정보입니다.

• 미국 우편번호 목록
• 우편물을 부치는 옵션을 쉽게 이해할 수 있도록 설명해 놓았습니다.
• 세관 규정
• 전신환이나 청구된 대금 지불 방법
• 우편 비용

또한 우표나 전화카드, 문방구류도 온라인으로 주문이 가능합니다.

팩스와 복사 사설 우편 서비스는 대부분 해외나 국내 팩스 서비스도 제공합니다. 복사는 인쇄소나 사무용품점, 도서관, 사설 우편 서비스, 몇몇 우체국에서도 가능합니다. 가격은 한 페이지당 5~25센트 정도입니다.

- **Book rate** : 책이나 레코드, 잡지 등을 보내는 저렴한 가격
- **Certified mail** : 일종의 first class 또는 priority mail. 발신을 확인하는 영수증을 받습니다. 제대로 배송되었는지 확인하려면 return receipt 서비스를 요청합니다.
- **Collect-on-delivery**(COD) : 상점이나 카탈로그 홈쇼핑에서 운송하는 방법. 물건을 받으면 비용을 지불하는 방식입니다.
- **Express mail** : 밤 사이에 배달되는 메일
- **First class mail** : 가장 흔히 편지와 엽서를 보내는 방법
- **Fragile** : 깨지기 쉬운 물건
- **Money order** : 우체국이나 은행에서 구입할 수 있는 특별한 체크(전신환). 우편으로 이 체크를 보낼 수 있습니다. 현금을 보내고 싶거나 당장 현금이 필요할 때 편리합니다. 새로 정착하는 사람은 렌털시 보증금으로 체크 대신 전신환을 사용하기도 합니다.
- **Parcel post** : 1파운드 이상의 소포를 보내는 일반적인 방법
- **Post office box** : 주인이 와서 찾아갈 때까지 우체국에 우편물을 보관해 놓는 사서함
- **Priority mail** : 13온스 이상 나가는 물건을 first class mail로 보내는 것. 보통 2~3일가량 소요됩니다.
- **Registered mail** : 특별히 배송에 신경 써주는 우편
- **Return receipt** : 수취인이 우편물을 받은 후 사인한 것을 발신인에게 전달해 배송이 제대로 되었음을 알려주는 카드
- **Surface mail** : 항공보다 육로나 항로로 배송되는 우편
- **Tracking** : 우편물이 배송 중인 상태를 추적하는 서비스. 우체국에서 배송하는 우편물은 Certified나 express로 신청하면 배송 상태를 추적할 수 있습니다. Federal Express나 UPS는 항상 우편물의 배송 상태를 추적합니다.

15 돈 문제

MONEY MATTERS

체크 기입하는 샘플 YOUR BANK CHECK

Joe Sanchez		0001
Marie Sanchez		
701 Montgomery Place	1/5	20 02
Bethesda, MD 20814		

PAY TO THE ORDER OF __International Center__ $ 42.76

__Forty-two dollars and 76/100__ DOLLARS

Washington Bank
1 Pleasant Street
Washington, D.C. 20005

FOR __tapes__   *Joe Sanchez*

.012486. :067003442:.

체크 사용 기록부 YOUR CHECK REGISTER

Check NO.	Date	Payee	Payment	Deposit	Balance
0001	1 / 5	int'l Ctr	$42.76		$96.12
	1 / 6	Transfer		$200	$296.12
0002	1 / 6	Giant	$31.19		$264.93

국제 거래 International Transactions

해외 송금 INTERNATIONAL MONEY WIRES

Tips 송금을 빠르게 하려면 Western Union 같은 전보 회사를 이용합니다. 전보 회사를 이용하려면 직접 회사를 방문해서 송금해야 하며, 수취인도 돈이 도착하면 직접 가서 찾아야 합니다. 정기적으로 같은 계좌에 송금하거나 개인의 계좌로 직접 송금하는 경우엔 은행이 더 편리합니다.

$ 송금시 다음의 비용이 듭니다.
- 송금 처리 비용transaction fee: 약 15~75달러
- 환전 비용currency conversion fee: 외국환을 미국 달러로 바꾸는 경우엔 환율에 이미 포함되어 있습니다.

가장 좋은 가격을 찾으려면 몇 개 은행과 사설 회사, 환전소에 연락해 비교합니다. 픽업과 배송 가격도 비교합니다. 가격을 비교할 때는 같은 시간대에 하십시오. 유럽 장이 열려 거래 중인 이른 아침이 가장 좋은 가격일 경우가 많습니다.

해외 서비스 INTERNATIONAL SERVICES

은행 자기 은행에 은행 계좌가 없는 경우 송금을 처리해주지 않는 은행도 많습니다. 해외로 송금하는 데 드는 비용은 보통 20~40달러 정도입니다. 해외에서 송금되는 돈을 당행 계좌에 입금하는 것은 무료로 처리하는 은행이 많습니다.

보증금이나 비싼 물건을 구입하려고 바로 돈이 필요할 때는, 본국에서 이미 거래하던 은행과 같은 네트워크상의 현금출납기를 찾거나 우체국에서 전신환을 신청합니다. 전신환은 신용카드로 구입해서 현금 대신 사용할 수 있습니다.

보통은 계좌를 갖고 있는 은행을 통해 송금하는 것이 편리합니다. 예를 들어 계좌가 있으면 다음 방식으로 송금할 수 있습니다.

- 은행에서 직접
- 팩스로: 팩스 송금은 미리 은행에 신청해야 합니다.
- 온라인으로

보통 선진국 사이의 해외 송금은 3~4일 소요됩니다. 국제적인 거래가 원활하지 않은 국가로 송금 하는 것은 더 오래 걸리기도 합니다.

은행 직원과 송금 소요 시간을 논의할 때, 비록 발신 은행에서 1~2일 내에 돈을 보내더라도 수취 은행이 꼭 바로 입금하는 것은 아님을 명심해야 합니다. 송금이 오래 지체되면 발신 은행 측에서 문제를 확인할 수 있는지 문의합니다.

은행 거래시 필요한 사항입니다.

- 외국 은행과 미국 은행의 본점 이름과 주소
- 라우팅 넘버, 즉 양쪽 은행의 전자 주소. 가능하면 본점의 국제 라우팅 번호가 필요하므로 미리 문의합니다.
- 양쪽 은행의 계좌번호와 이름. 대부분 송금하는 사람이 발신 은행쪽에 적당한 예치 금액과 계좌를 가지고 있습니다.

계좌가 있는 은행을 이용하는 것이 아니라면 추가로 다음이 필요합니다.

- 운전면허증이나 여권, 학생증, 신용카드 등의 ID
- 자기앞 수표cashier's check나 현금, 또는 신용카드

사설 서비스 예로 Western Union은 타지점으로 몇 분 만에 송금이 가능합니다. 가격은 송금 금액과 수취 국가에 따라 다릅니다.

Western Union은 수취인이 직접 사무실을 찾아 돈을 받아야 합니다.

돈을 보내는 방법입니다.

- 신용카드를 사용해서 온라인으로
- 신용카드를 사용해서 전화로. 발신하는 주에 따라 10~15달러 이상 비용이 들기도 합니다.
- Western Union 지점을 직접 방문해서: 현금만 사용할 수 있으며, 운전면허증처럼 사진이 붙은 신분증을 요구합니다.

환전Currency exchange Travelex/Thomas Cook에서는 유럽의 주요 은행에 48시

간 이내 송금이 가능합니다. 해외 어느 곳이든 50달러 미만의 가격으로 송금합니다. 더 높은 가격을 지불하면 몇 분 안에도 송금이 가능합니다.

미국 내, 또는 해외로 송금하는 데 필요한 자세한 사항은 인터넷을 참조합니다.

전신환Money orders 우편 시스템이 잘 갖추어진 국가로 송금할 때는 전신환을 이용할 수 있습니다. 가까운 우체국에 현금을 내고 전신환을 구입합니다. 전신환은 한 개에 70달러로 최고 금액이 제한되어 있지만 대신 필요한 만큼 복수로 구입할 수 있습니다. 미국 우체국은 전신환을 해외 우체국으로 2~3일 이내 배송합니다. 그 후 절차는 수취 국가가 관할합니다.

미국에서는 대부분의 지불을 신용카드나 체크로 해결합니다. 집세나 전기세, 신용카드 대금을 자동이체하는 경우는 드뭅니다. 대신 인터넷 뱅킹이나 체크로 매월 청구 대금을 지불합니다. 대형 회사에서 관리하는 아파트를 임대한 경우는 자동이체로 집세를 지불할 수도 있습니다.

금융 관련 개요 Banking Overview

은행 계좌가 필요한 이유 WHY YOU NEED A BANK ACCOUNT

1~2개월 이상 체류할 경우 checking account가 필요합니다. Checking account가 있으면 다음 사항을 관리할 수 있습니다.
- 매월 대금 지불: 전화료, 가스와 전기, 케이블 TV, 집세 등
- 식료품 구입비: 대부분의 대형 슈퍼마켓은 courtesy card를 발급합니다 ('식료품 구입Food Shopping' 편 참조).
- 기타 일상 비용: 드라이 클리닝이나 청소 서비스 이용 등

❗ 큰 금액의 현금을 가지고 다니지 않습니다(보통 100달러 이상). 대신 여행자 수표나 은행 체크, 신용카드를 이용합니다.

금융 기관의 종류 KINDS OF INSTITUTIONS

미국의 금융 기관은 크게 세 가지 종류
가 있습니다.
- 은행
- 저축 대부 조합 Savings and loans: S&Ls
- 소비자 신용 조합 Credit unions

기본적인 서비스는 비슷합니다. 은행과
S&L은 사설 기관이고, Credit union은
회원들이 직접 소유하는 것입니다. 보
통 은행보다 credit union에서 대출이
나 신용카드를 발급받기가 쉽습니다.
특정 그룹의 일원일 경우에만 credit
union에 가입이 가능합니다. 큰 회사의
경우 직원들을 위한 credit union을 가
지고 있습니다.

은행 선택 기준 Choosing a Bank

국제 업무 경험 본국으로 송금할 일이
있을 때 이용하는 지점이 국제 송금을
편리하게 처리할 수 있는지 확인합니다.

Tips 외국에 지점을 둔 은행이 있습
니다. 양쪽 지점에 모두 계좌를 가지고
있으면 다음을 더 쉽게 할 수 있습니다.
- 송금
- 신용카드 발급, 대출, 비상 자금 대출

위치 보통 집이나 사무실에서 가까운
은행을 선택합니다. 일반적으로는 미국
내 어느 지점에서나 수수료 없이 현금
을 인출할 수 있지만, 계좌가 있는 지점
에서만 입금이 가능한 은행도 있습니
다. 타 은행의 현금인출기를 사용할 때
는 보통 수수료가 있습니다.

현금인출기 미국 외의 특정 지역에 자주
여행하는 경우라면 사용할 수 있는
ATM이 가까이 있는지 확인합니다.

계좌 불입 제도 Direct deposit 회사에서 원
하는 계좌에 급여를 자동 입금해주는 제
도입니다. 어느 은행에서나 direct deposit
이 가능하며 전부는 아니지만 많은 회
사에서 direct deposit을 합니다.
Direct deposit의 장점은 빠르다는 것입
니다. 필요한 돈을 바로 인출해 사용할
수 있습니다.

신용카드와 대출 신용카드 발급이 가능한지 문의합니다. 한 번에 사용 가능한 한도도 물어봅니다. 미국에서는 매사에 신용카드 사용이 일반적이므로, 사용 한도가 충분하지 않으면 불편합니다. 대출 방법도 확인합니다('신용카드와 대출Credit Card and Loans' 편 참조).

Tips 신용카드가 발급이 안 되면, 회사에서 급여와 직급이 표기된 레터를 발부받습니다. 이 레터가 때로는 유용하게 사용됩니다.

온라인 뱅킹 대부분의 은행에서 잔고 업데이트, 송금, 온라인 대금 지불 등의 인터넷 서비스를 운영합니다.

영업 시간 국제 송금처럼 특별한 서비스를 이용하는 경우, 은행의 영업 시간을 비교해봅니다.

연방 정부의 보장 Federally insured; FDIC, FSLIC, CUIC 대부분의 금융기관은 연방 정부의 보호 대상입니다. 만약에 은행이 도산하면 미국 연방 정부에서 10만 달러까지 보상해 줍니다.

이자율 모든 은행이 예금에 대해 이자를 적용합니다. 대부분 당좌예금 계좌 checking account에도 이자를 지급합니다.

Overdraft protection 잔고를 초과하는 금액의 체크를 부도내지 않고 사용할 수 있는 것을 overdraft protection이라고 합니다. Overdraft protection이 없으면 소액의 금액을 썼을 때도 체크가 부도날 수 있습니다.

수수료 체크를 현금화하는 데도 수수료가 들기 때문에 각종 서비스 요금을 확인합니다.

최소 잔액 추가 비용을 피하기 위해 계좌에 입금해놓아야 하는 최소 잔액을 확인합니다.

계좌를 개설하려면 100달러 정도 입금을 해야 합니다. 현금이나 신용카드, 체크로 입금할 수 있습니다.
미리 전화해서 필요한 서류를 확인합니다.
- 이름과 주소 증명
  - 집이나 사무실로 발송된 청구서
  - 직원증이나 학생증
- 회사나 학교에서 발급한 레터로 체류 기간과 급여가 명시된 것
- Social Security 번호. 아직 번호가 없으면 여권으로 대치할 수 있습니다. 대

신 IRS W-8 양식을 작성해야 합니다.

- 여권
- 회사명과 주소 또는 학생증

🕐 은행은 대부분 오전 9시부터 오후 2~3시까지 영업합니다. 주 1회, 또는 토요일에 야간 영업을 하는 은행도 있습니다. 일상적인 거래에는 ATM이나 차량을 탄 채 이용하는 drive-through window를 이용할 수 있습니다. 계좌 개설이 편리한 시간은 월요일부터 목요일 아침입니다. 30~60분가량 시간이 걸립니다.

개인수표책 사용하기 Your Checkbook

Check register 모든 입금과 출금 내역을 check register에 기록합니다.

Bank statement 매월 말에 다음 내용이 적힌 statement를 받습니다.

- 모든 거래 내역
- 이자
- 수수료
- 처음 잔액과 최종 잔액

Register에 기록된 내역과 대조해서 잘못된 것은 수정합니다.

Check clearance 체크를 입금하면 100달러의 현금을 당장 사용할 수 있습니다. 나머지 잔액은 '수표를 현금화clear' 해야 합니다. 법 규정에 따르면, 은행에서는 다음과 같이 수표를 현금화해주어야 합니다.

- 5,000달러 이하의 로컬 체크 : 2~3일의 영업일 이내
- 5,000달러 초과의 로컬 체크 : 6~7일의 영업일 이내
- 5,000달러 이하의 타 주의 체크 : 4~5일의 영업일 이내
- 5,000달러 초과의 타 주의 체크 : 8~10일의 영업일 이내

해외에서 발행된 체크는 현금화하는 데 3주 정도 소요될 수 있습니다.

ATM의 편리한 점입니다.

- 주 7일, 24시간 사용 가능
- 같은 네트워크 내의 타 지점 기계도 사용 가능

1 은행에 전화해서 지참해야 하는 서류를 확인합니다.

2 은행에서 신규 계좌 개설 담당 직원을 찾습니다.
다음 사항을 결정합니다.
- 개설할 계좌의 종류. 예금 계좌savings account와 당좌 계좌checking account를 모두 개설할 수 있습니다
- 각 계좌가 싱글 계좌(1인이 혼자 사용)인지 조인트 계좌(1인 이상이 함께 사용)인지, 10만 달러 이상 저축할 생각이면 연방 정부의 예금보호를 받는지federally insured 확인합니다.

3 계좌 개설을 위한 양식을 작성합니다.

4 일정 액수를 예치합니다

5 사용할 체크 모양을 선택합니다.
체크에 이름과 주소, 전화번호를 어떻게 인쇄할지 결정합니다. 인쇄된 새 체크를 우편으로 받는데 7~10일이 소요되므로, 그 전에 사용할 수 있는 임시 체크를 받아둡니다.

6 개인 암호(Personal Identification Number: PIN)를 받습니다.
ATM을 사용할 때 입력할 암호입니다.

현금 인출기 The ATM

ATM기를 사용하려면 카드와 PIN 번호가 필요합니다. PIN 번호는 계좌를 개설할 때 은행에서 받습니다. 카드는 일주일쯤 후에 우편으로 도착합니다.

❗ PIN은 ATM기를 사용할 때 필요한 번호이므로 잘 보관해야 합니다. 다른 사람에게 알려주지 않는 것은 물론이고 ATM 카드에 적어놓는 것도 위험합니다.

현금 인출기 사용 후에는 카드와 영수증을 모두 챙기는 것을 잊지 마십시오. 실수로 카드를 ATM기에 놔두고 온 경우엔 될 수 있는 대로 빨리 은행으로 연락합니다.

❓ 카드를 분실하면 어떻게 합니까?
바로 은행에 연락해서 다른 사람이 사용할 수 없도록 정지하고 새 카드를 발급받습니다.

❓ PIN 번호를 잘못 눌렀을 땐 어떻게 합니까?
ATM기에서 다시 눌러보라고 메시지가 나옵니다. 2~3번 연속해서 잘못 누르면 ATM에서 카드가 나오지 않습니다. 카드를 돌려받으려면 은행에 연락해야 합니다.

유용한 영어표현 Words to Know

- **Automated teller machine**(ATM) : 은행 계좌에 입금과 출금을 할 수 있는 현금 인출기
- **Balance** : 계좌의 잔액
- **Bounced check** : 계좌에 충분한 잔액이 없어서 현금화할 수 없는 부도 수표
- **Cashier' s check** : 은행의 자기앞 수표. 사용하면 계좌의 잔액이 바로 빠져나갑니다.

- **Checking account** : 체크를 사용하기 위해 잔액을 넣어두는 계좌
- **Credit card** : 신용카드. 청구 대금을 연체하면 연체료가 붙습니다.
- **Credit union** : 금융 기관의 하나로 특정 그룹의 일원, 특정 조직의 직원 등일 때만 가입이 가능합니다.
- **Currency conversion fee** : 환전하는 수수료. 예 : 영국 파운드를 미국 달러로 환전할 때 내는 처리 비용
- **Deposit** : 계좌에 돈을 예금하는 것
- **Federally insured** : 연방 정부의 보호를 받는 예금
- **Interest** : 이자
- **Interest rate** : 이자율
- **Money order** : 미 우체국에서 구입하는 전신환 서류. 현금 대신 보낼 수 있습니다.
- **Network ATM** : 서로 연결된 ATM 시스템
- **On-line banking** : 두 개 계좌간 송금이나 청구 대금 지불 등을 온라인으로 처리하는 것

- **Overdraft protection** : 잔고가 충분하지 않더라도 사용하는 체크가 모두 현금화되도록 하는 방법
- **Overdraw** : 잔고보다 많은 금액을 체크로 사용하는 것
- **Personal identification number** (PIN) : ATM을 사용하기 위한 개인 암호
- **Savings account** : 저축 예금 계좌
- **Savings and loan**(S&L) : 홈 모기지를 전문으로 하는 금융기관
- **Service charge** : 체크를 현금화하는 등의 은행 서비스에 지불하는 수수료
- **Transaction** : 돈 거래. 예금, 인출, 송금 등
- **W-8 form** : 국세청Internal Revenue Service 양식. Social Security 카드가 없을 때 은행 계좌를 개설하려면 이 양식이 필요합니다. W-8 form이 말해주는 것은, 특정 기한 내에 social security number를 은행에 알린 후에 계좌 금액을 전부 사용할 수 있다는 뜻입니다.

16 세금 내기

PAYING YOUR TAXES

소득세 Income TAX
- U.S.
- 대부분의 주와 Washington, DC
- 일부 카운티와 시

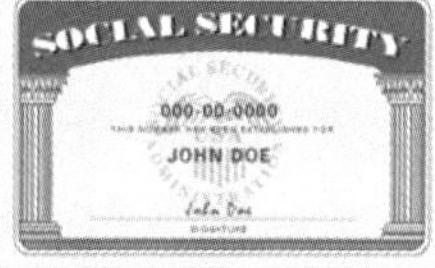

Social Security(FICA) TAX
- U.S.

Real Property TAX
- U.S.

Personal Property TAX
- 일부 카운티와 시

Gift and Estate TAX
- U.S.

❗ 입국 전이나 도착 직후라도 가능한 한 빨리 세제 규정을 이해합니다. 세제 법령을 잘 이해하면 시간과 돈을 절약할 수 있습니다.

이 장에서는 미국의 일반적인 세제 규정만 소개합니다. 그러나 세제 규칙은 상황마다 다르므로, 전문가나 당신을 스폰서하는 조직, 또는 학생처 어드바이저에게 도움을 받으십시오. 많은 이민자가 연말에 부과된 엄청난 세금에 경악합니다. 세금을 계산하는 IRS 양식은 다른 나라의 양식만큼 정확하지 않습니다. 세제 전문가tax professional의 도움을 받아 미리 부과될 세금을 예측할 수 있습니다.

📝 수입과 주요 비용을 계산해야 합니다. 연중에는 영수증과 세금에 영향을 미칠 만한 서류를 모아놓습니다.

세금의 종류Kinds of Taxes

Sales Tax

주와 지방 정부마다 조금씩 규칙이 다르기는 하지만 물건을 구매할 때마다 지불하는 것이 sales tax입니다. Sales tax는 보석, 자동차, 특정 음식류, 의류 등 과세 품목에 부과되는 세금입니다. 대사관이나 UN 등의 특정 해외 기관에 종사한다면, 많은 경우 sales tax를 지불할 필요가 없습니다.

소득세Income Tax

❗ 세금을 내지 않더라도, 일정한 양식을 작성해서 IRS나 주 세제 기관에 소득세를 보고해야 합니다.

미국 내에서 소득이 있는 경우 미국 정부에서 부과하는 소득세를 내야 합니다. 대부분의 주와 카운티, 시도 자체 소득세를 부과합니다. 다음 같은 소득 관련 기록을 보관합니다.

- 직원 신분으로 받는 급여
- 컨설팅 수수료, 특정 직원의 신분이 아니더라도 생긴 소득
- 장학금이나 펠로우십
- 자본 이익
- 배당금이나 이자

미국과 소득세 조항에 대한 특별 협약을 맺은 국가에서 온 경우 미국에 소득세를 내지 않을 수도 있습니다.

회사의 피고용인 경우 급여마다 소득세를 물지만 연말에 세금을 더 낼 수도 있습니다.

Social Security & Medicare

당신이 미국 회사의 피고용인이라면 Federal Insurance Contribution Act (FICA) 규정에 따라 당신과 회사 모두 Social Security and Medicare 세금을 냅니다.

회사에서는
- 당신의 급여에서 일부 세금을 공제하고
- 고용인이 부담하는 세금을 더해서
- 정부(IRS)에 세금을 냅니다.

다음의 경우에는 세금을 낼 필요가 없습니다.
- 본국과 미국이 Social Security and Medicare 시스템에 관한 협약을 맺었을 때, 그 협약으로 모두 커버된다는 증서가 있으면 됩니다.
- 학생일 때는 학교 어드바이저에게 문의합니다.

재산세 PROPERTY TAX

다음의 세금을 내라는 대금 청구서나 양식을 우편으로 받게 됩니다.

부동산세Real property tax   대부분의 시와 카운티 정부에서는 땅이나 주택 등의 부동산에 대해 세금을 부과합니다. 이 세금은 세입자가 아니라 재산의 소유주에게만 부과됩니다('집 구하기Finding a New Home' 편 참조). 시와 카운티마다 규정과 세제율에 차이가 있습니다.

재산세Personal property tax   일부 시와 카운티에서는 차량, 보트, 모피코트, 보석, 증권과 기타 투자 대상 품목에 대해 세금을 부과합니다. 시와 카운티마다 규정과 세제율에 차이가 있습니다.

이런 세금은 시와 카운티 기관에서 청구서나 특정 양식을 발부하면 그 때 냅니다.

증여세와 유산세 Gift and estate taxes

큰 선물을 증여하거나(예를 들어 1만 달러 이상의), 유산을 남기려 할 때 부과되는 세금입니다.

급여 Your Paycheck

개요Overview

피고용인의 경우 급여마다 소득세와 Social Security 세금을 냅니다. 급여 명세서에는 다음과 같은 내용이 명시되어 있습니다.

- 벌어들인 소득 금액
- 회사에서 연중 세제 목적으로 공제한 금액

연말에는 W-2 양식 또는 Wage and Tax statement라는 것을 받게 되는데, 여기에는 연간 소득과 공제 금액이 명시되어 있습니다.

❗ 본국과 미국이 Social Security나 소득세에 관한 특별 협약을 맺고 있는지 확인합니다. 면제 대상이라면 급여에서 이런 세금이 자동 공제되지 않도록 합니다.

소득세Income taxes

개요 연말에는 당해 연도에 본인이 부담할 세금을 계산한 후, 그 금액에서 이미 연중 납부한 소득세를 뺍니다. 그간 충분히 세금을 낸 것이 아니라면 연말에 더 내야 하고, 너무 많이 냈다면 정부에서 환불을 받습니다.

피고용인 모든 피고용인은 일을 시작하게 되면, W-4 양식, 또는 Withholding Allowance Certificate라는 양식을 작성하게 됩니다. 이 양식은 급여할 때마다 회사에서 공제할 금액을 알려줍니다.

❗ 공제할 금액을 계산하기 위해 W-4 양식을 사용하면, 세금 지급의 최종 기한인 4월에 세금을 많이 내야 할 수도 있습니다. 내야 할 세금을 미리 전문가와 상의하여 문제가 생기지 않게 합니다.

컨설턴트 컨설턴트나 자영업자는 분기
당 세금을 정산해서 미국 정부에 내야
합니다. 주, 카운티, 시에 세금을 정산
하는 규정이 있습니다.

Social Security(FICA) & Medicare

피고용인과 고용인 모두 매년 특정 금
액 내에서 Social Security & Medicare
세금을 부담합니다.

연말 정산 End-of-the-Year Taxes

세제 연도 TAX YEAR

대부분의 세제 연도는 1월 1일부터 12
월 31일까지입니다. 연방 정부에 세금
을 내는 기한은 다음 해 4월 15일 자정
까지 입니다. 예를 들어 2005년 소득세
의 기한은 2006년 4월 15일입니다. 우
편물에 찍힌 소인이 4월 15일 자정 이전
이어야 합니다. 4월 15일에는 많은 우체
국이 자정까지 영업을 해서 제때 세금을
보고할 수 있도록 합니다. 수수료를 내
면 IRS e-file이라는 프로그램을 이용해
서 온라인으로 정산이 가능합니다.

플랜 미리 짜기 PLANNING AHEAD

특히 고소득자는 미리 플랜을 짜는 것
이 중요합니다.
• 얼마나 공제해야 하는지 플랜을 잡습

니다. 매번 수입에서 너무 적게 공제
할 경우 연말에 한꺼번에 과도한 세
금이 청구됩니다. 반면 공제를 너무
많이 하면 정부한테 환급받기 전에는
돈을 활용할 수 없습니다.
• 세금 공제를 받을 수 있도록 교회나
박물관에 기부합니다.
• 집을 구입한다거나, 세금 공제 대상
인 은퇴 연금에 가입하는 등 적절한
투자로 돈을 절약할 수 있는 방법을
알아봅니다.

🕐 고소득자라면 미리 전문가의 도움
을 받아 시간과 돈을 절약하십시오. 12
월이 지나도록 미루지 마십시오. 3~4월
에는 대부분의 회계사가 몹시 바쁩니
다. 이 때는 비용이 더 들거나 적절한
회계사를 구할 수 없을 수도 있습니다.

❓ 제때 모든 서류를 준비하지 못하면 어떻게 됩니까?

그래도 세금은 4월 15일까지 내야 합니다. 날짜까지 모든 양식을 작성하지 못했다면 서류 작성과 제출에 필요한 시간을 연장해달라고 신청하십시오.

❓ 제때 세금을 내지 못하면 어떻게 됩니까?

늦은 월별로 이자가 추가됩니다. 연체료를 물기도 합니다.

❓ 8년 동안 동거한 파트너를 결혼한 배우자로 올릴 수 있습니까?

안 됩니다. 법적으로 혼인한 경우에만 가능합니다.

세금 정산하기
HOW TO FILE YOUR RETURN

1 4월 15일이 되기 적어도 8주 이전에 W-7 양식을 IRS에 제출합니다.

W-7 양식은 ITIN을 신청하는 양식입니다. 신청자마다 개별적으로 양식을 작성해야 합니다.

 신청서에 필요한 모든 서류는 복사해서 공증을 받습니다. 절대 원본을 보내지 마십시오.

2 내야 할 전체 세금 금액을 계산합니다.

양식에 작성한 정보는 사실이어야 합니다. 내야 할 세금을 제대로 기입하지 않으면 벌금을 물 수 있습니다. 심지어는 미국에 체류할 권리를 상실할 수도 있습니다.

3 모든 서류를 복사합니다.

3년간 서류를 보관합니다. 미국에 체류하는 동안 IRS에서 서류를 요청할 수도 있습니다. 세금 보고서와 모든 서류의 사본을 보관합니다.

4 4월 15일 자정까지 1040 IRS 양식에 정산을 마칩니다.

우편으로 체크를 보내거나 신용카드로 수수료를 내고 온라인으로 세금을 낼 수 있습니다. SSN과 가족 구성원의 ITIN을 기입하는 것을 잊지 마십시오.

ITIN(The Individual Tax Identification Number) ITIN은 SSN을 발급받지 못하는 사람이 대상입니다. 예를 들어 미국에서 수입이 있는 non-resident나, resident의 배우자, 또는 H1 비자 소유자의 자녀가 대상이 될 수 있습니다. 누구나 심지어는 생후 1개월 의 아기도 SSN이나 ITIN 둘 중 하나는 지녀야 합니다.

ITIN을 신청하는 데 W-7 양식을 사용합니다. 여권이나 기타 신분증(운전면허증이나 출생 증명서, 비자 등)이 두 개 필요합니다. SSN을 받을 수 있는 사람은 아직 받지 않았더라도 ITIN을 신청하지 않습니다.

여권, W-7 양식, 세금 보고서상의 이름은 모두 정확히 동일해야 합니다. 예를 들어 자녀의 middle name을 W-7 양식에 기입했다면, 세제 보고서에도 middle name을 똑같이 기입해야 합니다.

기본 양식　필요한 모든 양식은 다음을 통해서 구할 수 있습니다.

- 세제 전문가tax professional
- 공립 도서관
- IRS 사무실이나 웹사이트

소득서 양식　미국 내에서 소득이 발생하는 모든 출처에서부터, 전년도 소득과 공제 금액을 정리한 양식을 2월 1일까지 발부받아야 합니다.

기타 개인 기록　서류 제출시 다음 기록이나 영수증이 필요합니다.

- 조정adjustment과 공제deduction를 거친 개인 경비
  - 세금이 연기되는 은퇴 연금에 예치한 돈
  - 회사 경비
  - 미국 내 자선 단체에 기부한 돈
  - 이사 비용: 직접 지불한 이사 비용과, 이사 비용을 지불하기 위해 회사에서 받은 비용 모두 포함
  - 집을 사기 위해 모기지에 들어간 이자
- 주 정부와 로컬에서 부과하는 세금. Sales tax는 포함하지 않습니다.
- 미국에 출입하는 데 지출한 여행 경비와 아래 정보
  - 금년에 미국으로 입국, 출국한 날짜
  - 지난 2년간 미국에 체류한 일자 수

연방 정부 소득세의 개요

Note 다음은 개괄적인 샘플일 뿐, 정부의 세금 보고 양식이 아닙니다.

Overview of Federal Income Tax

Gross income	**Start with your total income for the year.**	$ _____
(-) Adjustments	Minus adjustments	$ _____
Adjusted gross income (AGI)	**Your new total is the adjusted income.**	$ _____
(-) Deductions	Minus deductions	$ _____
(-) Exemptions	Minus exemptions	$ _____
Taxable income	**Your new total is the amount of income that can be taxed.**	$ _____
(x) Taxable income x rate	Multiply the taxable income x the rate.	$ _____
(-) Tax credits	Minus tax credits (payments such as child care or certain foreign taxes)	$ _____
Total Federal income tax liability	**Your new total is the total amount of taxes you owe for the year.**	$ _____
(-) Taxes paid for the year	Minus taxes you have paid—such as those withheld from your paycheck	$ _____
Federal income taxes owed or a refund for taxes already paid	**Your new total is the amount you will pay or receive.**	$ _____

세금 내기 How Much You Pay

신분 STATUS

법적인 신분, 비자 비자의 종류는 세금을 계산하는 데 중요한 요소입니다.

- F, J, M 비자의 학생은 non-resi-dent(비거주민)의 신분으로 세금을 냅니다
- 외국 정부나 특정 국제 기구의 직원은 특별한 규약에 따라 세금이 부과됩니다.

세제 전문가tax professional나 변호사와 확인합니다. 본국을 아직 출국하지 않았다면 가장 적절한 비자를 받도록 합니다.

거주자의 신분Residence status 보통 다음에 해당하면, 'resident alien(거주 외국인)'의 신분입니다.

- 그린 카드나 핑크 카드 소지자
- 세제 연도 1년 동안 183일 이상 거주한 자

대부분의 resident alien 신분은
- 당해 세계 어느 곳에서 벌어들인 소득에 대해서도 미국 세금을 냅니다.
- Non-resident alien의 신분에 비해 세금 공제 대상이 많습니다.

Note Non-resident alien은 미국에서 벌어들인 소득에 대해서만 미국에 납세합니다.

Residence 신분에 대한 룰은 특히 까다로워서 Immigrant 신분과도 같지 않습니다. 세제 전문가에게 문의하는 것이 좋습니다.

세금 정산 신분Filing status 세금을 신고하는 신분은, 독신single, 기혼 부부 동반 신고married filing jointly, 기혼 개별 신고 married filing separately, 가장head of a household, 부양 자녀를 둔 미망인qualify-ing widow with dependent children의 신분이 있습니다.

과세 소득 TAXABLE INCOME

총소득Gross income 총소득은 세제 연도에 벌어들인 소득의 총금액입니다. 다

음을 차감하면 총소득이 낮아집니다.

- 다음과 같은 조정adjustment
  - 개인 은퇴 연금Individual Retirement Account : IRA 차감
  - 이사 비용
  - 자영업 세금의 절반
  - 이혼한 배우자에게 주는 생활비 alimony
  - 학생 대부 이자
- 직접 지불한 회사 경비. 출장비나 이사 비용 등
- 세금 연기 은퇴 상품에 투자한 금액
- 공제항목deduction : 공제받을 항목이 별로 없는 사람은 일반 공제standard deduction를 택합니다. 기타는 세금을 낮추기 위해 공제 항목별로 열거합니다. 공제 항목들은 다음과 같습니다.
  - 주, 카운티, 시 정부에 낸 소득세
  - 홈 모기지에 낸 이자
  - 자선 단체에 기부한 돈
- 공제 대상 항목exemption
  - 자신
  - 부양 가족

Credit Adjustment나 deduction, exemption보다 더 세금을 낮추는 게 credit입니다. 각 credit 달러는 세금을 1달러씩 낮추어줍니다. Credit은 다음 경우에 주어집니다.

- 육아 비용child care expenses
- 교육 비용education expenses
- 해외 납세foreign taxes

Tax bracket 보통 과세 소득이 높은 경우 과세 비율도 높습니다.

도움 청하기 Getting Help

세제 전문가 TAX PROFESSIONALS

- 세금에 관한 플랜을 짜도록 도와줍니다.
- 내야 할 금액을 계산해줍니다.
- 연방 정부, 주, 로컬 정부의 세제 보고 양식을 작성해줍니다.
- 언제 어디에 세금을 내야 하는지 알려줍니다.
- 연중 어떤 서류를 모아두어야 하는지 알려줍니다.

다음과 같은 전문가를 찾습니다.

- 국제 세제에 경험 있는 전문가
- CPA(Certified Public Accountant)나 면
  허가 있는 변호사
- American Institute of Certified Public

Accountants 같은 전문 협회 회원

$ 회계사는 보통 시간당 85~150달
러 정도 요금을 청구합니다. 세제 전문
변호사는 시간당 200달러 정도 합니다.

유용한 영어표현 Words to Know

- **1098** : 모기지 이자나 부동산세 등에
  지불한 금액을 보여주는 IRS 양식
- **1099 form** : 배당금이나 이자, 로열
  티 등으로 벌어들인 소득을 보여주는
  IRS 양식
- **Accountant** : 'Certified Public
  Accountant 참조
- **Adjustments** : 과세 소득 금액을 낮
  춰주는 투자나 비용
- **Assets** : 주택이나 주식, 기타 투자,
  차량, 보석 등 돈 가치가 있는 소유
  재산
- **Capital gains tax** : 주식이나 증권,
  부동산과 기타 투자 대상을 팔았을

때 얻는 소득에 부과되는 세금
- **Certified public accountant**(CPA) :
  가진 자금과 세금 규정에 대한 이해
  를 도와주는 전문가. 일부 CPA는 미
  국 세제뿐 아니라 국제 세금 규정에
  도 밝습니다.
- **Credits** : 세금을 직접적으로 줄여주
  는 경비. Deduction이나 exemption
  보다 세금을 더욱 낮추어줍니다. 매
  Credit 달러는 세금을 1달러씩 낮추
  어줍니다.
- **Deductions** : 과세 소득을 낮춰주는
  경비
- **Dependent** : 부양자. 자녀나 배우

미국에 오래 체류할 예정인 고소득자라면 장기 투자 계획도 도움을 받을 수 있습니다.

자, 함께 사는 부모

- **Disabled** : 상해나 병으로 오랜 기간 일을 할 수 없는 상태
- **Dividends** : 주주에게 주어지는 배당금
- **Estate tax** : 유산세. 죽은 사람의 재산과 돈에 붙는 세금입니다.
- **Estimate** : 미리 대강의 금액을 계산하는 것. 예측이므로 정확하지는 않습니다. 소득을 estimate한다는 것은 특정 기간 내에 벌어들일 금액을 최대한 정확히 예측, 계산하는 것입니다.
- **Exempt** : 면제의. 사람을 tax exempt라고 표현하면, 미국에 납세할 의무가 없다는 뜻입니다.
- **Exemption** : 자신과 부양 가족에 대해 세금을 공제하는 것. 보통 주요 생활비를 의존하는 배우자나 자녀를 부양 가족이라고 보고 그 사람수만큼 공제할 수 있습니다.
- **Federal Government** : 미 연방 정부
- **FICA** : 'Social Security Tax' 참조
- **Gift tax** : 증여세. 정부에서 지정한 금액 이상을 선물로 증여할 때 내는 세금
- **Gross income** : 급여, 장학금, 이자, 주식을 판 이익, 부동산, 기타 투자처에서 당해 연도 벌어들인 총소득 금액

- **Income tax** : 당해 소득에 부과되는 세금
- **Individual Retirement Account** (IRA) : 은퇴 후를 대비해 돈을 투자하는 어카운트
- **Individual Taxpayer Identification Number** : IRS에서 Social Security Number(SSN) 대신 사용하는 9자리 숫자. SSN을 받지 못하는 사람만 이 번호를 신청할 수 있습니다. ITIN은 납세 목적으로만 사용할 수 있습니다. ITIN이 미국에서 일할 수 있는 노동 허가를 의미하지는 않습니다.
- **Interest** : 돈을 빌려서 내는 이자. 또는 저축 예금이나 펀드 등으로 받는 이자
- **Joint return** : 납세 신분 중 하나. 기혼 커플이 소득을 함께 계산해서 신고하는 것. 납세 신분에 따라 내는 세금 액수가 달라집니다.
- **Medicare** : 은퇴한 사람을 위한 의료 보험 시스템
- **Personal property tax** : 주 정부나 시에서 부과하는 세금으로 보석, 모피, 차, 주식, 기타 투자 대상의 재산에 부과하는 재산세
- **Real property tax** : 땅이나 주택, 빌딩 등의 부동산에 부과되는 세금. 일

부 시와 주 정부에서 관할하는 세금

- **Refund** : 환급. 연중 세금을 너무 많이 낸 경우 환급을 받습니다.
- **Resident alien** : 미국 시민권자가 아니지만 미국에 거주하는 경우
- **Residence status** : 납세 신분 중 하나로 'resident alien(거주 외국인),' 'nonresident alien(비거주 외국인)' 등이 있습니다. 이는 납세 목적으로만 사용되는 신분입니다.
- **Sales tax** : 구매시 지불하는 세금
- **Schedule** : 소득의 출처와 금액이 열거된 세금 보고 양식
- **Single return** : 납세 신분 중 하나로 미혼자가 신고하는 경우
- **Standard deduction** : 과세 소득을 낮추기 위해 공제하는 고정 금액. 개별 비용을 나열하는 대신 standard deduction으로 공제할 수 있습니다.
- **Social Security tax or Federal Insurance Contribution Act**(FICA) : 피고용인과 고용주가 사회 보장 시스템을 위해 내는 세금으로, 은퇴, 노후, 장애인의 복지 등을 위해 쓰입니다.
- **Tax deferred** : 현재 세금을 내지 않고 나중에 떼는 소득. 예를 들어 대부분의 은퇴 연금을 위한 투자는 tax deferred입니다.

- **Tax return** : 납세 양식을 작성하여 IRS나 주 세금 기관에 보고합니다.
- **Taxable income** : 세금 보고시 사용하는 총소득 금액. 즉 총소득에서 공제 항목을 제외한 금액
- **United States Citizenship and Immigration Services**(USCIS) : Department of Homeland Security 산하 이민서비스국. USCIS는 이민/비이민 비자 관리, 미국 입국 절차, 외국인의 노동허가, 이민자의 재정 혜택 등의 업무를 맡고 있습니다.
- **W-2 form** : 세제 연도 말에 회사에서 발부 받는 양식. 그간의 소득과 세금으로 공제한 항목을 알 수 있습니다.
- **W-4 form** : 일을 시작할 때 작성하는 양식, 회사에서는 이 양식을 참고해 급여에서 매번 공제할 세금 액수를 계산합니다.
- **W-7 form** : ITIN을 신청하는 IRS 양식. 4월 15로부터 적어도 8주 이전에 신청해야 합니다.

17 은퇴와 투자 계획
RETIREMENT & INVESTMENT PLANS

Am I eligible?
(내가 자격 요건이 맞는가?)

How much may I contribute?
(내가 부담할 수 있는 금액이 얼마인가?)

How much will the employer
contribute?
(회사에서 부담하는 금액이 얼마인가?)

Who sets up the plan?
(누가 제공하는 플랜인가?)

Who makes the investment decisions?
(투자 결정은 누가 내리는가?)

Which taxes will be deferred?
(나중에 내도 되는 세금은 어떤 것인가?)

What are the rules for withdrawing, or taking
out the money?
(취소하거나 돈을 회수하고 싶을 때 적용되는 규정은
어떤 것이 있나?)

What happens if I leave my present employer?
(직장을 그만두면 어떻게 되는가?)

고용주는 대부분 직원에게 은퇴 후 재정 상태에 도움을 주는 여러 가지 플랜을 제공합니다. 미국 달러로 급여를 지급받고 있다면, 법적으로 고용주가 제공하는 플랜에 가입할 자격 요건이 됩니다.

이 장은 미국에서 가능한 일반적인 플랜의 형태를 알려드리기 위한 것입니다. 단, 소개된 내용은 미래를 위한 전반적인 투자 종류 중 극히 일부임을 명심해 주십시오. 최상의 투자 결정을 내리기 위해서는 이 장을 참고하여 고용주나 금융 전문가와 상담하기를 권합니다.

Note 미국에서 오래 체류할 예정이라면 아마도 employer-sponsored retirement plan에 가입하겠지만, 1~2년 정도 체류할 예정이라면 다음을 고려하십시오.

- 다른 투자 옵션과 은퇴 연금 플랜
- 본국에 귀국 후 돈을 회수할 때 관련 규정과 절차

Note 여기서 소개된 내용은 대부분 은퇴 후에 지급받는 플랜의 내용이지만 재직 중에 돈을 회수할 수 있는 형태도 있습니다.

❓ 왜 벌써 은퇴 후 플랜이 필요합니까? 보통 은퇴 연금 플랜은 다른 투자 플랜에 없는 여러 가지 혜택이 있습니다. 이러한 혜택을 이해함으로써

- 현재와 미래에 필요한 전반적인 투자 플랜을 모아놓고 볼 수 있습니다.
- 미리 준비할 수 있습니다. 금융 전문

Hello, USA! | 고용주 부담

어떤 플랜은 당신이 은퇴 후 받을 모든 금액, 또는 일정 금액을 고용주가 부담합니다. 고용주가 부담하는 금액은 플랜의 종류에 따라 다릅니다. 직원 부담액에 따라 고용주 부담이 달라지는 경우도 있습니다. 예를 들어 직원이 부담하는 금액이 크면 고용주가 부담하는 금액도 일정 상한선을 두고 비례해서 커집니다.

가들은 전반적인 투자를 일찍 시작할 수록 향후에 소득 목표를 달성할 확률이 높다고 말합니다.

• 회사에서 제공하는 여러 플랜 중 가장 적절한 것을 선택할 수 있습니다.

혜택 Benefits

투자하는 해의 세금 연기 어떤 플랜은 세금 연기tax-defer가 가능해서 향후 플랜이 끝날 때까지 세금을 내지 않는 경우도 있습니다. 현재는 전체 과세 소득taxable income에 대해서만 세금을 물립니다.

계속적인 세제 연기 플랜은 대부분 투자 수입을 연기할 수 있습니다. 투자 원금과 소득이 세금으로 줄지 않기 때문에 다른 과세 투자에 비해 매년 늘어나는 이윤이 많습니다. 세제 연기로 오는 빠른 성장을 비과세복리tax-free compounding라고 부릅니다.

❓ **투자에 대해 과세되는 시점은 언제입니까?** 투자 플랜에서 탈퇴하거나 (Roth IRA 탈퇴 제외) 연금으로 지급받을 때 세금을 물게 됩니다. 세금 연기가 가능한 대상은 투자 원금과 투자에서 생긴 소득입니다. 지불할 세제율은 플랜 탈퇴시 과세 대상 소득 금액에 따라 다릅니다.

플랜을 탈퇴하여 돈을 회수할 때 세금을 물더라도 다음과 같은 혜택이 있습니다.

• 비슷한 다른 과세 투자에 비해 투자 이율이 빠른 속도로 증가합니다.
• 은퇴 후 소득이 일할 때보다 적게 마련이므로 개인이 내야 할 세제율은 상대적으로 낮습니다.

Note 은퇴 연금 플랜은 내용이 복잡하고 계속 변동합니다. 투자할 금액과 내게 맞는 적절한 투자 항목을 고르려면 세제 전문가나 투자 전문가를 방문합니다.

❗ 향후 사용해야 할 돈을 투자한다면 매우 신중해야 합니다. 과거에 가격이 올랐던 주식이나 펀드도 미래에는 가격이 떨어질 수 있습니다. 미래를 위

해 투자할 때는 투자 금액 회수시 발생
하는 세금도 고려해야 합니다. 큰 투자
결정하기 전에 투자 전문가와 상담을
거치는 것이 좋습니다.

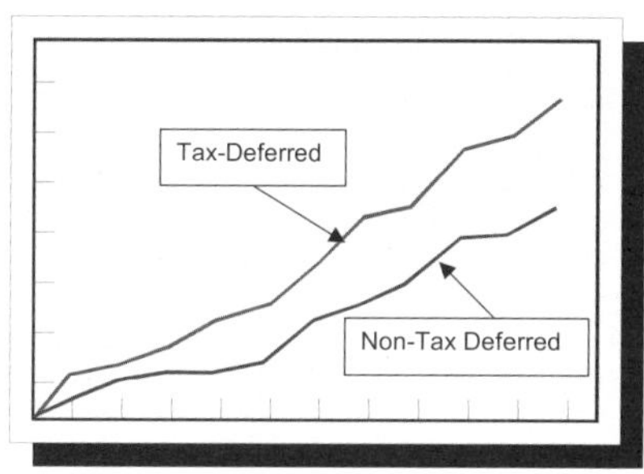

세제 연기 항목과 세제 연기가 되지 않는 항목의 성
장 비교치 샘플. 그 차이가 매년 증가함을 알 수 있습
니다.

고용주가 지원하는 플랜 Employer-sponsored Plans

고용주가 제공하는 연금 플랜은 고용주
가 플랜을 세우고 일정액이나 전액을 부
담하는 것입니다. 미국 내 큰 회사나 조
직은 대부분 이런 플랜을 갖고 있습니다.

Defined Benefit Plan, or Pension Plan

고용주가 하는 일

• 투자 결정뿐 아니라 플랜을 기획하고
  운영합니다.
• 모든 금액을 부담합니다.
• 연금을 받을 연령을 결정합니다.
• 미리 연금 금액을 결정합니다. 이 금
  액은 보통 해당 회사에서 일한 근속
연수와 마지막으로 받는 급여의 금액
에 따라 달라집니다.

몇 년 동안 근무한 뒤 회사를 그만두어
도 'vested rights,' 즉 회사에서 정한
일정 연령에 달하면 연금을 받을 수 있
는 권리가 있습니다.

장점 : 피고용인은 고용주가 제공하는
일정한 금액을 정기적으로 연금으로 받
습니다.

Cash Balance Defined Benefit Plan

고용주가 하는 일

• 투자 결정뿐 아니라 플랜을 기획하고
  운영합니다.

• 직원 급여의 일정 퍼센트를 부담해 직원 이름의 어카운트에 기입합니다.
• 이자를 직원 어카운트에 기입합니다.
• 연금옵션Annuity option을 제공해야 합니다.

회사를 그만두어도 어카운트에 있는 돈은 개인 것입니다. 어카운트 금액은 출자금 액수와 투자 후 성장률에 따라 다릅니다. 세제 혜택을 받으려면

• 어카운트를 IRA로 롤오버합니다.
• 새로운 회사의 세제 혜택이 있는 플랜으로 재투자합니다.
• 어카운트 금액에 따라 일정한 연금을 수령합니다.

장점 투자 금액을 고용주가 부담합니다.

Defined Contribution Plan, or 401(K)

고용주가 플랜을 기획하고 피고용인이 세전 금액을 기여할 수 있는 옵션을 있습니다.

고용주가 하는 일

• 피고용인의 부담하는 금액에 비례하여 기여할 수도, 기여하지 않을 수도 있습니다.
• 법이 제한하는 한도 내에서 직원이 기여하기로 결정한 금액을 급여에서 공제합니다. 납세 신고시, 총소득 금액은 투자에 부담한 금액만큼 낮출 수 있습니다.
• 몇 가지 투자 옵션, 예를 들어 특정 뮤츄얼 펀드 리스트를 세트로 제공합니다. 이 중 어떤 펀드에 투자할지 직원이 결정합니다.

피고용인의 어카운트에 남은 실제 금액은 기여한 금액과 투자 후 성장률에 따라 다릅니다.

특정 연령에 이르면 투자 금액을 회수할 수 있습니다(보통 59세 중반 정도). 70세 중반 이후에는 반드시 투자금을 회수해야 합니다. 직장을 옮기게 되면

• 새로운 직장의 세제 혜택이 있는 플랜에 재투자합니다.
• 일부 금액 또는 전액을 IRA로 롤오버합니다.
• 현재 가입된 플랜을 유지할 수 있다면 금액을 그대로 예치합니다.

장점

• 피고용인의 출자금과 소득에 대한 세금 연기가 가능합니다.
• 고용주가 개인 어카운트 출자금에 기여하는 경우도 있습니다.

개인이 가입하는 IRA Personal IRAs

IRA는 모두 개인이 기획하고 운영, 투자합니다. 자격 요건이 되는지, 얼마나 불입할지 세무사나 투자 전문가와 상담합니다. IRA는 다음 두 가지 종류가 있습니다.

Traditional IRA

Traditional IRA는 개인이 다음과 같이 할 수 있습니다.

- 전체 소득에서 불입할 금액을 공제할 수 있습니다. 해당 펀드에서 발생하는 모든 소득(자본이익, 배당금, 이자)은 금액을 회수할 때까지 세금 연기가 가능합니다.
- 70세 중반이 되면 금액을 회수해야 합니다.

장점: 불입 금액과 소득에 대한 세금 연기가 가능합니다.

Roth IRA

Roth IRA는 개인이 다음과 같이 합니다.

- 펀드에 세후 금액을 투자합니다.
- 회수하는 금액(초기 투자금, 소득, 자본이익)에 대해 세금을 내지 않습니다.
- Roth IRA에 투자한 금액 전액을 즉시 인출할 수 있습니다. 소득 등의 기타 금액을 비과세로 인출하려면 5년 이후에 가능합니다.
- 최소한의 분배 요건이 없습니다.
  - 원하는 만큼 오랫동안 어카운트에 돈을 예치해놓을 수 있습니다
  - 원하는 만큼 돈을 비과세로 인출할 수 있습니다.

장점: 기여한 금액과 소득은 투자금액을 인출할 때도 비과세입니다.

❗ Roth 어카운트에 가입할 수 있는 기회는 제한되어 있습니다. 자격 요건이 되는지는 전문가와 상담합니다.

소기업과 자영업 Small Businesses and the Self-Employed

소기업 오너는 다음과 같은 플랜을 고려할 수 있습니다.

• Keoghs

• Simple IRA

• Sep-IRA

위의 모든 플랜은 투자 금액과 소득이 비과세입니다. 옵션과 규정은 조금씩 차이가 있습니다. 회계사와 상담합니다.

Note 소기업을 운영하는 자영업자는 다른 피고용인처럼 Simple IRA나 Sep-IRA를 가입하기도 합니다.

유용한 영어표현 Words to Know

• **After-tax money** : 세금 지급 후 금액

• **Annuity** : 정기적으로(매월, 또는 매년) 받는 고정 금액

• **Cash Balance Defined Benefit Plan** : Employer-sponsored 플랜의 하나로 피고용인이 받는 혜택은 어카운트에 기입된 금액에 따라 규정됩니다.

• **Compensation** : 돈이나 복리후생으로 지급되는 급여

• **Defer payment** : 세금 지불을 연기함

• **Defined Benefit Plan** : Employer-sponsored 플랜의 하나로 일정한 공식으로 규정된 복리후생 혜택을 은퇴 후에도 제공합니다.

• **Defined Contribution Plan**(401K) : Employer-sponsored 플랜의 하나인데, 직원이 불입하고, 고용주는 기여하기도 하고 기여하지 않기도 합니다. 불입한 금액은 투자를 거쳐 그 손실이나 이득이 개인의 어카운트로 기입됩니다.

• **Earnings** : 투자에서 발생한 이윤이나 배당금

• **Employer-sponsored Plan** : 고용주가 제공하는 Cash Balance Plan, Defined Benefit Plan, Defined Contribution Plan

- **IRA** : 개인이 투자금액을 모두 부담하는 은퇴 연금 플랜
- **Keogh** : 자영업자를 위한 플랜
- **Match** : 고용주가 직원의 401(K) 어카운트에 부담해주는 금액
- **Pension** : 은퇴 후 고정적으로 받는 금액. 액수는 플랜에 따라 다릅니다.
- **Pre-tax money** : 세금이 아직 부과되지 않은 금액
- **Rollover** : 기존의 세금 우대 플랜에서 새로운 세금 우대 플랜으로 재투자
- **Roth IRA** : IRA의 일종으로 투자금 회수시 비과세입니다.
- **Simple IRA** : 100명 미만의 스몰 비즈니스 사업장 직원을 위한 플랜
- **Sep-IRA** : 스몰 비즈니스 사업장 직원을 위한 플랜
- **Tax-advantaged plan** : 미국에서 발생한 소득에 대해 세금을 연기해주는 플랜
- **Tax-deferred money or earnings** : 당장 세금을 내지 않아도 되는 금액

이나 소득. 세금 우대 플랜은 보통 투자금 회수시 세금을 지불하게 되어 있습니다.

- **Tax-free compounding** : 비과세 투자의 성장률을 기타 과세 투자 항목과 비교한 것. 예를 들어 세금에서 1,000달러를 절약해 저축하면 첫해에 그 1,000달러에서 이자가 발생합니다. 1,000달러와 거기서 발생한 이자를 저축하면 그 다음 해에 또 다른 이자를 낳습니다. 따라서 투자 금액을 회수할 때까지 이윤은 복리로 성장할 수 있습니다.
- **Traditional IRA** : 특정한 연령이 되면 과세로 투자 금액을 회수하기 시작하는 IRA의 한 종류
- **Vested** : 특정 연수를 근무하고 나면 복리 후생의 대상이 될 수 있는 권리. 혜택은 연금일 수도 있고 은퇴용 어카운트에 고용인이 기여해주는 형태일 수도 있습니다. 해당 내용은 회사의 연금 플랜에 따라 다릅니다.

PART IV

정착하기

Settling In

18 집 구하기

Detached house(Split-level)

Apartment(condominium)

Detached house(Colonial)

Townhouse(rowhouse)

거주지역 Residential Areas

지역 AREAS

- 도시 urban area: 밤낮으로 안전한 지역
  인지 확인합니다.
- 대도시 주변 근교 suburbs: 도심의 집
  보다 규모가 크고 새 집에 야드를 갖
  춘 경우가 많습니다. 일상 쇼핑이나
  작은 일을 보려고 해도 차를 타고 이
  동해야 합니다. 출퇴근에 걸리는 시
  간을 체크합니다.
- 전원지 rural area

💲 보통 대도시에서 가까운 지역이
가격이 높습니다. 세금과 보험료도 도
시가 더 비쌉니다.

주택의 종류 TYPES OF HOMES

다음과 같은 집을 임대하거나 구입할
수 있습니다.

- Detached home: 다른 집과 붙어 있
  지 않은 단독 주택.
- Townhouse 또는 rowhouse: 다른
  집과 붙어 있는 주택. 잔디나 수영장
  등의 공동 지역을 관리하기 위해 매
  월 관리비를 냅니다.

- Condo: 아파트를 소유하는 것. 같은
  빌딩 내의 로비, 복도, 수영장, 주차
  장 같은 구역은 공동 소유하고, 이 공
  동 구역을 관리하기 위해 월 관리비
  를 냅니다.
- Co-op: 회사에서 공동지와 아파트 전
  체를 소유하는 것. 소유주는 회사에
  모기지를 지불하지만, 법으로 각 소
  유주는 회사의 지분을 갖습니다. 월
  관리비는 콘도보다 비싸지만 부동산
  세까지 포함한 비용입니다.

임대한 경우에는, 공동지 관리를 위한
비용을 별도로 부담하지 않고도 수영장
이나 파티룸 등의 각종 시설을 이용할
수 있습니다. 주차장 사용료는 별도로
부담하는 경우도 있습니다.

알아볼 사항 WHAT TO LOOK FOR

안전성 밤과 낮에 모두 안전한지 돌아
다녀보고 사람들과 이야기도 나눠봅니
다. 해당 지역의 범죄율은 카운티와 시
의 경찰서에 문의할 수 있습니다. 로컬
전화번호부 책자의 앞면에 연락처가 나
와 있습니다.

학교 공립학교는 카운티와 시에서 관할합니다. 주거지를 정하기 전에 어느 학교가 최선인지 알아봅니다('큰 자녀Your Older Child' 편 참조).

주변 이웃 주변에 자녀 또래 어린 아이들이 있는지, 맞벌이 부부가 많은지, 당신의 배우자가 낮 시간에 외롭지 않을지 고려합니다.

교통 대중 교통을 이용할 예정이면, 버스 정류장이나 지하철 역까지 얼마나 걸리는지, 버스는 얼마나 자주 오는지, 주말에도 버스가 다니는지('돌아다니기 Getting Around' 편 참조), 운전할 계획이라면 주요 도로까지 거리는 얼마나 되는지, 내가 운전하는 시간에 도로 사정은 어떠한지, 직장이나 학교에 가는 데 시간이 얼마나 걸리는지 알아봅니다.

주차 주차장이 충분한가? 주차장을 이용하려면 추가 비용을 내야 하는지 알아봅니다.

가게와 기타 서비스 좋은 식당과 쇼핑몰, 미용실, 도서관, 교회가 가까운지, 도보로 갈 것인지 차로 갈 것인지 알아봅니다.

공정 주택법 THE FAIR HOUSING LAW

법에 따라 집 주인은 다음과 같은 사유로 임대나 매매를 거절할 수 없습니다.

- 인종
- 성별
- 국적
- 종교

로컬의 공동주택법은 추가로, 다음을 이유로 임대나 매매를 거절할 수 없습니다.

- 아동: 아동이 있는 가족도 아동이 없는 가정과 같은 권리가 있습니다.
- Sexual orientation(homosexuality)
- 장애

많은 시에서 다음과 같은 사유로는 임대나 매매를 거절할 수 있습니다.

- 애완동물을 동반할 때
- 돈이 부족할 때
- 집의 규모에 비해 가족수가 많을 때

법에 어긋난다고 생각될 때는 Office of Fair Housing and Equal Opportunity에 연락합니다. 연락처는 다음에서 찾을 수 있습니다.

- 전화번호부의 시나 카운티 정부란의 'Fair Housing' 또는 'Housing'
- 전화번호부 미 정부란에서 'Housing and Urban Development'

도움을 받을 수 있는 곳 Who Can Help

Tips 상공회의소의 공식 Global Locator는 부동산 업체, 아파트 관리소, relocation 회사, 기타 원하는 서비스를 찾아줄 수 있습니다.

새로 이주하는 사람은 부동산업체나 relocation 센터, 렌털 회사를 이용합니다. 임대나 매매를 위해 내놓은 집들은 대부분의 부동산업체가 사용하는 하나의 리스트에 올라 있습니다.

확인할 사항 공인중개사를 고를 때 기준으로 삼을 사항입니다.

- 일정한 자격을 갖춘 부동산협회의 회원
- 고객이 원하는 것과 재정 형편에 주의를 기울이는 사람
- 그 지역을 잘 아는 사람. 살고 싶은 지역에 대해 확신이 없을 때는, 여러 군데의 공인중개사와 relocation 회사를 이용합니다.
- 인내심이 있는 사람. 준비가 아직 안 되었는데 중개인에 이끌려 결정을 내리지 않아야 합니다.
- 경력이 있는 사람. 중개자가 집 매매와 임대 업무를 다룬 지 얼마나 되었는지, 풀타임으로 일하는지 파트타임인지 알아봅니다.

❗ 외국에서 온 사람은 자신의 언어를 사용할 수 있는 중개인을 원하기도 합니다. 모국어를 사용하는 중개인이 본국에 있더라도 신뢰할 만한 사람인지, 경륜이 있는 사람인지부터 자문해 봅니다.

임대하기 Renting

임대 비용은 지역과 집의 종류에 따라 다릅니다. 가구를 갖춘 집은 그렇지 않은 집보다 20~50% 비쌉니다. 가구를 별도로 임대하는 것이 저렴할 수도 있습니다. 보통 임대 신청서를 작성할 때 일정한 수수료를 냅니다. 이 수수료는

당신의 신용 점수를 체크하는 데 드는 비용을 포함하고 있습니다.

미혼의 경우에는 일반적으로 다음과 같은 곳을 임대합니다.
- townhouse나 rowhouse의 1층
- 가정집의 룸. 보통 다음과 같은 것을 사용할 수 있습니다.
  - 혼자 사용할 수 있는 침실과 욕실
  - 세탁기와 건조기
  - 식사를 준비할 수 있는 부엌 사용
- 룸메이트와 함께 하우스나 아파트 임대. 시에서 룸메이트를 찾는 것을 도와주기도 합니다. 이 서비스는 학생, 직업인, 직장 간부 등 누구나 이용 가능한 것으로 100달러 미만의 수수료를 냅니다. Yellow page의 'Room-mate'를 찾아봅니다. 큰 회사에서는 룸메이트를 구하는 광고를 올릴 수 있는 게시판을 운영하기도 합니다.

얼마나 지출할 수 있을까 HOW MUCH YOU CAN AFFORD

월세, 주차비, 보험 등을 포함한 월 지출을 소득의 28~33% 이내로 계획합니다. 빚이 많은 경우엔 월 지출액의 비율이 더 적어야 바람직합니다.

임대차 계약을 작성할 때 운전면허증이나 기타 사진이 부착된 ID가 필요합니다. 학생이면 다른 서류나 레터가 필요하지 않습니다. 그 외에는 아래와 같은 서류가 필요할 수도 있습니다.
- 고용 회사나 학교 이름
- 소득 증명. 당해 연도에 벌 것으로 예상되는 소득에 대한 증명
- 이전 거주지 주소
- 미국에서 살았다면 전에 살던 집 소유주의 이름
- 가능하면 지역 내에 신원을 조회할 수 있는 레퍼런스. 예를 들어 회사나 스폰서
- 지역 내 거래하는 은행 이름

많은 대도시에서 아파트 임대료를 매년 일정 금액 이상 올릴 수 없도록 되어 있습니다. 보통 이런 아파트는 저렴한 편입니다. 관련 규정은 시에 따라 다릅니다. 예를 들어 뉴욕 시에서 1974년 이전 지어진 아파트는 임대료규정을 받습니다(rent-stabilized, rent controlled).

필요하다면 리스 계약을 파기하고 일찍 이사할 수 있는지 확인합니다. 보통 1~2개월 이상의 월세를 지불합니다. 또한 집주인에게 이사할 계획을 미리 알려야 합니다.

1 정보 찾기

정보는 다음에서 찾아봅니다.

- 공인 중개업체. 많은 부동산업체가 매매와 임대를 모두 다룹니다. 대부분은 매매를 선호하지만 임대를 전문으로 하는 곳도 있습니다.
- 신문 광고
- 주택 관련 잡지. 은행 ATM이나 거리에 비치된 박스에서 무료 잡지를 구할 수도 있습니다.
- 아파트 검색 회사. 이런 회사들은 대도시에 사무실을 갖고 있으며 무료로 서비스를 제공합니다.

2 하우징 전문가의 도움받기

전문가는 이런 일을 합니다.

- 어떤 종류의 주택과 동네를 원하는지 물어봅니다.
- 수입 수준과 은행 계좌에 있는 자금을 확인하고, 어느 정도 가격의 집을 구입할 수 있는지 알려줍니다.
- 당신의 마음에 들만한 주택 목록을 뽑아줍니다.

3 선택한 곳을 방문해봅니다.

중개업자는 선택한 집으로 안내하지만, 임대 회사는 주소만 알려주고 함께 방문하지는 않습니다. 집 주인이 없을 경우가 많으므로, 질문이 있으면 중개업자나 임대 사무실에 연락합니다.

4 가격을 협상합니다.

회사가 소유하는 아파트는 임대료가 고정되어 있는 경우도 있으나, 개인 소유의 아파트는 협상이 가능합니다. 예를 들어 한 달 동안 무료 주차나 월세를 낮추는 등의 조건을 협상할 수 있습니다.

5 리스 계약서를 읽고 이해합니다.

기대하는 사항은 모두 계약서에 있어야 합니다. 예로, 주차비가 임대료에 포함되어 있다고 중개업자가 말했다면 임대차계약서에도 그렇게 명시되어 있어야 합니다.

6 신청 양식을 작성하고 수수료를 냅니다.

7 리스 계약에 서명합니다.

8 이사하기 전에 집 안에 손상된 부분이 있으면 미리 사진을 찍어둡니다.
나중에 보증금을 돌려받으려면 이미 손상되어 있던 부분에 대한 증거가 필요합니다.

9 첫 월세를 지불합니다.
첫 월세는 security deposit을 포함하는데, 보통 1개월 월세 금액 정도입니다. 임대한
주택을 전혀 손상시키지 않았으면, 이사할 때 이 보증금을 돌려받게 됩니다.

임대차계약 LEASE

임대차계약서는 다음 사항을 포함해야
합니다.
- 보증 금액
- 임대 금액
- 매월 임대료를 내는 날짜
- 기타 지불해야 하는 비용
- 세탁기, 건조기 사용 등 기타 목록
- 계약 파기나 계약일 이전 이사할 경
  우의 규정
- 기타 준수해야 하는 규정. 예: 애완동
  물을 키울 수 없음
- 유틸리티, 잔디 관리, 해충 제거, 수
  선 등 주인이 부담하는 비용

주택 관련 월 지출 MONTHLY PAYMENTS

렌털비 가장 큰 금액입니다.

보험료 '보험 가입하기 Insurance You
Need' 편 참조

유틸리티 유틸리티 비용이 임대료에 포
함된 경우도 있습니다. 중개업자에게
대략의 비용을 물어봅니다.

주차 비용

수도와 하수

전화비 기본적인 전화 서비스에 대한
요금을 매월 지출하게 됩니다. 기타 특
별한 기능을 추가하거나 장거리 전화
사용시 비용이 추가됩니다.

❓ 가구와 전자제품은 어떤 것이 기본
으로 장착되어 있습니까?

가구가 장착된 곳이든 그렇지 않은 곳이든 기본으로 다음 설비가 설치되어 있습니다.

- 냉장고와 오븐 등의 부엌 기기
- 부엌과 욕실의 천장 등

대부분의 주택에는 실내에 세탁기와 건조기가 설치되어 있습니다. 아파트의 경우, 세탁기와 건조기가 공동으로 사용할 수 있는 공간에 설치된 곳도 있습니다.

가구가 딸린 아파트Furnished apartment는 경우에 따라 다르지만 대부분 다음 아이템이 기본으로 제공됩니다.

- 창문의 커튼
- 식탁과 식탁 의자
- 거실의 소파
- 각 방의 조명
- 각 방의 침대

직원과 회사 손님만을 위해 사용하는 아파트 중 가구가 딸린 곳Corporate furnished apartment은 기본 아이템에 다음과 같은 것이 더 추가되기도 합니다.

- 식기류(접시, 컵, 커피잔, 나이프와 스푼, 포크 등)
- 베개와 침구

❓ 집 주인이 리스 계약을 따르지 않으면 어떻게 하나요? 예를 들어 고장난 파이프를 수리해주지 않으면요?

필요하다면 카운티의 Landlord-Tenant Relations 사무소로 연락합니다. 전화번호부에서 'Housing' 아래를 찾아봅니다. 전화번호가 실려 있지 않으면 안내에 전화해서 물어봅니다.

집 구입하기 Buying

구입 시기 WHEN TO BUY

집 구입 후 1~2년 내에 되팔게 되면 손해를 볼 때가 많습니다. 다음을 확인합니다.

- 집 시세: 가격이 오르는 추세인지, 내리는 추세인지, 변동이 없는지
- 매매 가격: 부동산업체에 주는 수수료와 매매 수수료가 발생합니다.

얼마나 지출할까 HOW MUCH CAN YOU AFFORD

주택 관련 월 지출 모기지 원금, 이자, 재산세, 보험 등이 급여의 28~33% 범위를 넘지 않게 하십시오. 임대 비용의 비율은 빚이 있는지, 세금을 얼마나 무는지에 따라 다를 수 있습니다.

$ 집을 구입할 때는 closing cost를 포함하여 당장 지출해야 하는 기타 비용을 고려하십시오. 변호사 비용, 포인트, 집주인이 가입하는 보험료, 대출 신청료 등이 필요합니다. 예를 들어 20만 달러의 집을 구입할 때 closing cost는 2,000달러 이상 듭니다. 때로 은행이나 판매자가 이 비용의 일부를 부담하기도 하므로 협상해봅니다.

공인중개사의 종류 TYPES OF AGENTS

공인중개사는 다음 두 종류로 나뉩니다.
- Seller's agent: 구매자가 아니라 판매자 측에서 일하는 사람. 이들은 구매자가 지불할 만한 최대 가격을 판매자에게 알려줍니다.
- Buyer's agent: 판매자가 아니라 구매자 측에서 일하는 사람. 구매자 측 중개인에게도 수수료를 지급할 때가 있으나 대부분은 집 구매 후 수수료

를 돌려줍니다.

대부분의 공인 중개업자는 seller's agent와 buyer's agent 역할을 모두 합니다. 법에 따라 중개인은 집 주인과 어떤 계약이 있는지 알려줄 의무가 있습니다.

중개인에게 다음과 같은 부분에 도움을 요청합니다.
- 최적의 가격 협상을 요청합니다.
- 주택과 주변 지역에 관한 좋은 점과 나쁜 점을 모두 알려달라고 합니다.

월 지출 경비 MONTHLY EXPENSES

원금과 이자　집을 소유하려면 모기지가 가장 큰 지출을 차지합니다.

세금　세금은 주택의 위치와 가격에 따라 다릅니다.

보험　보험료는 주택의 다음 상태에 따라 차이가 납니다.
- 구입 가격
- 건축 연령
- 위치 대도시의 주택 보험이 보통 더 비쌉니다.
- 건물
- 안전 장치. 침입 경보 시스템 등

Tips　Escrow account를 만들라는 요청을 받을 것입니다. 부동산세의 일

약어 모음

임대나 주택 구매 광고를 신문에서 볼 때 다음과 같은 약어를 볼 수 있습니다.

Appt: 만날 약속	Ht: 난방
Apt: 아파트	Immed: 즉시
Balc: 발코니	Incl: 포함한
Bdrm(or Br): 침실	Kit: 부엌
Bsmt: 최하층. 지하실	Lbr: 도서관
CAC: 중앙 냉방	Prkgavail: 주차장 있음
CATV: 케이블 텔레비전	Redec: 리모델링 했음
DR: 식당	Refs req: 레퍼런스가 필요함
D/W: 식기세척기	TH: 타운하우스
Effcy: 원룸 아파트	Utils: 유틸리티
Elec: 전기	W/D: 세탁기와 건조기
Hdwdflrs: 마룻바닥	W/W: 전체 카펫임

부와 보험료를 매월 은행에 내는 것입니다. 은행에서는 escrow 계좌에서 돈을 빼서 대금을 지불합니다.

콘도미니엄 관리비 타운하우스나 콘도를 구입하면 월 관리비를 내게 됩니다. 어떤 콘도는 건물 청소 비용으로 월 400달러를 지불합니다. 24시간 경비, 수영장, 헬스클럽, 테니스 코트 관리 비용 등으로 월 800~1,500달러를 지불하는 곳도 있습니다.

- **Application fee** : 신청서 접수에 드는 수수료
- **Buyer's agent** : 주택구입을 원하는 구매자 편에서 일하는 중개인
- **Closing costs** : 모기지 계약시 내는 비용
- **Condominium**(condo) : 건물 내에 여러 채의 집이 같이 있는 주택 구조. 보통 각 콘도는 거주하고 있는 개인이 소유하는 경우가 많습니다. 복도나 수영장, 파티 룸과 같은 곳은 공동 소유지입니다.
- **Condominium association fee** : 콘도 건물 관리를 위해 내는 관리비
- **Co-op** : 공동 건물 내에 여러 채의 집이 같이 있는 주택 구조. 주택과 공동지는 회사 소유로, 모기지를 지불하는 모든 거주민은 회사 소속입니다.
- **Detached house** : 다른 집과 붙어 있지 않은 단독 주택
- **Efficiency** : 원룸과 부엌, 욕실을 갖춘 작은 아파트. 'Studio' 참조
- **Escrow account** : 부동산세와 보험료 지급을 위해 별도로 돈을 예치하는 계좌
- **Homeowner's association fees** : 수영장이나 커뮤니티 재산 등 공동 소유지 관리를 위해 내는 돈
- **Insurance** : 소유 재산을 보호하기 위한 보험
- **Lease** : 집주인과 세입자 간의 문서 계약
- **Mortgage** : 집 소유자가 매월 은행에 내는 대금. 보통 대출 원금과 이자를 포함합니다.
- **Points** : 대출에 대해 내는 수수료. Point를 많이 내면 이자율이 낮아집니다.
- **Principal** : 은행에서 대출받은 원금
- **Qualified** : 지불 능력이 되는
- **Real estate agent**(Realtor) : 공인중개사
- **References** : 회사나 타인이 당신의 직업, 수입, 지불 능력에 대해 은행에 정보를 제공하는 것
- **Relocation center** : 살 집을 구하고 해당 지역에 대해 정착하는 데 필요한 도움을 주는 전문 센터
- **Rentals** : 구매하지 않고 임대하는 룸, 아파트, 주택 등

- **Rent-controlled or rent-stabilized** :
  시에서 매년 임대료가 특정 퍼센트 이
  상 오를 수 없도록 임대 가격을 통제하
  는 아파트
- **Rowhouses** : 다른 집과 한쪽 면이
  붙어있는 도시의 주택 형태
- **Rural** : 도시에서 떨어진 전원지
- **Security deposit** : 장소를 임대하기
  전에 주인에게 내는 돈. 주택을 손상
  하지 않았으면 이사할 때 돌려받는
  돈입니다.
- **Seller's agent** : 집 매매 거래시, 구매
  자보다 매매자 편에서 일하는 중개인
- **Studio** : 부엌과 욕실을 갖춘 원룸 스
  튜디오
- **Suburb** : 도시 근교의 주거지
- **Townhouse** : 다른 집과 옆면이 붙
  어 있는 주택 형태
- **Utilities** : 전기, 가스, 수도, 하수 등
  의 서비스

19 이사하기

MOVING IN

이사 4주 전	주택보험에 듭니다.	새로 이사갈 집에 방문합니다. 화재 경보 시설을 확인합니다. 인테리어를 어떻게 할지 결정합니다.
이사 2주 전	우체국에 이사하는 것을 알립니다.	전화 회사에 연락하여 새로 이사 가는 집에 단거리, 장거리 전화를 신청합니다.
이사 1주 전	전기와 가스 회사에 연락합니다. / 상하수도 연결 상태를 확인합니다. / 케이블 텔레비전을 신청합니다. / 필요하다면 석유 회사에 연락합니다. / 필요하다면 이사 갈 건물의 엘리베이터를 예약해둡니다.	
하루나 이틀 전	이삿짐 회사에 연락하여 모든 준비가 잘 되었는지 확인합니다.	

이사하기 전 Before You Move

보험 INSURANCE

집을 임대하거나 구입하려면 누구나 주택보험home insurance을 들어야 합니다. 가능한 한 빨리 보험에 가입합니다 ('보험 가입하기Insurance You Need' 편 참조).

우체국 POST OFFICE

우체국에서 다음 양식을 구합니다.

- 변경된 주소로 메일을 보내도록 우체국에 요청하는 '주소변경서Change of Address' 카드
- 특정인이나 인쇄물 또는 관공서에서 오는 메일을 위한 'Change of Address' 카드

전화 TELEPHONE SERVICE

전화 서비스 해당 지역에서 거는 일반적인 통화는 로컬 전화 회사를 통해서, 기타 통화는 장거리 통화 회사를 통해 서비스를 받습니다.

이사할 주소지가 확정되면 가능한 한 빨리 전화 회사에 연락을 합니다. 미국으로 처음 이주하는 경우라면, 전화 회사에서 서비스를 승인하는 데 2주 정도는 기다려야 합니다. 미국 내에서 이주하는 경우라면, 로컬 전화는 2~3일, 장거리 전화는 7일 정도 기다려야 개통됩니다.

해당 지역 내의 로컬 또는 장거리 전화 회사의 연락처는 다음에서 찾아볼 수 있습니다.

- Yellow Page의 'Telecommunications Companies'
- White Page의 첫 장

전화번호부 가정에 전화를 개통하면 Yellow Page와 White Page 같은 두 개 이상의 전화번호부 책자를 받게 됩니다. White Page에는 지역 내 주민 명단별 주소와 전화번호가 기재되어 있습니다.

전화번호부에 등재되려면 다음과 같이 등재되는 방식을 결정해야 합니다.

- 이름의 스펠링을 어떻게 기록할 것

인가

- 남편과 부인의 이름을 모두 등재할
  것인가

다음의 경우에는, 다른 사람에게 전화를 걸 때 상대방이 당신의 전화번호를 Caller ID 화면으로 확인할 수 있습니다.

- 상대방 전화가 Caller ID 옵션이 있는 가정이나 사무실 전화일 때
- 상대방 전화가 휴대전화일 때

당신의 전화번호를 unlisted number로 결정하면 다음과 같습니다.

- 전화번호부 책자에 당신의 이름이나 주소, 연락처가 등재되지 않습니다.
- 전화 교환원이 당신의 번호를 안내하지 않습니다.

유틸리티 UTILITIES

'유틸리티' 란 전기, 가스, 수도, 하수 등의 서비스를 일컫는 것입니다. 콘도나 타운하우스는 월세에 이런 비용을 포함하는 경우도 있습니다. 가정에서는 대개 이런 유틸리티 비용을 별도로 지불해야 합니다.

히터나 에어컨이 안전한지 확인합니다. 어떤 시에서는 가정 내의 히터가 다락방에 있는 경우도 있는데 이런 것은 안전하지 않습니다. 전문가에게 히터의 안전성 여부를 검사받습니다. 집을 임대하는 경우라면, 집 주인이 전문 인스펙터를 고용합니다. 집을 구입하는 경우라면, 히터와 에어컨뿐 아니라 집 전체를 검사하기 위해 전문 인스펙터를 고용합니다.

대부분의 유틸리티 회사에는 필요한 시점보다 3~7일 이전에 미리 연락합니다. 지역 내 유틸리티 회사의 연락처는 Yellow Page의 'Public Utilities,' 'Electric Services,' 'Gas,' 'Utilities' 등에서 찾을 수 있습니다.

유틸리티 사용료는 어떻게 지불합니까?
매월 청구서가 옵니다. 무료 서비스도 있습니다.

유틸리티 서비스를 이용하기 위해서 처음에 보증금을 내기도 합니다. 연말이나 이주할 때 보증금을 돌려받습니다.

전기 유틸리티 회사에 에너지 절약 프로그램에 대해 문의합니다. 이런 프로

그램을 통해 매월 내는 전기세를 절약
할 수 있습니다.

난방용 오일과 가스 석유를 사용하는 난
방기구가 있다면 지역 내의 석유 회사
에 연락합니다. Yellow Page의 'Gas
Companies'에서 번호를 찾을 수 있습
니다.

$ 이사하기 전에 그곳에 살아온 주
민을 통해 비용을 조사합니다. 가스 회
사에서는 난방비를 절약하는 프로그램
을 갖추고 있습니다. 원한다면 회사 측
에서 방문하여 이런 프로그램을 설명해
주기도 합니다.

수도와 하수 Yellow Page의 'Water
and Sewer Service' 난에서 연락처를 찾
습니다. 수도와 하수 서비스가 제대로
연결되었는지 확인합니다.

가구 FURNITURE

Yellow Page에서 가구점 번호를 찾습
니다.

- Furniture-New(새 가구 구입시)
- Furniture-Rental(가구 임대)
- Furniture-Used(중고 가구)
중고 가구를 찾는다면 확인해볼 곳입

니다.
- 신문 광고: 'Merchandise Mart,'
  'Apartment & Moving Sales,'
  'Garage Sales,' 'Estate Sales' 난.
- 벼룩 시장: 어떤 벼룩 시장은 매주
  일정한 시간에 열리지만, 어쩌다 하
  루, 이틀 열리는 경우도 있습니다.
- 이웃에서 열리는 야드 세일: 금, 토,
  일요일이 최적이며 야드 세일에서는
  흥정도 가능합니다.

가구를 임대할 때는 임대료 내에 포함
된 목록을 미리 확인합니다('집 구하기
Finding a New Home' 편 참조).

케이블 텔레비전 CABLE TV SERVICES

케이블 텔레비전을 신청하면
- 볼 수 있는 채널이 많아집니다.
- 화질과 음질의 수신율이 좋아집니다.

대개 어느 지역에서나 케이블 텔레비전
을 신청할 수 있습니다. 아파트에서 살
게 된다면 관리인에게 케이블 텔레비전
수신이 가능한지 문의합니다.

케이블 텔레비전을 설치할 때 케이블
회사에 다음을 요청합니다.
- 각 케이블 채널에서 볼 수 있는 프로

그램 책자
- 케이블 가이드 샘플

- 각 서비스의 가격표와 확인된 스페셜 가격 안내

애완동물 Your Pet

Department of Animal Control을 통해 미리 확인해야 하는 사항입니다.

- 라이선스: 대부분의 애완견과 일부 고양이는 라이선스가 있어야 기를 수 있습니다.
- 거세 규정neutering laws: 번식을 막는 거세 수술을 할 경우 할인 혜택이 있는 시나 카운티도 있습니다.
- 소유지 밖에서는 애완동물을 묶어두는 규정leash law

- 특정 질병을 예방하는 백신: 예를 들어 대부분의 시에서 개와 고양이는 공수병 백신을 맞은 최종 날짜를 기입한 꼬리표를 달고 있어야 합니다. 꼬리표를 달지 않은 애완견이나 고양이는 Animal Control에서 포획해 갑니다.

허가를 받지 않은 애완동물에 대한 벌금은 100달러까지 부과될 수 있습니다.

미국 내에서 이사하기 Moving Inside the U.S.

❗ 직접 이사를 하는 경우에는 도둑을 조심해야 합니다. 이사하는 데 하루 이상 소요된다면 다음을 조심합니다.

- 밤새 트럭에 가구나 물품을 보관하지 않습니다.
- 빈 집에는 시간이 되면 자동 소등되는 조명을 구입해 설치합니다.

가장 저렴하게 이사하는 방법은 밴이나 트럭을 빌려 직접 이사하는 것입니다. 이삿짐 회사를 이용하는 경우라면 3주 이상 미리 연락해야 합니다. 서둘러 이사를 해야 하는 경우

- 매월 7일과 10일 사이에 이사하면 1~3일 이내에 이삿짐 업체를 이용할

수 있습니다.

- 월 중순에 이사하면 1주일 내에 이삿짐 업체를 이용할 수 있습니다.

💲 아침 일찍 준비하십시오. 오후 5시 이후엔 추가 요금을 부과하는 이사 업체도 있습니다. 다음은 가격을 결정하는 내용입니다.

- 일한 시간
- 일한 사람수
- 가구와 상자의 무게
- 살던 집에서 새로 이주하는 집까지의 거리

1~2일 소요되는 이사의 경우, 이사를 돕는 인부 1인당 10달러가량의 팁을 줍니다.

이사 후 After You Move

쓰레기 수거 TRASH COLLECTION

💲 쓰레기 수거가 무료인 경우도 있지만 대부분은 집 소유주에게 매월, 또는 매년 비용을 부과합니다. 이사하기 전에 쓰레기 수거 비용에 대해 미리 확인합니다.

정부에서 집 앞 도로의 쓰레기를 수거해주지 않으면, 사설 쓰레기 수거업체를 고용해 쓰레기를 치워야 합니다.

거리 쓰레기 수거 Street pick-up 쓰레기는 비닐 백에 넣어 입구를 꼭 묶습니다. 비닐 백을 뚜껑이 있는 플라스틱이나 금속 휴지통에 버립니다. 청소업체가 쓰레기를 수거하는 전날 밤이나 아침 7시 이전에, 도로 연석 주변에 휴지통이나 쓰레기 봉투를 놓아둡니다. 너구리나 기타 동물이 쓰레기 봉투를 뒤질 수 없도록 해놓습니다. 거리에 쏟아진 쓰레기는 업체에서 치우지 않습니다.

부피가 큰 쓰레기 보통의 청소 서비스는 소파나 냉장고, 매트리스처럼 부피가 큰 쓰레기는 수거하지 않습니다. 커뮤니티에서는 이런 큰 물건을 버릴 수 있는 'major clean-up' day를 1년에 2~3회 엽니다.

큰 물건을 바로 버리고 싶으면 고용한 청소업체에 연락합니다. 전화번호부에서 'Trash Collection Services'를 찾습니다. 번호를 찾을 수 없다면 해당 카운

티 내의 'General Information' 에 연락
하여 문의합니다.

재활용 대부분의 커뮤니티에서는 신문
이나 유리, 플라스틱, 알루미늄 캔 등을
재활용하기 위해 분리 수거합니다. 어
떤 커뮤니티에서는 이런 재활용 품목을
관리하는 센터를 둔 곳도 있습니다. 전
화번호부에서 'Recycling' 이나 'Gener-
al Information' 을 찾아 연락할 수 있습
니다.

아파트와 콘도 각 층에 쓰레기 수거실이
있습니다. 재활용과 관련해서는 아파트

관리인에게 문의합니다.

화재 경보 시스템 FIRE ALARM SYSTEMS

각 가정에는 법으로 각 층마다 화재 감지
기를 설치하게 되어 있습니다. 공기 중
연기가 차면 감지기가 경보를 크게 울리
게 됩니다. 화재 감지기가 배터리로 작동
하는 경우 배터리가 다 되면 경보를 울립
니다. 안전을 위해 일부러 매년 배터리를
교환하기도 합니다.
가정의 각 층마다, 적어도 부엌에는 반드
시 소화기를 설치해야 합니다. 소화기는
하드웨어 점에서 구입할 수 있습니다.

홈 서비스 Home Services

실내 장식 HOME DECORATING

사설 데코레이터를 고용하거나 가게에
서 취향에 맞게 장식품을 구입할 수 있
습니다.

잔디 손질 LAWN CARE

새로 이사한 집에 잔디가 있다면, 사람
을 따로 고용해서 관리하는지 집 주인

에게 물어봅니다. 따로 사람을 고용하
지 않는다면 잔디를 직접 관리해야 합
니다. 잔디 관리 회사에 관리를 위탁할
수 있습니다. 이웃끼리 같은 회사를 이
용하면 할인을 받을 수도 있습니다.

집 청소 HOUSEKEEPING

청소 회사나 하우스키퍼를 두어 집을
관리하기도 합니다. 회사를 이용하는

경우 한 번에 한 사람 이상이 방문하기도 합니다. 대부분의 청소 회사는 물건이 손상되거나 분실되면 배상합니다. 하우스키퍼를 고용하면 보통 청소 회사보다는 저렴하면서도 여러 가지 일을 맡아줍니다. 간혹 Social Security 세금을 지불해야 하기도 하므로, 회계사에게 문의합니다.

해충 박멸 EXTERMINATION

쥐나 흰개미류의 해충을 박멸하려면 해충 구제업자를 고용하기도 합니다. 집을 임대하는 경우라면 집 소유주가 해충 구제업자를 고용하여 월 1회 방문하게 할 수 있습니다.

제설 SNOW PLOWING

겨울에 눈이 오는 지역이면 제설 작업 인부를 고용합니다. 계약된 인부는 집 주변 도로변과 인도, 입구 차로의 눈을 치웁니다. 이웃의 젊은 사람을 고용하여 작업을 부탁하기도 합니다.

❗ 겨울에 온도가 몹시 낮은 지역이라면, 방한 준비는 어떻게 할지 주변에 미리 물어봅니다. 예를 들어 파이프가 동파되지 않도록 미리 준비하지 않으면 피해를 보기도 합니다.

보안 경보 시스템 ALARM SECURITY SYSTEM

보안 경보를 설치하면 도둑이 침입할 때 알려줍니다. 이미 장비가 설치되어 있는 집이라면, 서비스 이용을 위한 월 사용료를 지불합니다. 새로 시스템을 설치하려면 1,000달러 이상 지불해야 합니다. 이웃에 이러한 장치가 필요한지 문의합니다.

유용한 영어표현 Words to Know

- **Alarm security system** : 누군가 집에 침입할 때 알려주는 보안 경보 시스템
- **Appraisal** : 물건의 가치를 전문적으로 감정·평가하는 것. 보험료를 책정할 때 전문 감정사를 통해 보석이나 가구의 가격을 진단받을 수 있습니다.

• **Deposit** : 서비스를 이용하기 전에 보증금으로 내는 돈

• **Extermination service** : 쥐나 해충을 박멸하는 구제 서비스

• **Flea market** : 테이블이나 텐트에 물건을 내어놓고 파는 벼룩시장. 골동품, 가구, 보석, 오디오나 비디오테이프, 재킷과 모자 같은 의류 등을 주로 팝니다.

• **Hardware store** : 가정에서 필요한 도구, 전구, 문 손잡이, 나무 선반 등을 파는 곳

• **Leash laws** : 애완동물을 묶어서 외출하도록 하는 규정

• **License tag** : 애완동물이 시에 등록되어 있음을 알려주는 금속 목걸이

• **Listed telephone number** : White page에 주소와 함께 등록한 전화번호

• **Neutering** : 번식할 수 없도록 애완동물을 거세하는 것

• **Recycling** : 재활용

• **Sewer** : 하수구

• **Smoke detector** : 집 안에 설치된 화재 경보기. 공기 중에 연기가 차면 경보를 울립니다.

• **Snow plowing** : 길과 집 앞 차로의 눈을 치우는 제설작업. 시에서 큰 도로변의 제설 작업은 담당하지만, 집 주변의 인도변과 차로는 개인이 직접 치워야 합니다.

• **Unlisted telephone number** : White page에 등록되지 않은 전화번호

• **Utilities** : 전기, 가스, 수도, 하수 서비스

20 통신 수단

Communications At Home

Answering machine: "You have reached the office of Henry Marvin. I'm either on the phone or away from my desk. Please leave your name, number, and a brief message. I'll get back to you as soon as possible."

자동 응답기 : "Henry Marvin의 사무실입니다. 현재 통화 중이거나 자리에 없습니다. 이름과 연락처, 간단한 메시지를 남겨주십시오. 가능한 빨리 연락 드리겠습니다."

Sophia (hears a long beep sound on the phone): Hello, this is Sophia Césare. I'm calling to confirm my interview with you for tomorrow, June 25th at 2 pm. If you have a problem with this date or time, please call me back to reschedule. I'll be in my office all day until 5 pm. My number is 710-9999.

소피아 (전화에서 삐 소리가 난 후) : 안녕하세요, Sophia Césare입니다. 내일 6월 25일 2시에 있는 면접 약속을 컨펌하려고 전화했습니다. 날짜나 시간을 조정해야 하면 다시 전화 주십시오. 오후 5시까지는 줄곧 사무실에 있을 예정입니다. 제 연락처는 710-9999입니다.

Note Sophia는 전화한 용건과 연락처, 전화를 원하는 시간을 메시지로 남깁니다.

통신 기술이 나날이 발전하면서 당신을 고객으로 삼고 싶어하는 회사가 많아집니다. 따라서 최고의 서비스를 고르는 것이 가끔은 어려운 일입니다.

일반 전화 사용하기 Home Phones

가정의 일반 전화는 생각보다 연결이 신속하고 통화 품질도 좋습니다. 미국 내에서 전화할 때는 휴대전화 등의 다른 전화기보다 가정의 일반 전화를 사용하는 것이 저렴합니다.

집에 통신 수단 설치하기
HOW TO SET UP YOUR HOME COMMUNICATIONS

1 **집에서 필요한 통신 수단을 파악합니다**
- 컴퓨터, 팩스, 자동 응답기 등의 통신 기기 선택
- 통신회선이 많은 가정이 다음과 같이 복수의 회선을 설치합니다.
    - 아이들용: 특히 10대 청소년을 자녀로 둔 가정은 전화를 오래 사용하므로 별도 회선을 설치합니다.
    - 통신 서비스별 회선: 예를 들어 전화와 컴퓨터를 별도로 사용하면 전화를 사용할 때도 동시에 인터넷을 이용할 수 있습니다.

Note DSL 서비스를 사용하면 전화와 인터넷을 동시에 사용할 수 있습니다.
새로 이사한 집에 원하는 회선이 없으면, 전화 회사에 연락해서 새 회선을 설치하는 비용을 확인합니다.

2 **원하는 옵션을 선택합니다.**

음성 사서함 서비스도 옵션입니다. 음성 사서함의 월 사용료를 확인하고, 자동 응답기를 사용하는 것이 더 나은지 비교한 후 결정합니다. 음성 사서함 서비스가 보통 더 비싸지만, 통화 중에도 음성 메시지를 남길 수 있다는 장점이 있습니다.

3 **무제한 통화 요금 플랜Unlimited plan과 통화당 요금 플랜per call plan 중 결정합니다.**

4 **이사할 주소지가 확정되는 대로 로컬 전화 회사에 연락합니다.**

미리 옵션 사항을 검토합니다. 질문이 있으면 서비스 신청시 문의합니다. 서비스를 중간에 취소하면 부과되는 cancellation fee가 저렴한지 확인합니다.

자세히 알아볼 시간이 없다면 우선은 'basic service'를 신청하고 나중에 옵션을 추가할 수 있습니다.

5 **장거리 전화를 신청합니다.**

이사할 무렵에는 장거리 전화 회사에 연락해야 합니다. 이사할 날짜가 한 달 이상 남았다면 장거리 전화 회사별로 자세히 내용을 조사해보고, 시간이 없다면 cancellation fee가 저렴하고 규모가 큰 장거리 전화 회사 서비스를 우선 신청합니다.

6 **인터넷 서비스를 신청합니다.**

우체국이나 약국, 기타 숍에서 AOL 같은 인터넷 서비스 접속 디스크를 구할 수 있습니다.

7 **전화기를 구입합니다.**

3자 통화, 발신자 ID, 재다이얼 등의 기능은 전화기마다 있는 것이 아니므로 가격을 비교, 조사합니다.

8 **국제 전화를 사용할 때 대비해서 각종 플랜을 알아봅니다.**

9 **시간이 될 때 이미 사용하고 있는 전화 서비스의 내용을 검토합니다.**

이 장의 '플랜 선택'에서 전화, 컴퓨터, 팩스 선택 방법을 확인할 수 있습니다.

로컬 서비스LOCAL SERVICES

가정의 일반 전화는 로컬 전화를 기본
으로 사용합니다. 매월 기본 요금 이외
에 음성 사서함, 통화 대기, 착신 전환
등의 일반적인 옵션 비용으로 3~7달러
가 추가 부과됩니다.

많이 사용하는 옵션은 번들로 묶어서
하나의 요금 체계로 청구하는데 이 경
우에는 가격이 더 저렴합니다.

- 월 정액제unlimited or flat rate를 이용하
  면 모든 로컬 전화 사용은 무료입니
  다. 대부분 월 정액제를 이용합니다.
- 통화당 요금제measured or message rate
  의 월 사용료는 월 정액제보다 저렴
  하지만, 전화를 많이 사용하면 실제
  내는 금액은 더 비쌉니다. 하루에
  2~3번 미만의 통화를 하는 경우에 적
  당한 플랜입니다.

❗ 알아둘 용어
- cramming(전화 요금에 부당한 요금을
  부과하는 경우)
- slamming(본인에게 문의하지도 않고 장거
  리 전화 회사를 바꾸는 경우). 장거리 전화
  는 본인이 선택하게 되어 있습니다.

부당한 요금은 우선 전화회사에 연락하
여 내용을 확인합니다. 만족스러운 해

결책을 찾을 수 없으면 FCC(연방통신협
회)라는 정부 기관에 연락합니다.

Tips White page 책자의 앞부분에
서 다음 정보를 확인할 수 있습니다.
- 지역 내의 전화 회사
- 전화 요금을 지불하는 방법
- 전화 서비스가 제대로 되지 않을 때
  연락할 곳

Tips 전화번호부 사용과 관련해서는
'통신 수단 설치하기 Getting Connect-
ed' 편을 참조합니다.

장거리 전화LONG DISTANCE

콜링 카드나 휴대전화를 주로 사용하더
라도 일반 전화로 걸 수 있는 장거리 서
비스를 신청합니다. 여러 서비스를 비
교해 구매합니다. 로컬 전화와는 별도
의 전화 서비스를 사용해도 좋습니다.

💲 집 이외의 호텔 등에서 장거리 전
화를 사용할 때 별도의 장거리 전화 서
비스를 사용할 수 있습니다. 미국 내 통
화시 분당 3~4센트를 부과하는 저렴한
서비스도 있습니다.

국제 전화 INTERNATIONAL

집에서든 외부에서든 국제전화용으로

다른 서비스를 사용하고 싶을 수도 있습니다. 분당 요금은 수신 국가에 따라 다릅니다. 여러 가지 경우의 요금표를 비교하여 구매합니다. 자주 방문하는 나라가 있다면 그곳에서 미국으로 전화할 때의 요금도 확인합니다. 본국으로거는 가장 저렴한 요금을 찾아보려면, 해당 국가의 이름과 '콜링 카드' 라는 키워드로 인터넷에서 검색할 수 있습니다. 또한 여행이나 비즈니스 잡지에서도 정보를 구할 수 있습니다.

💲 장거리 전화나 국제전화 서비스를 이용하는 것이 가게에서 구입하는 전화 카드를 사용할 때보다 저렴합니다. 요금은 신용카드나 일반 전화 요금을 지불할 때 함께 할 수 있습니다. 보통 시간 제한은 없으며, 전화 회사에 연락해서 신용카드로 요금을 추가 지불하고 사용할 수 있습니다. 주유소나 편의점에서 구입하는 전화 서비스보다 요금이 저렴합니다.

휴대전화 사용하기 Cellular Phones

개요 휴대전화 서비스는 나라마다 조금 다릅니다.

- 미국에서 사용하던 전화를 기타 국가에서 사용할 수 없거나, 본국에서 사용하던 전화를 미국에서 사용할 수 없는 경우가 대부분입니다.
- 건물 안이나 산 위에서 통화할 경우 수신율이 떨어집니다.
- 무선 전화 서비스에 따라 지역 가입 위주인 것이 있어서, 본인이 가입한 지역 근방에서는 요금이 저렴하지만 먼 지역으로 통화시에는 장거리 통화료를 지불하기도 합니다.

- 지역에 따라 무선 전화 서비스를 이용할 수 없는 곳이 있습니다.

💲 전화요금은 무료 통화 시간, 통화당 요금, 선택한 옵션에 따라 19.99달러부터 199.99달러까지 다양합니다. 수신에도 요금을 부과하는데, 발신보다 수신 요금이 저렴합니다.

로컬 멀리 떨어진 곳으로 여행하는 일이 거의 없다면 로컬 플랜을 사용합니다. 로컬 플랜은 지역 내 통화는 저렴하게, 장거리 전화는 비싸게 요금을 부과하는 플랜입니다.

장거리 전화 장거리 전화 회사는 대부분 네트워크 내의 지역에 대해 단일 요금을 부과하는 플랜을 제공합니다. 즉 특정 네트워크에 포함된 지역에 대해서는 어느 곳에 전화하든지 장거리 요금을 내지 않습니다. 미국 내에서 자주 여행을 한다면 방문하는 지역이 포함된 플랜인지 확인합니다.

국제 전화 국제 전화 서비스를 제공하는 휴대전화 서비스는 한정되어 있습니다. 보통 국내 전화만 서비스하는 것보다는 비싸게 월 요금을 부과합니다.

 해외로 나갈 때 휴대전화가 필요하다면 방문하는 국가에서 사용할 수 있는 전화를 임대합니다. 미국 로컬 전화번호를 사용하는 임대전화를 사용하면 다른 사람이 전화를 걸 때 편리합니다.

다음의 경우엔 콜링 카드를 사용합니다.

- 공중전화나 친구 집 등 내 집이 아닌 외부에서 시외 전화를 사용할 때
- 자신의 집에서 전화하더라도 모든 국제 전화는 콜링 카드를 사용할 수 있습니다.

 로컬 전화 회사를 통해 각종 요금제의 플랜을 알아봅니다.

컴퓨터 사용하기 Computers

개요 OVERVIEW

컴퓨터는 전자상이나 사무기기 용품점, 카탈로그, 인터넷 쇼핑 등을 통해 구입할 수 있습니다. 가격이 천차만별이므로 비교 구매하거나 특별 세일 기간을 기다립니다. 도서관이나 사무용품점, 프린트 숍에서 시간당 금액을 내고 컴퓨터를 사용할 수 있습니다. 가까운 도서관에서 무료로 컴퓨터를 사용할 수 있지만 대부분 시간 제한이 있습니다. 구입한 컴퓨터를 설치하는 방법은 '통신수단 설치하기 Getting Connected' 편을 참조합니다.

💲 보통 컴퓨터 가격은 대형 모니터, 프린터, 기본 소프트웨어를 포함해서 500~1,500달러 선입니다. 56K 정도의

모뎀을 기본으로 포함한 컴퓨터도 있습
니다.

인터넷 서비스 INTERNET SERVICE PROVIDER(ISP)

💲 일정한 월 사용료에 추가로 인터
넷을 사용하는 분마다 요금을 부과하는
플랜도 있고, 고정적인 월 사용료를 내
고 무제한으로 인터넷을 사용하는 플랜
도 있습니다.

`Tips` 많은 사람이 무료 이메일 계정
을 사용합니다. 무료 이메일 서비스는
신뢰할 수 있고 편리하지만, 송수신하
는 첨부 파일의 용량이 제한적이라는
단점이 있습니다.

인터넷을 통해 어떤 ISP 서비스가 좋은
지 팁을 구할 수 있습니다. 주로 확인해
야 할 사항입니다.

로컬 엑세스 인터넷에 접속할 때마다
장거리 통신 요금을 내지 않도록 합니
다. ISP 업체에서 제공하는 접속 전화번

호 리스트를 확인합니다. 여행 중 필요
한 800 번호도 체크합니다.

기술 지원 기술적인 문제가 생겼을 때
기술 지원이 언제든지 가능한지 확인합
니다.

소프트웨어 ISP는 대부분 다음 서비스
를 기본으로 지원합니다.
• 이메일: 주로 사용하는 언어를 지원
  하는지 확인합니다.
• 웹 브라우저

스피드 스피드가 중요하다면 DSL 같은
고속 인터넷을 신청합니다. 하루 중 사
용량이 많은 특정 시간에는 사용이 어
려울 수도 있습니다. 이미 해당 서비스
를 사용해본 사람에게 하루 중 특정 시
기에 인터넷을 사용하는 데 어려움이
있었는지 물어보는 것도 좋겠습니다.

시험 사용 가능하면 무료로 시험 사용
해보는 '트라이얼' 기간이 있는 ISP를
찾아봅니다.

팩스 사용하기 Fax Machines

팩스는 은행이나 회계사, 투자 은행 같은 곳으로 보내는 비즈니스 메시지나, 해외에 가족이 있는 경우 메시지를 주고받을 때 유용합니다. 많은 국제 은행이 송금시 팩스로 전달된 서명을 인정합니다. 팩스는 문서를 복사할 때도 유용합니다.

팩스 기기는 오피스 용품점이나 전자 제품점, 카탈로그, 인터넷 쇼핑으로 구입할 수 있습니다. 모뎀과 특정 소프트웨어를 갖춘 컴퓨터로도 팩스 송수신이 가능해서, 많은 내용을 주고받는 것이 아니라면 저렴하게 사용할 수 있습니다.

💲 보통 팩스 기기는 99~300달러가량 합니다.

일반적인 기능입니다.

- 다용도 인쇄: 많은 팩스 기기가 컴퓨터 프린터로도 사용할 수 있습니다. 즉 워드 프로그램 등을 사용할 때 팩스 기기로 인쇄가 가능합니다.
- 기본 용지 인쇄: 일반적인 용지로 메시지를 인쇄합니다. 열전도 팩스 용지는 읽거나 사용하기 복잡합니다.
- 착신 전환: 여행 중일 때 팩스로 들어오는 모든 내용을 여행 중인 장소의 기기로 자동으로 보내도록 전환해놓을 수 있습니다.
- 재다이얼: 팩스를 보내려고 하는 수신 번호가 사용 중이거나 고장일 때 일정한 간격으로 계속 발신을 시도하는 기능입니다.
- 메시지 보관: 팩스 기기에 용지가 떨어졌을 때 유용한 기능입니다. 들어오는 메시지를 보관했다가 나중에 용지가 채워지면 인쇄합니다.

플랜 선택하기 CHOOSING A PLAN

다음은 플랜 선택시 고려할 사항입니다. 옵션과 기본 기능 지난 3~6개월 동안의 전화 통화료를 검토해봅니다. 어떤 곳에 주로 통화를 했는지, 하루 중 언제 주로 전화를 사용하는지, 통화량이 많은지 별로 없는지, 이런 질문을 토대로 가장 적절한 옵션을 선택합니다.

Tips 필요에 맞는 플랜을 선택하도록 도움을 주는 인터넷 사이트도 있습니다(부록 B '각 장의 정보' 편 참조).

사용료 월 사용료와 자주 통화하는 지역에 거는 분당 요금을 비교합니다. 로컬 플랜 중에도 포함하는 로컬 지역의 범위가 넓어서 추가 요금 없이 여러 곳에 전화할 수 있는 것도 있습니다.

Tips 장거리 통화료는 주중 어느날 거는지, 하루 중 어느 시간대에 거는지에 따라 달라질 수 있습니다.

추가 요금이나 세금 각 플랜에 따라 추가 요금이나 세금이 어느 정도 차이 나는지 비교해봅니다.

할인 번들링, 즉 여러 서비스를 같은 회사에서 한 번에 구입할 때는 할인 혜택이 있습니다. 예를 들어 Verizon이나 AT&T, AOL 같은 회사에서 인터넷 서비스와 장거리 전화 서비스를 같이 구입하면 할인을 받을 수 있습니다. 부부처럼 두 명 이상이 함께 같은 휴대전화 서비스를 이용하면 할인해주는 경우도 있습니다.

외국어 많은 전화 회사가 스페인어나 기타 외국어를 사용하는 직원을 두기 때문에 필요한 외국어 서비스를 받을 수 있습니다.

서비스 품질 가능하면 휴대전화나 인터넷을 사용하는 고객의 만족도가 높은지 알아봅니다.

추가 혜택 예를 들어 마일리지 제도 같은 것이 있는지 알아봅니다.

Billing increment 기본 통화료를 계산하는 시간 단위입니다. 콜링 카드나 휴대전화를 사용할 때, 특히 장거리에 짧은 통화를 자주 할 때는 매우 중요한 개념입니다. Billing increment가 짧을수록 통화료가 적게 나옵니다.

Tips 전화 회사의 할인 정책은 자주 변해서 심지어는 매월 변하기도 합니다. 정착 후 몇 달 지내다 보면 여러 전화 회사에서 할인 정책을 선전하러 전화할지 모릅니다. 관심이 있으면 들어보고, 바쁘면 "I'm not interested(관심 없습니다)" 하고 끊으면 됩니다.

❗ 주의할 사항입니다.

• Information 양식이나 contest 양식에 서명할 때, 전화 회사에게 당신의 로컬 전화나 장거리 전화 서비스를 임의로 변경해도 좋다는 위임을 하는 것인지 확인합니다.

• 지나친 할인: 어떤 회사는 가장 요금이 센 유명 회사 요금과 비교하여 할인해주기도 합니다.

• 월 사용료나 통화당 요금에 감추어진 요금

• 가입 초기에만 해당되는 사항: 어떤

플랜은 할인 요금이 제한적인 시간 동안만일 수도 있습니다.

• 가입 취소시 요금: 서비스를 변경하고 싶을 때 기존 서비스를 자유롭게 취소할 수 있는지 확인합니다. 서비스 변경시 부과되는 cancellation fee 가 있는지 확인합니다.

유용한 영어표현 Words to Know

일반 GENERAL

• **Access number** : 서비스 사용을 위해 접속하는 전화번호. 보통 무료입니다.

• **Answering machine** : 전화를 받을 수 없을 때 대신 메시지를 받아놓는 자동 응답기

• **Billing increments** : 기본 통화 요금을 계산하는 시간 단위. 예를 들어 1-minute increment라 함은 30초만 통화해도 1분에 대한 요금을 지불하는 것입니다. 일반적인 billing increment는 3분, 1분, 30초, 6초 등이 있습니다.

• **Calling card** : 로컬, 장거리, 국제 전화시 사용할 수 있는 전화 카드. 보통 무료로 특정 번호에 전화를 걸어서 자신의 어카운트를 확인할 코드 번호를 입력하게 되어 있습니다.

• **Cancellation fee** : ‘Termination fee’ 참조

• **Carrier** : AT&T, Nextel, Sprint, WorldCom, Verizon처럼 통신 서비스를 제공하는 회사

• **Cellular phone**(cell phone) : 휴대전화

• **Communication plan** : 전화, 이메일, 인터넷 서비스 등의 종류에 관한 플랜

• **Conference call** : 3자 이상의 동시 통화

• **Connection fee** : 서비스 접속 요금

• **Flat rate** : 월 정액제. 기본 서비스에 내는 돈은 매월 같아서 추가 비용 없이 무한정 로컬 통화가 가능합니다.

• **Hold** : 통화 중 대기. 상대방이 전화를 끊지 않고 기다리도록 하고 다른 사람과 잠깐 통화할 수 있습니다.

• **Land-based phone** : 가정이나 사무

실, 빌딩 등에 설치된 전화선을 이용하는 전화. 즉 이동 중에 사용하는 휴대전화 등과 상반되는 개념입니다.

- **Measured rate** : 매월 한정된 로컬 통화를 무료로 하고, 이를 초과하는 통화에 대해서는 통화당 추가 요금을 지불합니다.
- **Mobile phone** : 'Cellular phone' 참조
- **Per-call service** : 'Measured rate' 참조
- **Personal code**(for phone or Internet service) : 개인 고유의 어카운트를 확인해주는 코드나 숫자. 전화 요금은 코드가 확인해준 해당 어카운트로 부과됩니다.
- **Phone card** : 'Calling card' 참조
- **Pre-paid calling card** : 통화량이 미리 정해져 있는 콜링 카드. 카드를 구입할 때 이미 전화할 수 있는 서비스를 구입하는 것입니다.
- **Roaming charges** : 현재 전화 회사가 서비스하는 지역 이외의 곳에 통화하면 부과되는 요금. Roaming charge는 통화 분당 요금이 장거리 통화료에 추가되어 부과되기도 합니다.
- **Service provider** : 전화나 인터넷 서비스를 제공하는 회사
- **Standard calling card** : 매월 신용카드나 전화 회사를 통해 요금을 청구하는 일반적인 콜링 카드. 통화량이 한정되어 있지 않습니다.
- **Surcharge** : 서비스 기본 단위나 분당 요금 이외에 추가 부과되는 요금
- **Termination fee** : 계약상 정해진 기간 이내에 서비스를 취소하거나 정지할 때 내는 돈
- **Thermal fax paper** : 일반 용지 외에 팩스를 수신할 때만 사용하는 용지. Thermal paper를 사용하는 팩스 기기는 읽고 다루기가 복잡합니다.
- **Unlimited rate** : 'Flat rate' 참조
- **Voltage converter** : US 볼트를 사용하는 기기의 볼트에 맞게 전환하는 변압기기
- **White Pages** : 인명이 수록된 전화번호부
- **Yellow Pages** : 비즈니스 명단과 광고가 수록된 전화번호부

통화 종류 KIND OF CALLS

- **'800' numbers** : 무료 통화. 장거리 요금을 내지 않으며 지역 코드가 '8'로 시작하는 번호
- **'900' numbers** : 분당 때로는 4달러 이상의 요금이 부과되는 전화. 지역 코드가 '9'로 시작하는 번호

- **Access number or code** : 장거리 전화나 인터넷을 사용하기 위해 접속하는 전화번호. 개인에게 부과된 고유 코드로 접속한 통화 요금은 자신의 어카운트로 청구됩니다. 보통 접속 번호로 거는 통화는 무료입니다.
- **Domestic** : 미국 내의 국내 전화
- **Incoming** : 걸려오는 전화
- **Local** : 거주 지역 내의 무료 통화. 장거리 요금을 내지 않는 통화
- **Local toll**(calls) : 'IntraLATA' 참조
- **IntraLATA** : 로컬 지역은 아니지만 장거리 통화보다는 가까운 지역에 한 통화. 보통 15~30마일 이내의 지역에 한 통화로 약간의 추가 요금을 내게 됩니다.
- **Long-distance** : 지역 내 무료 통화가 아닌 장거리 통화. 가정이나 휴대전화로 사용할 수 있는 장거리 전화 플랜을 확인해야 합니다.
- **Outgoing** : 다른 사람에게 거는 전화
- **Toll-free numbers** : 장거리 요금을 내지 않고 거는 전화번호. 보통 '800'으로 시작하는 전화번호. '900'으로 시작하는 번호는 무료가 아니므로 전화 요금을 확인한 후에 사용하는 것이 좋습니다.

옵션과 기본 기능 OPTION & FEATURES

다음 옵션은 별도 표기가 없으면 가정의 일반 전화와 휴대전화에 모두 해당되는 사항입니다. * 표기된 옵션은 특정 전화기기가 필요한 옵션입니다.

- **Answer Call** : 'Voice mail' 참조
- **Call Waiting** : 이미 통화 중일 때 걸려오는 다른 전화를 받을 수 있는 통화 대기 기능. 먼저 'hold'를 눌러 이미 통화 중인 상대방을 대기시키고 다른 통화를 할 수 있습니다.
- **Call Forwarding** : 착신 전환. 걸려오는 전화를 자동 응답기나 사무실 등으로 돌려서 수신할 수 있습니다.
- ***3-way Calling** : 3명 이상이 두 개의 전화선에서 동시에 통화할 수 있습니다.
- ***Caller ID** : 걸려오는 전화번호를 보여주는 기능
- ***Cordless**(portable) **Phone** : 일반 전화의 옵션으로 수화기 코드가 없는 무선 전화기
- **Digital Subscriber Line**(DSL) : 인터넷에 직접 접속하는 고속 서비스. DSL을 설치하면 전화를 사용하는 동시에 인터넷도 사용할 수 있습니다.
- ***E-mail access** : 휴대전화로 이메일

메시지를 송수신하는 옵션

- **Foreign language** : 휴대전화와 장거리 전화 중엔 외국어 서비스를 지원하는 경우도 있습니다. 스페인어는 가장 널리 지원되는 외국어입니다.
- ***Headset plug-ins** : 마이크와 이어폰 세트. 헤드셋은 상대방의 음성을 이어폰으로 보내고 마이크에 대고 말할 수 있습니다. 다른 사람이 통화 내용을 듣지 않기를 바란다면 이 옵션을 선택하는 것이 좋습니다.
- ***Internet access** : 휴대전화로 인터넷을 사용할 수 있는 옵션
- ***Multiple lines** : 한 개의 전화기로 여러 전화번호를 사용할 수 있는 옵션
- ***Redial** : 마지막 통화한 전화번호로 바로 연결하는 재다이얼 기능
- ***Speaker phone** : 스피커 폰. 수화기를 들 필요없이 상대방의 음성을 전달하는 기기. 스피커 폰은 통화 연결이 바로 되기 어려운 병원, 극장, 큰 단체에 전화할 때 유용합니다.
- ***Speed dialing** : 전화기에 전화번호를 저장해놓는 단축 다이얼 기능. 저장해놓은 번호에 통화하려면 버튼 하나만 누르면 됩니다.
- **Voice Mail** : 전화를 받을 수 없을 때 전화한 사람에게 메시지를 들려주는 기능. 보통 자신의 메시지를 녹음해놓을 수 있습니다. 통화 중일 때도 메시지를 남기도록 할 수 있지만 추가 비용이 들기도 합니다.

21 보험 가입하기
INSURANCE YOU NEED

 의료보험 MEDICAL 

Medical : 의사 상담, 랩 테스트, 입원, 수술, 앰뷸런스 이용, 진료 (약물, 치료)*
Dental : 치과 방문, x-ray, 충치 치료, 구강 수술
Medical evacuation* : 아파서 학업이나 생업을 계속할 수 없을 때 본국으로 이송하는 것
Repatriation of mortal remains* : 죽은 후 유골을 본국으로 송환하는 것

 주택과 재산 보험 HOME AND PROPERTY 

Personal property : 가구나 전자기기, 보석 등의 재산이 도난, 훼손되었을 때 배상
Liability : 자신의 재산이나 집에서 타인이 상해를 입었을 때 드는 의료비
Your home (주택을 소유한 경우에만) : 주택 수리, 즉 집 건물과 정원 등의 수리에 드는 보험으로 주택 훼손시 해당 값어치만큼 보험회사한테 보상받습니다.

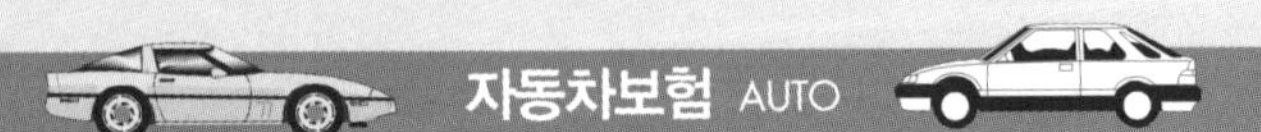 자동차보험 AUTO

Collision : 차량이 훼손되었을 때 수리, 차량이 완전히 망가졌을 때 가격만큼 배상
Liability** : 당신이 운전하는 차량이 사람을 다치게 했을 때
Comprehensive : 운전 중이지 않을 때 차량이 손상된 경우 수리나 그에 해당하는 배상

* 미국 정부에서 특정 비자 소지자에게 요구합니다.
** 대부분의 주에서 운전자에게 요구합니다.

Note 이 장은 주요한 보험 종류에 대해서만 설명합니다. 다른 종류의 보험도 필요한지 보험 대리인에게 문의합니다. 또한 여기에 설명된 모든 보험에 다 가입할 필요는 없습니다. 예를 들어 오래된 차량은 추돌보험collision에 가입할 필요가 없습니다. 보험 대리인에게 문의합니다.

개요 Overview

왜 보험이 필요한가 WHY YOU NEED IT

미국에 있는 동안 다음의 경우에 보험이 필요할 수 있습니다.

- 아프거나 상해를 입었을 때
- 다른 사람을 아프게 하거나 상해를 입혔을 때
- 소유한 재산이 분실되거나 손상되었을 때
- 다른 사람의 재산을 손상시켰을 때

Note 직장에서 상해를 입었을 때는 아마도 회사에서 가입한 보험이 의료비를 커버할 것입니다. 다쳤을 때는 바로 회사에 알립니다.

보험은 어떻게 운영되는가 HOW THE SYSTEM WORKS

보험에 가입하면 정기적으로 보험료를 지불합니다.

- 매월 monthly
- 분기마다 quarterly
- 반년마다 semi-annually
- 매년 annually

보험회사에서는 가입자가 낸 보험료를 하나의 'pool'로 모아놓습니다. 보험이 커버해야 할 경비가 발생하면 회사에 보험 청구를 합니다(claim). 즉 본인이나 담당 의사가 보험회사에 청구서를 보냅니다. 회사에서는 'pool'에 있는 자금에서 해당 비용을 지불합니다.

❗ 제때 보험료를 납부하지 않으면 보험이 자동 해지될 수도 있습니다.

보험회사 선택하기 CHOOSING A COMPANY

보험 대리인 다음과 같은 보험 중개인을 선택합니다.

- 미국에 새로 정착하는 사람들에 대한 경험이 많은 사람
- 여러 가지 다른 보험을 충분히 설명해주는 사람
- 필요 이상의 보험 가입을 권유하지 않는 사람. 얼마나 가입하는 게 적당할지 여러 중개인을 만나보는 것도 좋습니다.

Tips 어떤 보험 대리인은 한 회사 일만 해서 그 회사에서 제공하는 최적의 플랜을 골라줍니다. 4~5개의 회사 보험을 판매하는 대리인을 이용하면 선택의

폭이 넓습니다.
여러 회사의 보험 플랜을 비교하려면 인터넷에서 보험 웹사이트를 찾아봅니다.

평판 사람들에게 현재 가입한 보험회사에 대해 물어봅니다. 현재 가입한 보험에 만족하는지, 청구했을 때 보험회사에서 지불하는 데 문제는 없었는지 물어봅니다.

재정 평가 보험회사가 도산하면 보험을 커버받지 못합니다. 회사의 재정 상태를 알려면 대리인에게 A.M.Best 신용평가나 Weiss 신용평가 점수를 물어봅니다. 최고 점수를 받은 회사의 보험에 가입합니다. B이하의 평가를 받은 회사는 이용하지 않습니다.

$ 같은 회사에서 여러 건의 보험에 가입하면 할인을 받을 수도 있습니다. 일반적으로 보험료는 다음에 따라 달라집니다.
- 보험의 종류
- 가입할 수 있는 최대 금액. 예로 한 건의 의료비에 대해 5만 달러가 한도인 보험은, 2만 5,000달러가 최대 한도인 보험보다 보험료가 비쌉니다.
- 공제 금액deductible
- 가입자의 성별과 나이

- 사는 지역. 범죄율이 낮은 지역에 산다면 주택 보험이나 차량 보험료도 낮아집니다.

돈 절약하기 LOWERING THE PREMIUM

보험료 비슷한 커버리지의 보험끼리 보험료가 얼마나 차이나는지 비교합니다.
Tips 여러 회사의 보험을 다루는 보험 대리인을 통해 가입하면 선택의 폭이 넓습니다.

높은 공제금액 공제 금액이 높은 보험이 보험료는 적게 듭니다. 대신 청구할 일이 생기면 당신이 부담해야 할 금액이 많습니다.

할인 다음과 같은 경우에는 보험료를 할인받을 수도 있습니다.
- 주택이나 차량에 안전 장치를 설치했을 때. 안전장치에는 다음과 같은 것이 있습니다.
  - 침입 경보
  - 주택에 추가로 설치한 화재 경보기
  - 차량의 에어백
  - 운전대나 타이어의 잠금 장치
- 개인적인 습관. 비흡연자는 의료보험료를 덜 낼 수 있습니다.

의료보험 Medical

개요 OVERVIEW

💲 정부에서 국민의 의료보험을 지원하는 국가가 많은 데 반해, 미국은 개인이 직접 의료보험을 관리합니다. 미국에서 의료 비용은 상당히 비쌉니다. 하룻밤 입원비가 보통 1,000달러 이상 합니다.

상해와 질병 미국에 단기 방문한다면 본국의 의료보험을 사용할 수 있습니다.

보험회사는 보험국Department of Insurance에서 해당 주에서 영업할 수 있는 허가를 받아야 합니다. 많은 주에서 보험국을 통해 무료, 또는 저렴한 비용으로 정보를 제공합니다. 예로 캘리포니아 주의 보험국은 다음과 같은 정보를 제공합니다.

- 각 보험회사의 재정 평가
- 보험 종류에 따른 보험료. 각 보험회사의 가격을 비교하여 가입할 수 있습니다.
- 각 지역에 따른 보험료
- 해당 회사에 대한 불만 접수 건수

전화번호부의 해당 주 정부란에서 ‘Insurance’ 아래 연락처를 찾을 수 있습니다.

- 특별히 여행자 보험에 가입할 수 있습니다. 몇 개월 이상 체류 예정이라면 추가로 보험이 더 필요할 수 있습니다.

대부분의 미국 회사는 의료보험을 지원합니다. 특별히 잦은 진료와 약물이 필요한 상태라면, 가입한 보험으로 필요한 진료와 약물이 커버되는지 확인합니다.

미 정부의 요구사항 ‘J’ 비자나 ‘F’ 비자를 받으려면 최소한 5만 달러를 배상받을 수 있는 보험에 가입해야 합니다. 이 보험이 커버하는 내용입니다.

- 상해와 질병
- 진료를 위해 본국으로 이송 또는 귀환
- 죽었을 때 본국으로 유골 송환

이 최소 조건은 미국에 새로 정착하는 사람들에게도 좋은 가이드라인입니다.

치과 보험 일반 의료보험에 추가로 치

과 보험을 들기도 합니다. 치과 보험은
다음을 포함합니다.

- 일반적인 치료(치석 제거, 엑스레이, 충
  치 치료)
- 비상 진료
- 구강 수술
- 치열 교정

❗ 의료보험 카드는 항상 지니고 다
닙니다. 외출 중일 때 사고를 당하거나
진료를 받으려면 의료보험 카드가 있어
야 합니다. 여행 중일 때 병원에 가야
할 상황이 발생하면, 우선 보험회사로
연락해서 특정 병원이나 클리닉을 이용
해야 하는지 문의합니다. 정말 긴급한
상황이라면 어느 병원이라도 가십시오.
긴급 처치emergency care에 대해서는 아
마 어디로 가든 보험회사에서 비용을
커버할 것입니다.

어디에 가입할까WHERE TO GO

그룹 플랜 다음과 같은 조직이나 기관
을 통해 자신과 가족의 그룹 보험에 가
입할 수 있습니다.

- 자신을 고용한 회사
- 학생이나 교수라면 소속된 대학
- 특정 프로페셔널 협회의 일원이라면
  해당 조직

그룹 플랜은 보통 다음과 같은 이유 때
문에 유리합니다.

- 비용이 적게 듭니다.
- 과거 병력pre-existing condition이 있더라
  도 더 쉽게 보험에 가입됩니다.

개별 플랜 영주권자나 시민권자, 적어
도 6개월 이상 체류한 사람이 아니면,
보험회사에서는 개별 커버리지를 잘 제
공하지 않습니다.

💲 건강보험의 가격은 경우에 따라
다릅니다. 회사원이라면 소속된 회사에
서 비용의 일부를 지원할 것입니다.
건강보험의 가격은 다음에 따라 차이가
납니다.

- 보험의 종류
- 커버리지의 종류. 즉 어느 부분까지
  보험회사에서 지불해주는지
- 성별
- 연령
- 건강 상태

보험의 커버리지WHAT IT PAYS FOR

기본 커버리지 다음과 같이 질병이나 사
고로 발생하는 경우는 기본으로 포함합
니다.

- 의사 상담
- 입원
- 랩 테스트

• 수술

❗ 많은 보험이 1회의 사고나 질병에 대한 지불 금액의 최대 액수를 제한합니다. 최대 보장 금액이 본인의 질병을 커버할 정도인지 확인합니다. 만약 보장하는 액수가 의료 비용을 커버할 만큼 충분하지 않으면 직접 의료 비용을 지불해야 합니다. 또한 보험 가입 이전에 이미 있는 병력pre-existing condition에 대해서는 커버받지 못하기도 합니다.

대부분의 플랜이 개인이 1년에 의료비로 지불하는 금액에 상한선이 있습니다. 따라서 의료 비용이 그 액수를 넘어가면 보험회사에서 100% 커버합니다.

기타 혜택 일부 보험 플랜은 다음 비용을 지원하기도 합니다.

• 정기적인 건강 검진
• 처방전 약
• 임신 중 진료
• 안경

제한 의료보험이 커버하지 않는 부분이 어떤 것인지 확인합니다. 예를 들어 다음 사항을 보험이 커버하는지 문의합니다.

• 당장 필요한 진료: 많은 의료보험 규정이 특정 기간을 기다리도록 합니다.
• 사는 지역 외에서 발생한 진료
• 특정 종류의 진료: 침술, 정신과 치료, 물리 치료 등
• 과거 병력: 예로 과거에 심장마비를 겪은 적이 있다면 또 발작이 생길 때 보험에서 커버하는지 확인합니다.

❗ 보험료 외에 다음과 같은 비용이 들어갑니다.

• Deductible: Deductible은 경우에 따라 다르지만 1년에 1인당 100~500달러 이상 합니다.
• Co-payment: 보험을 사용할 때마다 개인이 함께 부담하는 특정 금액. 예로, 의사를 방문할 때마다 또는 처방약을 구입할 때마다 일정 금액을 개인이 부담합니다.

의료보험의 종류 TYPES OF PLANS

Indemnity Indemnity 플랜은 본인의 의사를 직접 고르고 보험회사에서 비용의 일부를 부담합니다. 의사는 의료보험회사나 HMO(Health Maintenance Organization)에 소속되어 있지 않습니다. Indemnity의 장점 두 가지입니다.

• 원하는 의사를 선택할 수 있습니다.
• 전문의specialist를 만나기 전에 주치의primary doctor를 먼저 만날 필요가 없습니다.

단점 두 가지입니다.

• Indemnity 플랜은 보통 managed care

나 HMO보다 돈이 더 듭니다. 조직이
나 회사에서는 비용이 비싸기 때문에
이 보험을 잘 제공하지 않습니다.
- 의사를 방문할 때 개인이 돈을 내고
  후에 보험회사한테 돌려받습니다.

**Managed care 또는 Preferred Provider
Option (PPO)** Managed care나 PPO에
가입하면, 해당 보험으로 가능한 의사
명단 중 원하는 의사를 고를 수 있습니
다. 이 의사들은 보험회사나 건강관리
회사를 위해 일하는 것이 아니라 독립
적입니다. HMO의 경우 의사는 의료보
험회사에 소속되어 있습니다.

Note 대부분의 플랜에서 보험회사의
네트워크에 소속되지 않은 의사 명단도
볼 수 있습니다. 이들을 방문하려면 추
가로 돈을 내야 합니다.
또한 대부분의 플랜이 우선 주치의pri-
mary-care doctor를 만나도록 되어 있습니
다. 전문의를 만나려면 주치의의 승인
과 추천을 받아야 합니다. 예를 들어 당
신이 허리가 아프다면 주치의가 우선
본 후에 정형외과 의사나 외과 의사에
게 보냅니다. 의사의 허락 없이 정형외
과를 임의로 찾게 되면 보험회사에서
비용을 지불하지 않습니다. 주치의 상
담 없이 바로 전문의를 찾을 수 있는 플

랜도 있습니다.

다음을 확인합니다.
- 명단에서 누가 주치의이고 누가 치과
  의사인가? 의사 사무실은 어디에 있
  는가? 아는 사람 중에 이 의사를 경험
  해서 추천하는 사람이 있는가? 이 의
  사가 당신이 필요한 진료를 해줄 수
  있는 사람인가?
- 주치의의 허락 없이 볼 수 있는 전문
  의가 있는가?
- 전문의는 누가 있는가? 명단에 없는
  전문의도 만날 수 있는가? 명단에 없
  는 주치의를 만나려면 추가 비용은
  얼마나 드는가?
- 어떤 병원을 이용할 것인가? 병원이
  가까운가? 평판이 괜찮은 병원인가?

$ 보험료 외에 co-payment를 낼 수
있습니다. 즉 의사를 방문하거나 약을
구입할 때마다 10달러나 15달러 정도를
개인이 부담하는 것입니다.
**Health Maintenance Organization
(HMO)** HMO도 PPO처럼 보험으로 커
버되는 의사 명단을 가지고 있습니다.
의사는 보통 의료보험회사에 소속된 사
람입니다. 대개 전문의를 처음 방문하
기 전에 우선 주치의부터 만나야 합니
다. 이용할 의사나 병원에 대해서 PPO

와 마찬가지 질문을 던져봅니다.

HMO의 장점은 가격입니다. 보통 회사나 개인이 부담할 비용이 훨씬 저렴합니다. 단점은 다음과 같습니다.

- 방문할 때마다 계속 같은 의사를 만나지 못할 수도 있습니다.
- 개업의보다 환자에게 시간을 덜 투자할 수도 있습니다. 다른 환자들에게 물어봅니다.

❓ 내가 가입한 보험으로 좋은 진료를 받지 못할 때는 어떻게 합니까?

제대로 된 진료를 받지 못했다면 해당 보험회사에 항의합니다. 불만 사항을 간단한 레터로 작성합니다. 회사에 전화해서 어디에 불만 사항을 보낼 수 있는지 문의합니다. Return receipt을 선택하여 certified mail로 보내면 우편이 제대로 접수되었는지 확인할 수 있습니다.

❓ 13세 아들이 학교에서 의료보험 가입 양식을 가져왔습니다. 추가로 보험에 가입해야 할까요?

이미 가족이 가입한 보험이 있다면 별도로 보험에 가입할 필요는 없습니다. 하지만 아들이 상해를 입을 수 있는 풋볼 같은 활동에 정기적으로 참여한다면 아들을 위해 추가 보험이 필요할 수는 있습니다.

❓ 딸이 대학에 입학하는데 딸을 위해 추가로 보험을 들어야 할까요?

이미 가입한 보험에서 아마도 다음의 경우는 커버할 것입니다.

- 18~23세
- 풀 타임 학생

만약 현재 가입한 보험이 자녀를 커버하지 않으면 다음보험을 구입합니다.

- 대학에서 제공하는 보험
- 가족 보험에 추가 보험

주택과 재산 Home and Property

세입자 보험 RENTERS INSURANCE

Renters insurance는 자산과 책임 보험을 모두 포함합니다.

자산 보험 Personal property 자산 보험은 집안의 중요한 물건이 훼손되거나 분실되었을 때 보상합니다. 또한 임대한 집이 훼손되어 다른 살 곳을 찾아야 할 때, 그 비용도 지불합니다.

이 보험에 가입하기 전에

- 보석, 모피, 양탄자, 예술품, 컴퓨터, 골동 가구 등 귀중품 리스트를 만들어 놓습니다.
- 각 품목에 대해 문서로 된 감정 평가를 받아놓습니다.
- 카메라나 컴퓨터, 텔레비전, 스테레오 등의 시리얼 번호를 적어놓습니다.
- 시리얼 번호가 적힌 귀중품 목록을 보험 중개인에게 줍니다.

집 외부에서 훼손되거나 분실된 것을 보상하는 경우도 있습니다.

- 다이아몬드 반지를 분실했거나
- 여행 중 컴퓨터를 훼손했거나
- 호텔에서 지갑을 도둑맞았을 때

해당 비용을 보상해주기도 합니다.

새로 정착하는 사람이 renters insurance에 가입하려면 연간 150~200달러 정도 듭니다. 다음의 경우에는 이 보험

Replacement value와 depreciated value의 차이를 이해합니다. 예를 들어, 5년 전에 500달러를 주고 소파를 구입했다고 하면 그 정도 소파를 다시 구입하려면 600달러 정도가 들 것입니다. 보험이 replacement value를 커버한다면 600달러를 보상받게 됩니다.

반면, 소파를 구입한 후로 시간이 흘렀기 때문에 depreciated value는 더 낮아집니다. 아마 200달러쯤 할 수도 있겠지요. 이럴 경우 보험이 depreciated value만 보상한다면 200달러만 보상받게 되는 것입니다.

에 가입할 필요가 없습니다.

- 귀중품이 없는 경우
- 단기로 체류하고 본국에서 비슷한 보험에 가입한 경우

책임 보험 당신 집에서 방문객이 다쳤다면 법적으로 책임이 있을 수도 있습니다. 예로 다음과 같은 경우 당신의 책임이 될 수 있습니다.

- 집 앞 계단이나 집 안에서 누군가 미끄러져 다쳤을 때
- 집의 개가 이웃을 물었을 때

세입자라 할지라도 미국 법에 따라 이런 상해는 당신이 의료비를 배상해야 합니다. 책임 보험은 당신에게 책임이 있는 법적 비용이나 의료 비용을 지불합니다.

집 소유주의 보험 HOMEOWNERS INSURANCE

집을 소유하고 있다면 다음에 대한 보험이 필요합니다.

- 개인 재산
- 책임 보험
- 건물 자체에 대한 보험. 주택이 훼손되었을 때 보험이 커버합니다. 지진이나 홍수, 허리케인, 토네이도처럼 지역의 특별한 문제에 대해서는 별도의 보험을 들어야 합니다.

차량 보험 Auto

개요 OVERVIEW

❗ 자신이 운전하는 차량을 소유하거나 임대할 경우 차량 보험을 들도록 법으로 규정되어 있습니다. 차량을 소유하고 있으면 책임 보험으로 당신과 당신 차를 정기적으로 운전하는 타인을 커버해야 합니다.

차량을 임대한다면 임대 회사에서 보험을 구입하기도 합니다. 이 보험이 필요한지 확인하십시오. 미국에서 차량을 소유하고 있다면 이미 가입한 자동차 보험이 임대하는 경우도 커버할 수 있습니다.

💲 차량 등록증 사본과 보험회사 카드를 차량 앞 좌석 선반에 넣어둡니다. 차량 등록증 원본은 안전한 곳에 보관합니다. 항상 AAA 카드를 소지하고 다

님니다('돌아다니기Getting Around' 편 참조).

💲 미국에 처음 이주하는 사람들에게 보험은 특히 비쌀 수도 있습니다. 책임 보험만 1년에 700~800달러 들 수도 있습니다. 여러 보험 대리인을 통해 얼마나 커버리지가 필요한지 알아봅니다. National Automobile Consumer Hot-line에도 연락해봅니다.

이 장에서 '보험료 낮추기'를 보십시오. 차량 보험 가격은 다음에 따라 다릅니다.

- 운전 경력: 과거의 차량 사고 건수
- 차량 종류: 인기 있고 비싼 차량은 보험 가격이 비쌉니다.
- 차량의 상태: 보통 오래되고 상태가 안 좋은 차량은 보험료가 쌉니다. 대신 사고가 생겼을 때 받을 수 있는 돈도 적습니다. 따라서 이런 차량은 collision insurance를 들어야 할지 확인합니다.
- 운전자의 나이와 성별: 25세 미만의 운전자는 보험료가 비쌉니다.
- 차량을 운전할 예상 마일 수: 차량을 가까운 출퇴근에만 사용한다면 보험료는 싸집니다.

❗ 미국에 체류한 지 2년 미만이라면 당신이 안전한 운전자라는 것을 증명하기 어렵기 때문에 보험료도 높을 것입니다. 때로 본국에서 발부한 안전 운전 증명이 보험료를 낮추기도 하지만 대부분은 도움이 되지 않습니다.

❗ 당신의 차량을 정기적으로 사용하는 사람이 있으면 그 사람도 보험에 가입해야 합니다.

❓ 친구가 내 차를 운전하다가 사고를 냈으면 어떻게 합니까? 이 때도 내 보험으로 커버가 됩니까?

친구가 면허가 있는 운전자이고 정기적으로 당신의 차를 운전하는 것이 아니라면 보험으로 커버됩니다.

추돌 보험 COLLISION INSURANCE

두 차량이 추돌 사고를 일으키면 추돌 보험이 다음을 지급합니다.

- 차량이 수리할 수 있는 상태라면 차량의 훼손에 대해 보상
- 새 차를 구입해야 한다면 차량 가격에 해당하는 보상

일부 주에서는 사고에 책임이 있는 운전자가 가입한 보험만 비용을 지불합니다. 보험은 차량의 수리비나 사고를 당한 사람이 구입한 새차 가격을 지불합니다.

차량이 수리를 받는 동안 다른 차량을 임대해야 하는데, 이 비용도 보험이 커

버하는지 문의합니다.

책임 보험 LIABILITY INSURANCE

당신이 차를 운전하고 친구가 조수석에 앉아 있다고 가정합시다. 다른 차량과 추돌 사고가 났을 때 당신은 다음 비용에 대해 법적 책임을 집니다.

- 친구가 입은 상해
- 다른 차량의 사람이 입은 상해
- 다른 차량의 훼손

법에 따라 당신은 다른 사람의 비용도 커버할 수 있는 책임 보험에 가입되어 있어야 합니다. 모든 주에는 각기 책임 보험의 최소 비용에 대한 규정이 있습니다. 일부 주에서는 잘못을 한 운전자 측이 모든 비용을 지불합니다. 그렇지 않은 주에서는, 당신이 사고의 원인이 된 운전자라도 보험회사는 당신의 상해에 대해서만 비용을 지불합니다.

종합 보험 COMPREHENSIVE INSURANCE

다음과 같이 아무도 운전하지 않을 때 차량에 가해진 손상을 지급하는 보험입니다.

- 누군가 차량을 훔쳐갔을 때
- 차량에 나무가 넘어졌을 때
- 다른 차량이 주차해놓은 당신의 차량에 추돌했을 때

생명보험과 신체 장애 보험 Life and Disability

❗ 미국 시민권자나 영주권자가 아니면 생명보험이나 장애보험에 가입하기 어렵습니다.

생명보험 LIFE

미국인은 가장이 죽었을 때를 대비해 가족을 위해 이 보험에 가입하는 경우가 많습니다. 어떤 생명보험은 돈을 저축하는 일종의 투자이기도 합니다. 보험 대리인이 투자 용도로 생명보험에 가입하라고 권유할 때는 주의하십시오. 보험이 필요한 경우가 아니라면 대개는 다른 투자가 더 낫습니다.

신체 장애 보험 DISABILITY

신체 장애 보험은 장기간 일할 수 없을

때 특정 비용을 지불합니다. 건강 보험
이 의료비는 지불하지만, 생활비를 벌

수 없을 때는 장애 보험이 필요합니다.

유용한 영어표현 Words to Know

- **A.M. Best Rating** : 회사의 재정 상태를 평가하는 것. 높은 평가(A나 A–)를 받은 보험회사는 청구에 대한 지불 능력이 있고 도산 가능성이 적은 곳입니다.
- **Acupuncture** : 침
- **Ceiling** : 1년에 보험회사가 지불해 주는 의료비의 최대 상한선
- **Check-ups** : 건강 상태를 확인하기 위한 정기 검진. 보통 1년에 한 번 합니다.
- **Claim** : 상해 등을 입었을 때 보험회사에 돈을 청구하는 권리
- **Co-insurance** : 공제 이후 개인이 지급하는 의료 비용의 비율
- **Co-payment** : 병원에 방문할 때마다 개인이 내는 돈. 나머지는 보험회사나 HMO에서 부담합니다.
- **Collision insurance** : 사고에 따른 차량 훼손을 보상하는 추돌 보험
- **Comprehensive auto insurance** : 주차 중인 차량에 생긴 훼손을 보상하는 보험. 예 : 나무가 주차 중인 차량에 넘어졌을 때
- **Coverage** : 가입한 보험이 보상하는 금액이나 종류
- **Deductible** : 보험회사가 지급하지 않는 금액. 만약 500달러가 deductible 이라면, 발생한 비용 중 첫 500달러는 개인이 부담하고 나머지를 보험회사에서 지급합니다.
- **Disability insurance** : 질병이나 상해로 일을 할 수 없을 때 생활비를 보상하는 보험
- **Evacuation** : 가까운 의료 시설이나 본국으로 이송시키는 것
- **Financial rating** : 'A.M. Best' 참조
- **Group plan** : 특정 그룹의 일원으로 가입하는 보험
- **Health Maintenance Organization** (HMO) : 일종의 의료보험으로 의사들이 HMO 소속 직원입니다.
- **Homeowners' policy** : 집 소유주가 가입한 보험. 집의 손상에 대해 보

험료를 지급하고, 책임 보험이나 자산 보험을 포함합니다.

- **Indemnity medical insurance** : 일종의 의료보험. 원하는 의사를 자유롭게 선택할 수 있고 보험회사는 일정 금액을 지급합니다. 이 의료보험은 상해에 대한 단순 보상과는 다릅니다.
- **Individual plan** : 그룹의 일원으로서가 아니라 개인이 직접 가입하는 보험. 의료보험에 필요한 비용을 혼자 부담합니다.
- **Insurance agent** : 보험을 판매하는 대리인
- **Liable** : 법적으로 타인의 상해나 재산 손상에 대해 책임이 있음. 당신이나 보험회사에서 손해를 끼친 타인에게 보상해야 합니다.
- **Liability insurance** : 타인이나 타인의 재산에 손해를 입혔을 때 지급하는 보험. 예를 들어 타인이 당신 집의 계단에서 넘어져 다치면 법적으로 당신에게 책임이 있습니다.
- **Life insurance** : 죽으면 보험료를 지급하는 생명보험
- **Limitations** : 보험회사가 지급하는 데 제한을 두는 조건. 예로 6개월 limitation이 있는 보험이라면, 가입 후 6개월이 경과할 때까지는 보험회사에서 지급하지 않습니다.

- **Managed care** : 의료보험의 일종으로 보험회사가 승인한 명단 중에서 의사를 선택합니다.
- **Orthodontic care** : 치열 교정
- **Personal property insurance** : 집안 자산을 보호하는 보험
- **Physical therapy** : 운동이나 마사지를 활용하는 물리치료
- **Policy** : 보험회사와 문서상으로 맺는 계약. 건강, 재산, 자동차 보험 등 각 종류마다 다른 규정이 있습니다.
- **Policy maximum** : 보험회사한테 보상받을 수 있는 최대 금액. 예를 들어 어떤 건강 보험의 maximum이 5만 달러라면, 의료비가 이보다 높게 나와도 최대 5만 달러까지 보상받을 수 있다는 뜻입니다.
- **Pre-existing condition** : 보험 가입 이전에 치료를 받았던 질병이나 상해. 일부 보험에서는, 특히 개인 보험에서는 이러한 질병, 상해에 대해 지급하지 않습니다.
- **Preferred Provider Option**(PPO) : 일종의 건강 보험. 보험회사에서 제공한 명단 중 의사를 선택합니다. 의사는 private입니다. 보통 다른 의사도 선택할 수 있으나 비용을 더 내야 합니다.
- **Premium** : 월별, 분기별, 연 2회, 또

는 연 1회, 보험료로 내는 금액

- **Primary-care physician** : 일반 진료를 맡는 주치의. 대부분의 managed care와 HMO는 전문의를 만나기 전에 주치의를 먼저 만나야 합니다.

- **Quarterly** : 3개월마다

- **Repatriation** : 질병이나 상해의 정도가 심해 학업이나 생업을 계속할 수 없어서 본국으로 이송하는 것

- **Repatriation of mortal remains** : 유골을 본국으로 송환하는 것

- **Semi-annually** : 연 2회

- **Serial number** : 컴퓨터나 텔레비전 등의 물건에 찍힌 숫자. 물건을 도난당했을 때 시리얼 번호를 알고 있으면 경찰이 찾는 데 도움이 됩니다.

22 의료 체계

MEDICAL CARE

의사 처방이 필요 없는 약

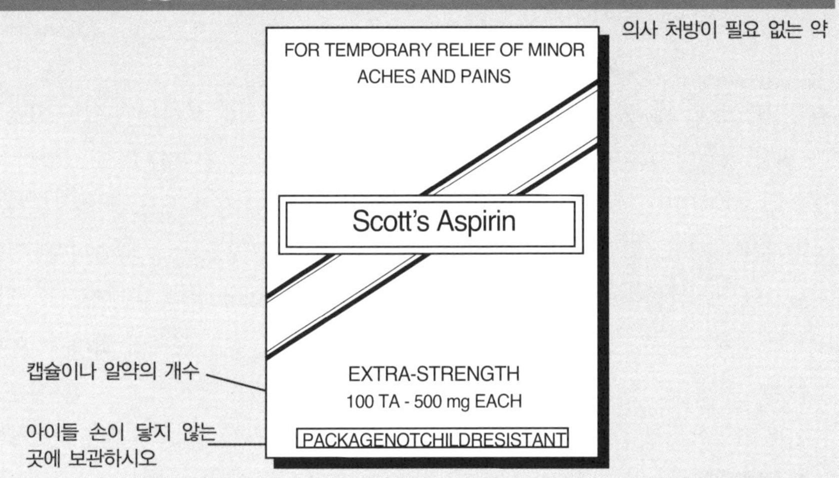

캡슐이나 알약의 개수

아이들 손이 닿지 않는
곳에 보관하시오

의사 처방이 필요한 약

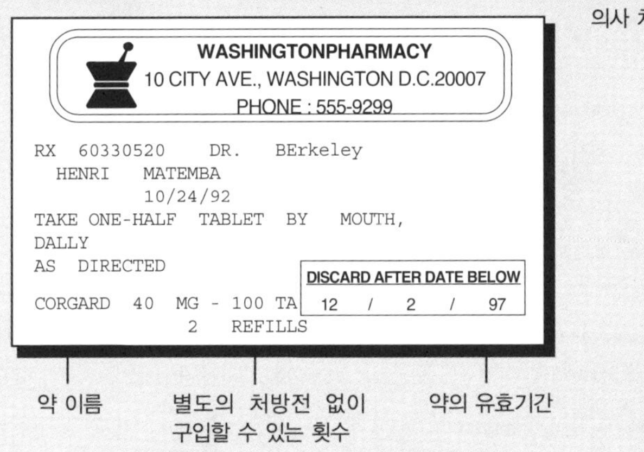

약 이름   별도의 처방전 없이   약의 유효기간
                구입할 수 있는 횟수

    의료 체계의 혜택을 받으려면 의료보험에 가입해야 합니다. 진료를 예약하기 전에 의료보험 체계를 잘 이해

하고 있어야 합니다('보험 가입하기Insurance You Need' 편 참조).

긴급조치 Emergency Care

긴급이라고 할 수 있는 비상시는 심각한 위험 상태를 의미하며 다음과 같은 경우를 포함합니다.
- 다리가 부러짐
- 사고나 병, 약물을 삼켜서 죽을 수도 있는 상황
- 의식이 없음
- 심각한 화상
- 심장마비일 수 있는 상황. 심장마비가 의심되면 기다리지 말고 911에 전화해서 앰뷸런스를 부릅니다.

    긴급조치는 의사에게 일반 진료를 받는 것보다 비쌉니다. 비상 상황이 아닌데 긴급조치를 이용하면 의료보험으로 커버되지 않을 수도 있습니다. 긴급일 경우와, Clinic이나 일반 진료로 해결되는 경우를 잘 구분해야 합니다. 여행을 계획할 때는 갑자기 아플 때 방문할 수 있는 병원이 있는지 미리 확인해야 합니다.

병원 가기 Your Visit to the Doctor

    건강에 이상이 없어도, 도착한 직후 의사를 한번 방문하는 것이 좋습니다. 어느 의사나 '첫상담Initial consultation'을 의례적으로 한번 합니다. 새로운 환자를 받지 않는 의사도 있으므로, 필요한 시기가 되기 전에 원하는 의사를 만날 수 있는지 미리 확인합니다.

의사나 치과의사를 처음 방문할 때 비용 지불을 위해, 현금이나 체크, 또는 신용카드를 준비합니다. 방문할 때 직접 지불하고 나중에 보험회사에서 돌려받는 경우도 있습니다.

병원 방문시 추가로 준비하면 도움이 되는 사항입니다.
- 병력 기록
  - 기존의 병력 사항
- 예방접종 기록
  - 치과 방문시 기존에 다니던 치과에서 찍은 엑스레이
- 필요한 약 이름이나 처방전
- 보험카드
  - 보험카드에는 보험회사의 이름이 명시되어 있어야 합니다.
  - 보험카드에는 그룹 넘버나 보험 종류가 기재되어 있어야 합니다.
- 의사나 치과의사가 서명할 보험 양식

약Medicine

집이나 회사에서 가까운 약국을 선택합니다. 약국에서는 개인이 구입한 약 목록을 기록해둡니다.

약 구입시 표지에 적힌 지침을 잘 숙지합니다. '음식과 함께 섭취take with food' 라든지 '졸음의 원인이 될 수 있음

Hello, USA! | 병원 가기Getting to the hospital

911에 전화해서 앰뷸런스를 요청하거나 가까운 병원을 찾아갑니다. 쉽게 찾을 수 있는 병원의 이름과 전화번호, 주소를 적어도 하나쯤은 기억해둡니다.

Hello, USA! | 비상시가 아닌 경우Non-emergency service

한밤중에 아프다거나 정해진 의사가 없다면 가까운 24시간 clinic을 방문합니다.

May cause drowsiness' 같은 경고문이 있는지 살펴봅니다. 아이가 있다면 '어린이가 열 수 없는 안전 뚜껑child-safety caps' 인지 확인합니다.

개요 OVERVIEW

처방전이 필요 없는 약Over-the-counter 심각하지 않은 감기, 두통, 알레르기용 약이 대부분입니다. 약국이나 슈퍼마켓, 식료품점에서 구입할 수 있습니다.

처방이 필요한 약Prescription drugs 항생제antibiotics, 진통수면제codeine, 피임약birth control pills 등은 의사의 처방전이 있어야 구입할 수 있습니다. 의료보험에 따라 처방전 비용이 커버되는 경우도 있지만, 처방전이 필요없는 약은 커버되지 않습니다.

처방전이 필요하면 의사에게 전화하되, 의사가 전화로 주문할 수도 있으므로 약국의 전화번호를 미리 준비합니다. 의료보험으로 커버가 되는 약이면 약국에 갈 때 의료보험 카드를 준비해 갑니다.

$ 상표 등록이 안 된 약Generic drug을 구입해도 되는지 의사와 상의합니다. 상표 등록이 안 된 약은 10~75% 저렴하지만 의사의 처방과 반드시 같은 약이라고 확신할 수는 없습니다.

유명한 약의 부작용이나 특정 상황의 처방법에 대한 기사 등, 약에 대한 많은 정보를 인터넷에서 찾아볼 수 있습니다.

! 인터넷에서 정보를 찾아볼 때는 평판이 좋은 단체에서 제공하는(보통 무

Hello, USA! | 약어 모음 Abbreviations

ACU : Acupuncture(침술)

CD : Cardiovascular diseases(심장병)

DR : Doctor(의사나 치과의사)

DDS : Dentistry(치과)

D : Dermatology(피부과)

GP : General practice(일반 진료)

GER : Geriatrics(노인병학)

GYN : Gynecology(부인과 의학)

IM : Internal medicine(내과학)

MD : Medical doctor(의학 박사)

OBS : Obstetrics(산부인과)

OBG : Obstetrics/gynecology(산과/부인과)

PED : Pediatrician(소아과 의사)

RN : Registered Nurse(등록 간호사)

료인) 정보만 참고하십시오. 유료 정보 회사나 약을 팔려고 하는 회사의 정보는 참고하지 마십시오. 참고한 정보는 의사에게 확인하는 것이 좋습니다.

특정한 질병이 있는 사람들의 모임, 일명 서포트 그룹을 알아볼 수도 있습니다. 때로는 이런 서포트 그룹이 도움이 되지만 회원들의 질병이 생각보다 심각하거나, 받고 있는 처방법에 불만이 있는 경우도 있음을 염두에 둡니다.

 특정 질병에 대해 도움을 받거나 정보를 찾으려면 인터넷에서 당신이 있는 도시 이름이나 질병 이름 검색합니다.

 당신이 받은 의료 테스트 결과는 모두 주치의에게 전달되어 있습니다. 당신도 사본을 보관하십시오. 새로운 의사를 방문하거나 고국으로 귀국할 때 모든 의료 기록 사본을 보관하고 있으면 시간을 절약할 수 있습니다.

안경/콘택트 렌즈 Eyeglasses/Contacts

관련 직종 WHO CAN HELP

안과의사 Ophthalmologists   안과 의사는 대부분 안경이나 콘택트 렌즈의 처방도 겸합니다.

검안사 Optometrists   주로 안경과 콘택트 렌즈를 처방합니다.

안경 판매점 OPTICAL SHOPS

검안사는 보통 안경 판매점 eye center 에서 근무합니다. 안경 판매점에서 시력 검사를 하고 안경테를 고를 수 있습니다. 한 시간 만에 안경을 맞출 수도 있으나 특별한 렌즈를 원하는 경우 일주일 이상 기다리기도 합니다.

🕐 안경판매점은 대부분 주 6일, 오전 9시부터 저녁 6시나 7시까지 영업합니다. 꼭 예약할 필요는 없습니다. 단, 검안사나 안과의사를 만나려면 미리 약속을 하고 방문합니다.

대체의학 Alternative Medical Care

개요 대체의학을 제대로 교육받은 개업 의인지 확인하려면, 진료 의사 이름 뒤에 다음에 설명된 특별한 타이틀이 있는지 확인합니다. 이런 타이틀은 해당 의사가 미국에서 특정 교육과 시험을 거쳤다는 것을 알려주는 것입니다. 대체 의학의 종류는 다음과 같습니다.

침술학Acupuncture　다음과 같은 글자가 이름에 붙는지 찾아봅니다. Dipl. Ac. (침술전문의Diplomate in Acupuncture), M.Ac (침술학 석사Master of Acupuncture), O.M.D./ D.O.M.(동양의학박사)

척추교정학Chiropractic　척추교정사는 다양한 통증과 상해를 다루지만, 주로 척추 통증 치료에 인기가 있습니다. 미국에는 약 4만 5,000여 명의 척추교정사가 있습니다. D.C.(척추 교정 전문의Doctor of Chiropractic)라는 글자가 이름에 붙는지 확인합니다.

동종 요법 Homeopathy　미국에 공인된 동종 요법 의사는 약 3,000여 명밖에 되지 않습니다. D.Ht, C.C.H., D.H.A.N.P. 등의 글자가 있는지 확인합니다.

마사지Massage　어떤 종류의 마사지가 가능한지 미리 전화로 확인합니다. 많은 마사지 살롱이 불법 서비스를 제공하므로, 전화로 응대하는 사람이 분명히 설명해주지 않으면 방문하지 않는 것이 좋습니다. N.C.T.B.라는 글자를 찾습니다.

식이 요법 Nutritional therapy　어느 시에서나 미네랄, 비타민, 자연식을 구입할 수 있는 'health food store' 가 있습니다. 의사가 고혈압 등의 특정 질병을 치료하기 위해 환자를 영양사에게 보내는 경우도 있습니다. R.D.(등록된 영양사), D.T.R.(식이요법 전문가), C.N.C.(공인된 식이요법 컨설턴트) 등의 글자가 있는지 확인합니다.

접골 요법 Osteopathic medicine　접골사는 특히 허리 통증에 인기가 많습니다. D.O.라는 글자를 확인합니다.

Note 미국에서 공인된 의사에게는 이름 뒤에 M.D.(의학박사Medical Doctor) 타이틀이 붙습니다. 많은 의사가 대체 요법도 함께 합니다.

❗ 대체 요법을 하는 의사를 방문하기 전에 확인할 사항입니다.

• 가입한 의료보험이 대체 요법도 커버하는지 확인합니다.

• 진료하는 의사가 공인된 대체 요법 개업의인지, 해당 지역에서 개업할 수 있는 면허가 있는 의사인지 확인합니다.

유용한 영어표현 Words to Know

• **Acupuncture** : 침술
• **Cardiology** : 심장병학
• **Chiropractic** : 척추 뼈를 교정하는 대체의학의 일종
• **Clinic** : 아픈 사람을 치료하는 클리닉. 24시간 여는 클리닉도 있습니다.
• **Convenience store** : 음식물, 커피, 신문, 잡지 등을 파는 편의점. 밤새 열기도 합니다.
• **Dermatology** : 피부병학
• **Emergency** : 죽거나 신체 일부를 잃을 만큼 위중한 상태
• **Filling** : 치과에서 충치에 삽입하는 충전재
• **General practitioner** : 특정 진료가 아닌 일반 진료
• **Generic drug** : 생산자의 브랜드 명을 사용하지 않는 약

• **Geriatrics** : 노인병학
• **Gynecologist** : 부인과 의학
• **Homeopathy** : 대체의학의 일종으로 허브나 미네랄, 동물성 재료로 병을 치료하는 것
• **Initial consultation** : 의사를 첫 방문하는 것. 병에 걸리기 않았더라도 미리 첫 방문을 하는 것이 의례적입니다.
• **Internist** : 내과 전문의
• **Lab test** : 혈액, 소변 등을 검사하는 것
• **Massage** : 문지르거나 주물러서 치료하는 마사지 요법
• **Maternity care** : 임산부를 위한 의료 서비스
• **Nutritional therapy** : 식이 요법
• **Obstetrician** : 산부인과 의사
• **Ophthalmologist** : 안과 의사

- **Optometrist** : 콘택트 렌즈나 안경을 맞추는 전문 검안사
- **Osteopathic medicine** : 근육과 뼈를 치료하는 접골 의학
- **Oral surgery** : 구강 내 치아, 잇몸, 턱 등의 수술
- **Orthodontic care** : 치열 교정
- **Out-of-area coverage** : 사는 지역이 아닌 곳에서 받는 서비스
- **Over-the-counter drug** : 처방전 없이 살 수 있는 약
- **Pediatrician** : 소아과 의사
- **Pharmacy** : 약국
- **Prescription** : 의사가 써주는 약 처방전
- **Refill** : 의사의 재처방 없이 약국에서 구입할 수 있는 처방 약
- **Rx** : 처방전
- **Support groups** : 알코올 중독이나 당뇨 등 특정 질병을 공유한 사람들의 그룹. 그룹에 속한 사람들끼리 모임이나 메일을 통해 조언을 주고받습니다.
- **X-ray** : 몸의 내부를 촬영하는 엑스레이

23 신용카드와 대출

CREDIT CARDS & LOANS

Ms. Connally : Hello, I'm Beth Connally. How can I help you? (안녕하세요. 저는 Beth Connally 라고 합니다. 무엇을 도와드릴까요?)

Mr. Tanaka : My name is Hiroshi Tanaka. I have a savings and checking account with this bank. I came to find out about getting a loan. (저는 Hiroshi Tanaka라고 합니다. 이 은행에 저축예금과 당좌계좌가 있는데, 대출을 받으려면 어떻게 하는지 알아보려고 왔습니다.)

Ms. Connally : I see... Please sit down, Mr. Tanaka... What is the reason for the loan? (예, 앉으세요. 대출 받으려는 사유는 무엇입니까?)

Mr. Tanaka : I want to buy a new car. The dealer will finance the car for me, but I want to see what terms this bank can offer. (새로 차를 구입하려고 합니다. 딜러에게 대출할 수도 있지만 은행에서 제공하는 조건을 알고 싶어서요.)

Ms. Connally : I see... Let's talk this over... I'll need to know how much you are paying for the car... how much you want to put down... and how much you want to borrow... First, let me look up the account you have with us. (알겠습니다. 상세히 얘기해보지요. 차 구입에 얼마나 지출할지, 다운페이는 얼마나 하실지… 대출은 얼마나 하실지 알려주십시오. 우선, 저희 은행에 개설하고 계신 계좌를 좀 찾아볼게요.)

Note Ms. Connally는 Mr. Tanaka에게 대출과 그의 재정상태에 대해 질문을 많이 합니다.

신용 기록 Credit History

신용기록이란 무엇인가 WHAT IT IS

신용 기록Credit history이란 과거에 지불해온 비용과 아직도 지불해야 할 빚에 대한 신용 기록입니다. 이 기록은 신용카드를 발급 받거나 대출을 받을 때 또는 집을 렌털할 때도 조회하는 중요한 기록입니다.

미국에서는 신용처나 신용정보회사에서 개인의 기록을 보관합니다. 대출을 신청하거나 신용카드를 만들 때, 은행이나 카드 회사는 신용 정보 회사를 통해 당신의 신용 기록을 체크합니다. 좋은 신용 점수가 있어야만, 즉 제때 대금을 지불해온 경우에만 대출이나 카드 발급이 가능합니다.

안타깝게도 미국의 신용 정보 회사는 외국에서의 신용 기록은 확인하지 않습니다. 미국의 신용처 기록에 따르면 새로 미국에 오는 사람은 신용 점수가 전혀 없습니다. 신용 점수가 없으면 신용카드 발급이나 대출을 받기 어렵습니다.

❓ 본국에서 만든 신용카드가 있는데 왜 미국에서 또 만들어야 합니까?

미국 이외의 지역에서 만든 카드를 사용하면 다음과 같은 불편한 점이 있기 때문입니다.

- 청구서가 본국의 은행으로 발급되고 환율이 원화로 재계산되므로 관련 비용이 추가됩니다.
- 청구 금액을 지불하려면 본국에도 은행 계좌를 유지해야 합니다.

신용 점수 쌓는 방법 HOW TO GET IT

신용 점수를 쌓으려면 다음과 같이 합니다.

- 은행에서 신용카드나 대출을 신청합니다. 은행에서 거절하면 secured credit에 대해 문의합니다.
- 본국에서 가능한 한 빨리 American Express 카드를 발급받아 사용합니다. 미국에 도착한 후 미국에 있는 American Express 사무실에 연락해서 미국에 계좌를 신청합니다.
- 자주 이용하는 백화점이나 주유소에 charge 카드나 신용카드를 개설합니

다. 해당 점포에서 신청을 받아주지 않으면 Customer Service 매니저에게 상황을 설명합니다.

몇 개 은행과 가게를 방문해서 비교 쇼핑합니다. 이 때 지참할 내용입니다.

- 회사에서 발급한 급여와 직급이 명시된 레터
- 본국 은행에서 발급한 재정상태를 보여주는 레터

대출을 받거나 신용카드를 발급받으면 반드시 대금을 제때에 갚아야 합니다. 6개월 정도 이후엔 그간의 지불 내용이 신용처에 보고되어 좋은 신용 점수를 받게 됩니다. 아마도 신용카드 회사에서 신용카드를 신청하라는 우편을 받게 될 수도 있습니다!

Note 다음과 같은 경우에는 지역 내의

신용처에 전화하여 본인의 신용 점수를 확인합니다.

- 차나 집을 구입하기 위해 많은 액수를 대출받으려 할 때
- 이유 없이 신용카드 발급이나 대출을 거절당했을 때

오해가 생겨 청구된 요금을 갚지 않은 문제가 발생했다면 해결할 수 있습니다. White Page 앞부분에서 연락처를 찾을 수 있으며, 소정의 수수료를 지불해야 할 것입니다.

신용 조합에서 2~3주 내에 신용카드를 발급받을 수 있습니다. 해외에서 사용할 수 있는 American Express 카드가 있다면, 미국에서 재발급되는 데 2주쯤 소요됩니다. 다른 카드는 승인이 나는 데 4~6주 정도 기다릴 수도 있습니다.

카드의 종류 Kind of Cards

개요 OVERVIEW

많은 미국인은 5~10달러 이상의 대금 지불에는 신용카드나 데빗 카드를 사용

합니다. 카드를 사용하면 다음과 같은 이로운 점이 있습니다.

- 물건 구입시 대부분 카드를 사용하는 것이 간단하고 빠른 방법입니다.

• 많은 현금을 지니고 다닐 필요가 없
  습니다.

대부분의 카드 회사에는 항공사나 호텔
의 마일리지와 유사한 보너스 점수제가
있습니다.

대부분의 카드로 ATM에서 현금을 인출
할 수 있기 때문에, 비상시나 여분의 여
행 경비가 필요할 때 유용하게 사용할
수 있습니다.

❗ 신용카드를 사용하는 것은 너무
쉽고 간단하지만, 종종 얼마나 지출했는
지 간과하기 쉽습니다. 많은 미국인이
월말에 청구 금액을 갚기 어렵기 때문에
카드를 사용하지 않기도 합니다.

❗ 신용카드 뒷면의 '800'으로 시작
하는 번호를 카드와 별도로 기록해 보
관하십시오. 신용카드를 분실하거나 도
난당했을 때 이 번호로 연락해야 하기
때문입니다.

❓ 신용카드를 도난당하면 어떻게 해야
합니까?
밤이든 주말이든 바로 신고합니다. 우
선 카드 뒷면에 적힌 800 번호로 연락
합니다. 번호를 따로 보관하지 않았다

면 카드를 발급한 은행으로 연락합니
다. 카드로 사용된 첫 50달러는 당신이
지불해야 하지만, 신고 이후에 사용된
금액은 신용카드 회사에서 부담합니다.

두 개의 국립 신용 보고처credit reporting
organizations에도 연락합니다. 도난당한
카드의 정보로 당신 명의가 도용될 수
있습니다. 도난 사실을 알리고 별도의
요청이 없는 한 누구에게도 신용 정보
를 알리지 않도록 요청합니다.

발급할 카드 종류WHAT TO GET

신용카드Credit cards 신용카드 발급은 은
행이나 American Express 같은 카드 회
사에서 할 수 있습니다. 월말에 사용한
금액에 대한 청구가 이루어집니다. 청
구서에서 다음 내용을 확인할 수 있습
니다.

• 지불해야 할 총금액: 정해진 기한, 보
  통 10~15일 이내에 지불하면 별도의
  이자는 지불하지 않습니다. 갚아야
  할 금액은 'current balance'라고 적
  힌 항목입니다.
• 당월에 갚아야 하는 최소한의 금액:
  이는 전체 청구 금액이 아닙니다. 이
  최소 금액만 갚게 되면 이자를 지불
  하게 되며, 이자율은 보통 은행 대출

이자율보다 높습니다.

대부분의 점포와 우체국, 식당, 주유소, 극장, 여행사, 병원과 공항 등, 거의 모든 곳에서 VISA나 MasterCard를 사용할 수 있습니다. 대부분의 점포가 American Express 카드를 취급합니다.

대형 백화점이나 주유소에서는 자체 신용카드를 발급하기도 합니다. 점포 자체 카드를 사용하면 이로운 점입니다.
• 특별 할인이 있을 때 우선 알려줍니다.
• 계좌를 만들면서 특별 할인을 받기도 합니다.
• 점포 자체 카드는 은행 카드보다 발급받기 쉬운 편입니다

Note 일부 백화점 카드나 American Express 같은 카드는 사용한 금액을 매월 갚아야 합니다.

데빗 카드 Debit card 어떤 은행은 신용카드 대신 VISA나 MasterCard 데빗 카드를 발급해줍니다. 데빗 카드는 신용카드와 유사해보이지만, 사용 직후 은행 계좌에서 바로 지불되는 점이 다릅니다. 예를 들어 데빗 카드로 10달러어치를 주유하면, 자동으로 은행 계좌에서 10달러가 빠져나가 주유소의 계좌로 입금됩니다. 매월 말 은행에서는 각 구매 금액과 사용일자가 적힌 명세표를 보내줍니다.

❗ 데빗 카드는 체크와 유사하지만 더 빠릅니다. 데빗 카드를 사용하려면 당좌예금 계좌checking account에 금액이 충분히 있어야 합니다.

신용카드 발급받기 Getting a Credit Card

어디에 신청하는가WHRER TO APPLY

신용 조합이나 회사에서 애용하는 은행 특정 신용 조합credit union에 속해 있다면 신청서를 쉽게 승인해줄 것입니다.

각 대사관과 사업체는 주로 애용하는 은행이 있어서 해당 직원을 위해 카드를 발급하기 쉽습니다.

대학 많은 은행이 학생에게도 신용카드

를 발급합니다. 신입생 오리엔테이션 시 신청할 수도 있습니다.

계좌를 가지고 있는 은행이나 S&L(저축대부조합) 신용카드 발급에 대해 문의합니다. 가능하면 회사에서 발급한 직급과 연봉이 기재된 레터를 지참합니다. 그런데도 신용카드 발급이 거절되는 경우도 있습니다.

본국의 은행과 거래처 관계인 은행 ('출국하기 전Before You Come' 편 참조)

Secured card를 발급하는 은행 신용점수가 없는 사람에게 secured card를 발급하는 은행도 있습니다. Secured card 란 계좌에 일정 금액을 입금해놓고 그 금액만큼만 카드를 사용하는 것입니다. 대출을 매월 제때 갚으면 좋은 신용 점수를 쌓을 수 있습니다.

확인할 사항 What to look for

신용카드를 발급하는 은행을 선택할 때, 어떤 은행이 좋을지 Bankcard Holders of America에 문의할 수 있습니다.

신용 한도Credit limit 신용 한도란 한 번에 최대로 사용할 수 있는 금액을 의미합니다. 예를 들어 신용 한도가 2,000달러면, 한 번에 2,000달러 이상 카드를 사용할 수 없습니다.

이자율 매월 대금의 일부만 갚을 생각이거나, 캐시 어드밴스를 하려면 이자율을 확인합니다.

보너스 제도 카드 사용에 따라 다음과 같은 보너스 제도가 있기도 합니다.
• 특정 항공사의 마일리지 축적: 일부 카드는 원하는 항공사 마일리지로 축적하게 선택할 수 있습니다. 같은 금액을 사용했을 때 마일리지를 얼마나 쌓아주는지 카드 별로 비교해 봅니다.
• 특정 금액 이상 사용시 돈을 환불받는 cash rebate
• 호텔이나 크루즈, 차량 임대, 장거리 전화 등을 사용할 때 할인 혜택

지불 시기 청구 금액을 언제까지 갚아야 하는지 확인합니다. Grace period 란, 청구서가 발송된 날짜에서부터 갚아야 하는 기한 사이를 의미합니다. 'No grace period' 란 청구가 이루어진 날짜에서부터 이자를 갚아야 함을 의미합니다.

수수료 다음과 같은 비용이 들 수 있습
니다.
• 신용카드 연회비. 50~150달러가량
  될 수 있습니다.

• 늦게 갚을 경우 연체료
• 신용 한도 이상 사용시 부과되는 요
  금

대출받기 Getting a Loan

대출은 어디에서 받는가 WHERE TO GO

대출loan은 신용카드 발급보다 더 까다
로울 수 있습니다. 대출받기에 가장 용
이한 곳은 신용 조합credit union이나 회
사가 애용하는 은행, 또는 본국과 거래
관계에 있는 은행입니다.

차량 구입처럼 비싼 물품을 구입할 때
는 판매 딜러가 대출을 제안하기도 합
니다. 은행의 대출 조건과 비교하여 결
정합니다.

대출 승인시 소요되는 시간은 어떤 종
류의 대출이냐에 따라 다릅니다. 예를
들어 집 구입시 받는 홈 모기지는 차량
대출보다 오래 걸립니다.

❗ 금융 회사에서 대출을 받으려면
회사의 신뢰도를 꼼꼼히 따져봅니다.

또한 이자율도 염두에 두어야 합니다.

대출의 종류 KINDS OF LOANS

분납 방식의 대출Installment loans 차량 구
입이나, 학자금, 집수리를 위한 비용 등
에 쓰이는 대출입니다. 상환기간은 대
개 2~5년입니다.

모기지Mortgage 집을 사려고 할 때 받는
대출입니다. 보통 15~30년 상환입니다.

확인할 사항 WHAT TO LOOK FOR

다운 페이먼트Down payments 대출시 최
소 10~30%는 다운 페이먼트를 지불해
야 하며, 원하면 더 낼 수도 있습니다.

월 불입액Monthly payments 월 분납 금액
은 다음에 따라 다릅니다.

- 이자율
- 대출 원금 액수
- 대출 상환 기간

이자율Interest 이자율은 매번 다르며 변동 금리가 고정 금리보다 낮은 편입니다.

상환 기간 Term 얼마나 오랜 기간에 걸쳐 대출한 금액을 갚느냐 하는 상환 기간입니다.

선상환 옵션 Prepayment option 상환 기간 이전에 미리 갚아도 되는 옵션입니다.

Social Security 카드를 요구할 수도 있습니다. 외교관이나 학생은 해당 공관이나 학교에서 신분을 증명해주는 레터를 발부받는 것이 좋습니다. 아직도 Social Security 카드 발급을 기다리고 있다면 '법적 신분Your Legal Status' 편을 참조합니다.

추가로 다음과 같은 서류를 지참하면 유용합니다.

- 재정상태를 보여주는 파이낸셜 리포트: 본국에서 파이낸셜 리포트를 가져오면, 대출해주는 기관에 따라 참고하는 곳도 있습니다.
- 추천서: 회사에서 발급한 연봉, 직급, 체류기간, 비자 타입이 명시된 추천서를 가져올 수 있습니다.
- 연대 보증Co-signature:연대 보증이 필요한 경우 대출 기관에서 동시에 사인할 수 있는 양식을 줄 것입니다. 이 양식은 당신이 빚을 갚지 않으면 연대 보증한 사람이 대신 갚는다는 것을 서약하는 것입니다.

유용한 영어표현 Words to Know

- **Cash advance** : 카드 회사에서 돈을 빌려 쓰는 것
- **Correspondent**(bank) : 타국 은행과 특별한 거래 관계의 은행. 예를 들어 프랑스 은행이 미국에 correspondent bank를 가지고 있다면, 당신이 프랑스 은행의 고객이었다면, 미국에 있는 correspondent bank 사용시 더 빠르고 좋은 서비스를 받을 수 있습니다.

- **Co-signature** : 다른 사람에게 받는 연대 서명. 대출받은 사람이 돈을 갚지 않으면 연대 서명한 사람이 갚아야 합니다.
- **Credit** : ① 계좌에 입금해놓는 금액. ② 빌릴 수 있는 금액
- **Credit card** : 신용카드
- **Credit history** : 과거 대금 지불 기록. 지불할 금액을 제때 지불해왔는지 기록해놓은 신용 기록
- **Credit limit** : 매월 빚질 수 있는 최대 금액. 신용 한도
- **Credit union** : 일종의 금융기관으로 회사원처럼 특정 그룹에 속한 경우에만 가입 가능한 신용 조합
- **Debit card** : 사용한 즉시 은행 계좌에서 돈이 인출되는 카드
- **Deposit** : 계좌에 돈을 넣어놓는 것 또는 계좌에 입금된 금액
- **Down payment** : 집이나 차 등을 구입할 때 총금액 중 일정 금액을 미리 지불하는 것. 보증금
- **Due date** : 돈을 갚아야 하는 최종 기한. 이 때까지 청구서에 명시된 최소 금액을 지불하지 않으면 연체료가 적용됩니다.
- **Finance company** : 돈을 빌려주는 기관
- **Grace period** : 빚진 금액을 갚는 기간. 즉 청구서가 발송된 날짜와 최종 상환 날짜까지 사이
- **Interest** : 은행 이자. 예금시 금리나 대출시 이자.
- **Interest rate** : 돈을 사용한 데 대해 지불하는 이자율
- **Savings and loan**(S&L) : 저축대부 조합
- **Term** : 상환 기간

BUYING OR LEASING A CAR

Minivan

Convertible

Cargo van

Sports car

Sport utility vehicle

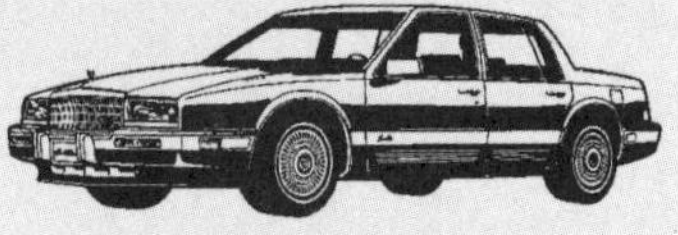

Sedan

차량 부속품 Parts of a Car

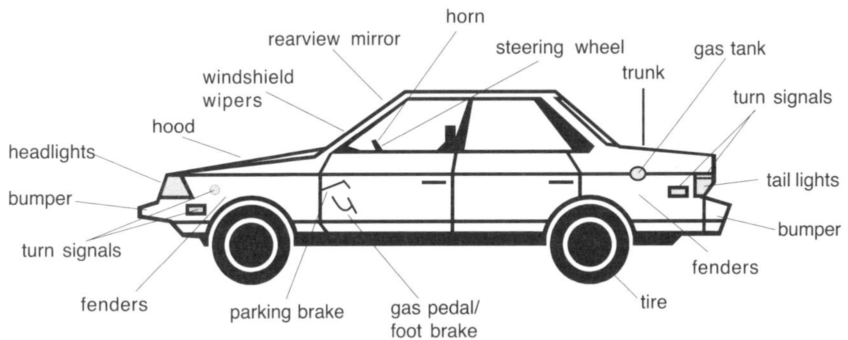

간혹 듣게 되는 용어 WORDS YOU NIGHT HEAR

2 door: 2 도어 차량

4 door: 4 도어 차량. 2 도어는 앞에, 2 도어는 뒤에 있습니다.

4 wheel drive: 흙길이나 비탈길에 적합한 4륜 구동

ABS: 갑자기 브레이크를 밟을 때 미끄러짐을 방지하는 안전장치

Air Bag: 사고시 승객을 보호하는 안전장치

Automatic transmission: 자동 기어. 차량 속도에 따라 기어가 바뀝니다.

Convertible: 무거운 천으로 된 지붕이 달린 차량. 루프를 접어 뒤로 젖혀 오픈카로 사용합니다.

Hatchback: 뒤에 문이 달린 차량. 문이 위로 열리므로 좌석 뒤의 빈 공간에 물건을 실을 수 있습니다.

Manual transmission: 수동 기어. 차량 속도가 바뀔 때 운전자가 기어를 조정해주어야 합니다.

Sound System: 보통 AM-FM 라디오와 테이프 플레이어, CD 플레이어, 스피커를 포함하는 시스템

Sunroof: 차량 지붕에 달린 창

다음과 같은 방법으로 차량을 이용할 수 있습니다.

- 차량 렌털하기('여행하기Traveling In & Out of the U.S.' 편 참조)
- 차량 리스하기. 장기 임대(보통 1~3년)를 리스라고 합니다. 리스 기간이 끝나면 주인에게 차를 반환합니다. 일부 리스 계약은 기간 만료시에 차량을 구입할 수도 있습니다.
- 차량 구입하기

최적의 가격 찾기 Getting the Best Price

$ 기재된 정가는 다음에 따라 차량마다 다릅니다.

- MSRP(Manufacturer's Suggested Retail Price): 차량을 제조한 회사에서 제안한 가격
- 추가 항목: 선루프나 GPS 등의 추가 사항에는 돈이 더 들어갑니다. 추가 옵션은 가격과 함께 차창에 표시되어 있습니다.
- 품질 보증warranty: 워런티가 있으면 차량에 생기는 주요한 문제를 무료나 할인된 가격으로 고쳐줍니다.

중고차 가격 Used car prices

중고차 가격은 다음에 따라 차이가 납니다.

- 차량을 매매하는 사람이나 회사. 딜러가 판매하는 차량이 보통 더 비쌉니다.
- 워런티. 딜러가 판매하는 차량은 워런티가 있지만, 개인이 판매하는 차량은 없을 수도 있습니다.
- 모델 연식
- 마일리지, 즉 차량을 운행한 마일 수. 중고차든 새 차든 모든 차량은 법에 의해 따라 기록계에 마일리지를 표시해야 합니다.

- 차량 상태. 중고차를 구입할 때는 정비사에게 검사를 받습니다.

❗ 중고차는 항상 구입 전에 점검을 받습니다. 자격증이 있는 정비사를 찾거나, AAA(American Automobile Association) 표시가 있는 서비스 센터를 찾아갑니다. 차량이 수리가 필요한지 알려줄 것입니다. 이 수리 비용은 딜러나 판매자가 지불합니다.

기타 비용 OTHER COSTS

차량 가격 외에 다음과 같은 추가 비용이 들어갑니다.

- 딜러가 차량을 주행 가능한 상태로 준비시키는 것. 청소나 시험 주행 등
- 보험('보험 가입하기 Insurance You Need' 편 참조)
- 세금: 세금은 차량 가격의 일정 퍼센트입니다.
- 차량 등록비
- 차량 점검 비용

얼마나 걸리는가 HOW LONG IT TAKES

딜러가 원하는 차량을 보유하고 있고 당신이 이미 보험에 가입했다면 차량을 바로 집에 가져갈 수 있습니다. 딜러가 차량을 주문해야 한다면 6주 이상 기다려야 합니다.

정보 구하기 GETTING INFORMATION

가격을 흥정하기 앞서 다음을 확인합니다.
- 새 차의 공장도 가격
- 중고차의 권장 가격

이런 정보는 다음에서 구할 수 있습니다.
- 도서관의 책이나 잡지에서. 안내 desk의 사서에게 문의합니다.
- Consumer Reports 같은 소비자 잡지
- 당신이 가입한 신용 조합. 많은 신용 조합이 회원을 위해 차량 가격에 대한 책자를 비치합니다.
- 인터넷

1 **여러 자동차 딜러상에서 가격을 비교합니다.**

차량 전시장에 들어서면 딜러가 도움이 필요하냐고 말을 걸어옵니다. 혼자 둘러보고 싶으면 "I'm just looking, thank you" 하고 말하면 됩니다.

2 **궁금한 점을 물어봅니다.**

질문을 많이 한 후에 더 둘러보고 싶다거나("I want to look around some more") 좀 더 생각해보고 싶다고("I want to think it over") 말해도 괜찮습니다.

3 **시험 주행을 해봅니다.**

딜러는 잠깐 시험 주행을 하게 해줄 것입니다.

4 **가격을 협상합니다.**

딜러에게 공장도 가격과 권장 가격을 알고 있다고 얘기합니다. 얼마나 지불해야 하는지도 물어봅니다.

5 **차량 구입 전에 bill of sale을 받습니다.**

Bill of sale에는 차량 가격, 메이커와 모델 연식, 기타 옵션이 적혀 있습니다.

6 **대출을 논의합니다.**

딜러와 대출을 논의할 때는 은행이나 다른 대출기관의 조건과 비교해봐야 합니다.

7 **차량 가격을 지불하거나 다운페이를 합니다.**

대부분의 딜러는 체크로 지불하는 것을 선호합니다. 기타 다음과 같이 지불할 수 있습니다.

- 신용카드: 신용카드로 지불하면 3% 정도 추가 비용을 요구할 수도 있습니다. 이 비용은 딜러가 신용카드 회사에 지불하는 금액입니다.
- 현금. 대부분의 딜러가 현금 지불은 좋아하지 않습니다.

차량 등록 Registration

❗ 차량 보험은 법으로 반드시 가입해야 합니다('보험 가입하기Insurance You Need' 편 참조).

딜러에게 차량을 구입하면, 딜러가 차량을 등록하고 차량 타이틀(차량의 소유주임을 보여주는 서류)을 구해줍니다. 개인에게 구입하면, 가까운 MVA(Motor Vehicle Administration)나 DMV(Department of Motor Vehicles) 사무실을 직접 방문하여 차량을 등록합니다.

📝 해당 주의 MVA나 DMV에 연락하여 지참할 서류를 미리 확인합니다. 대부분이 다음 서류를 요구합니다.

- 사진이 첨부된 ID
- Bill of sale: 새 차라면 제조업체의 오리지널 증서manufacturer's statement of origin를 딜러에게 받아옵니다. 중고차라면 전 소유주에게 소유증title을 받아옵니다.
- 차량 보험 이름과 번호
- 등록비를 지불하기 위한 현금이나 체크, 신용카드

💲 다음 비용이 들어갑니다.

- 세금
- 소유증 수수료title fee
- 등록비Registration
- 차량 대출을 받았다면 lien recording fee와 계약서

차량 점검 Inspection

대부분의 주에서 차량은 다음 점검을 받아야 합니다.

- 라이트, 브레이크, 시그널 등 안전 점검
- 차량의 오염물질 배출 정도

미리 연락해서 언제 방문하는 것이 가장 좋은지 물어봅니다. 매월 마지막 주는 점검 센터가 바쁘기 때문에 피합니다. MVA나 DMV에 연락해서 다음을 알아봅니다.

- 어디에 가서 점검받을지
- 얼마나 자주 가야 하는지
- 비용은 얼마나 드는지
- 무엇을 지참해야 하는지. 보통 다음을 지참합니다.
  - 차량 등록증car registration
- 안전 점검 노티스가 있으면 지참합니다.
- 오염 물질 방출 노티스가 있으면 지참합니다.
- 돈: 신용카드로 지불해도 되는지 물어봅니다.

차량 임대하기 Leasing a Car

이점 ADVANTAGES

쉬운 반납　때로는 차량 임대가 구입하는 것보다 저렴합니다. 예를 들어 차를 구입하는 데 많은 돈을 대출받아야 한다고 가정하면 몇 년 후에 차를 판다고 해도 처음 지불한 가격보다는 훨씬 적게 받을 것입니다. 사실 차를 판 후에도 대출을 갚을 충분한 돈이 되지 않을 수도 있습니다.

낮은 deposit　차량 구입을 위한 대출시 down payment는 차량 가격의 10~20%입니다. 차량을 임대하면 훨씬 적은 deposit을 내게 됩니다. 때로는 deposit을 전혀 내지 않기도 합니다.

단점 DISADVANTAGES

차량을 임대하는 데 드는 총비용은 때로 새 차나 중고차를 구입하는 가격보다 더 듭니다. 차량 임대 전에 deposit과 월부금을 계산할 때 다음을 명심하십시오.

Equity　차량을 반납할 때는 그에 대해 돈을 전혀 받지 못합니다. Open lease인 경우에는 차량을 구입할 수도 있습니다. 하지만 차량을 임대했다가 나중에 구입하는 경우는 바로 구입하는 경우보다 비용이 더 들 때가 많습니다.

Penalty　차량 반납시 다음의 경우엔 페널티를 낼 때도 있습니다.
- 임대 기간이 만료되기 전에 반납할 때. 미리 본국으로 돌아갈 때 회사에서 벌금을 지불해주는지 알아봅니다.

- 추가적인 차량의 손상 상태. 예로 시트가 더럽거나 외부 칠이 벗겨졌을 때
- 추가 마일. 계약서에 약속한 거리보다 더 운행했을 때 추가 비용을 내게 됩니다.

❗ 새 차를 구입할 형편이 되지 않는다면 중고차의 가격을 알아봅니다. 중고차는 팔기 쉽습니다. 임대는 단기간만 차량을 소유할 때 비용을 절약할 수 있습니다.

임대할 때 협상하기
HOW TO NEGOTIATE A LEASING CONTRACT

1 **차량 임대에 대한 일반 정보를 얻습니다.**
임대의 이점과 단점에 대해 알아둡니다.

2 **비교 쇼핑합니다.**
차량은 다음과 같은 곳에서 임대할 수 있습니다.
- 임대 전문 대리점
- 단기 차량 임대 대리점
- 새 차 딜러상
- 중고차 딜러상

Tips 대형 딜러상이 차량을 많이 보유하고 있기 때문에 더 좋은 가격으로 협상할 수도 있습니다. 딜러가 제안하는 가격을 알아보려면 인터넷으로 미리 검색합니다. 좋은 가격 정보를 인쇄해서 딜러상에 들고 갑니다. 인쇄한 것에 할인 정보가 있으면 지적합니다.

3 **가격을 흥정합니다.**
딜러에게 바로 임대를 문의하지 마십시오. 먼저 구입하는 데는 얼마가 드는지 물어봅니다. 가격을 흥정하십시오. 임대를 하는 데는 얼마나 드는지 물어보고 다시 가격을 협상합니다.

4 **임대와 구매시 가격을 비교합니다.**
전체 비용을 비교해야 합니다.

5 **계약서를 꼼꼼히 읽어보고 사인합니다.**

리스 계약 Your leasing agreement

리스 계약 기간은 언제까지인가?

차량이 언제까지 필요할지 생각해봅니다. 오래 리스할수록 매년 내는 돈은 적습니다.

얼마나 지불하는가?

Deposit (down payment)은 얼마인가? 매월 얼마나 지불하는가? 추가 옵션에는 얼마나 지불할 것인가?

리스 계약을 파기하면 얼마나 내야 하는가?

계약이 끝나면 사용하던 차량을 구입할 수 있는가?

Closed lease를 맺으면 계약이 끝날 때 차량을 구입할 수 없습니다. Open lease라면 차량을 구입할 수도 있습니다. 차량 가격을 미리 알아봅니다. 미리 차량 구매를 약속하면 가격을 더 싸게 흥정할 수도 있습니다.

워런티는 어떻게 되는가?

구매할 때와 마찬가지의 워런티를 보장받아야 합니다. 아마도 딜러가 추가 워런티를 구입할 것인지 물어볼 것입니다. 워런티를 추가 구입하기 전에 정말 필요한지 확인합니다.

얼마나 주행할 수 있는가?

일부만 계약은 특정 마일, 예를 들면 1년에 15,000마일 이상 운전할 수 없습니다. 이보다 덜 운행할 것이라고 생각한다면 더 낮은 가격으로 흥정하십시오. 더 운행할 것으로 생각되면 돈을 더 내고 사용할 수 있는지 알아봅니다.

다른 시에서 차량을 사용해도 되는가?

다른 시에 이주할 계획이 있다면 차를 이동해도 되는지 확인합니다.

기타 손상wear and tear에 대해 지불하는 비용이 얼마인가?

리스 계약에는 다음 사항이 명시되어 있습니다.

- 일반적인 손상 정도와 지나친 손상 정도. 지나친 차량 손상에 대해서는 비용을 추가로 지불해야 합니다.
- 특정 손상에 대해서 얼마나 지불해야 하는지 명시되어 있습니다.

세금은 얼마나 지불하는가?

세금은 차 가격의 10% 정도일 것입니다. 누가 세금을 부담하는가? 당신이 부담한다면 월 할부금에 세금이 포함되어 있는지 확인합니다.

어떤 차량 보험에 가입하는가?
차량이 사고를 심하게 당하면 얼마나
보상받을 수 있는가? Gap insurance,

즉 차량을 리스 회사에 보상할 만큼 충
분한 액수인가?

유용한 영어표현 Words to Know

- **American Automobile Association** (AAA) : 차량 운전자 클럽. 긴급 수리 같은 서비스를 제공합니다.
- **Bill of sale** : 차량 가격, 메이커, 연식 등을 설명한 서류
- **Car Navigation System** : 'Global Positioning System' 참조
- **Cargo van** : 사람보다는 박스, 카트, 짐 등을 옮기는 데 사용하는 대형 차량
- **Contract** : 양자간 맺는 문서 계약
- **Dealer preparation** : 딜러가 차량을 몰고 갈 수 있도록 준비시키는 것
- **Deposit** : 'Down payment' 참조
- **Down payment** : 차량을 구매하거나 리스할 때 내는 돈. 나머지는 빌려서 사는 것입니다('신용카드와 대출 Credit Cards and Loans' 편 참조).
- **Emissions** : 차량 후면에서 방출되는 가스
- **Financing** : 은행이나 딜러에게 차량 대출을 받는 것

- **Gap insurance** : 차량 보험의 일종으로, 차량 사고가 발생했을 때 보험회사에서 지급받는 금액과 리스회사에 물어야 하는 돈의 차액을 지급합니다.
- **Global Positioning System**(GPS) : 차량에 장착한 전자 장치로 주행 방향을 안내합니다. 원하는 주소를 입력하면 시스템의 음성이 회전이 필요할 때마다 알려줍니다. 대부분의 GPS는 미국 전역에서 사용 가능합니다.
- **Inspection** : 차량 안전 점검. 모든 차량은 안전 점검을 통과해야 합니다.
- **Lease** : 장기로 차량을 임대하는 것. 리스 만료시 차량을 구입하기도 합니다.
- **Lien contract** : 차량이 당신 것이고 누가 돈을 대출해주었는지 알려주는 서류
- **Lien recording fee** : MVA에 차량 대출 사실을 기록하기 위해 내는 돈
- **Make of a car** : 차량을 제조한 메이

커. 예: Ford나 General Motors

- **Manufacturer's Suggested Retail Price**(MSRP) : 차량 제조업체가 제안하는 가격. 흥정 가능합니다.
- **Mark-up** : 공장에서 차량이 나온 후 딜러가 붙이는 추가 가격
- **Mileage** : 차량을 운행한 마일리지
- **Model** : 차량 모델. 예: Ford의 Taurus station, Toyota의 Celica GT
- **Model year** : 보통 9월에 시작해서 새 모델이 팔리는 12개월 기간
- **No-claim letter** : 차량 보험회사에서 당신이 안전한 운전자임을 알려주는 레터
- **Odometer** : 주행 기록계. 차량이 얼마나 운행되었는지 마일 수를 보여 줍니다.
- **Registration** : 주에 차량을 등록하는 것
- **Single-price policy** : 차량의 가격을 고정하는 정책. 가격을 더 흥정할 수 없습니다.
- **Sports utitility vehicle** : 대형 패밀리 카로 bank에 여유 공간이 있으나 트렁크가 없습니다.
- **Sunroof** : 차량 지붕에 달린 창
- **SUV** : 'Sports utitility vehicle' 참조
- **Test drive** : 차량 구매 전에 시험 운행
- **Title** : 차량 소유 증명서
- **Trade in**(a car) : 새 차를 사기 위해 예전 차를 파는 것
- **Minivan** : 미니 밴
- **Warranty** : 차량 보증서. 차량이 고장 나면 무상이나 저렴한 가격으로 수리를 받을 수 있습니다.

25 일자리 구하기
FINDING WORK

Ana Maria Castillo

222 Rockcreek Road, Arlington, VA 22052
703/999-2345

OBJECTIVE

To develop and implement training programs.

EDUCATION

M.A. Linguistics. University of Buenos Aires, Argentina, 1985.
B.A. Spanish Literature. University of Buenos Aires, Argentina, 1983.

WORK EXPERIENCE

9/95-present. U.S. Agency for International Development, American Embassy, Buenos Aires, Argentina. Training Coordinator.

- Developed a training program for staff development, using resources from the Mission and developing countries.
- Designed and executed workshops on subjects such as management and interpersonal communication.

8/90-6/95. The American School, Buenos Aires, Argentina.
Spanish Program Coordinator.

- Developed pre-kindergarten through 4th grade curricula for children in Argentina and developing countries.
- Trained incoming Spanish reachers.

LANGUAGES

Native Spanish; fluent English; working knowledge of French.

REFERENCES AVAILABLE UPON REQUEST

May 8, 2002

Dr, Steven Smith, Director
Trainning Services of America
123 Apple Street, NW
Washington, DC 20000

Dear Dr. Smith:

I am writing in response to the advertisement in The Washing Post on Sunday, April 17, for the position of education specialist. Enclosed is my résumé and a newspaper article describing the Spanish program I developed for the American School in Argentina.

I belive I can contribute to the development of your language program for two reasos. First, my master's degree in linguistics — with a specialty in Spanish dialects — is particularly suitable for the curriculum of your South American locations. Second, I have a proven track record; during the four years I was coordinator and staff trainer at the American School, student enrollment doubled.*

I look forward to speaking with you and will call next week.

Sincerely,

(signature)

Ana Maria Castillo
222 Rockcreek Road
Arlington, VA 22052

Enclosure

Note 커버레터에는 지원자가 어떻게, 왜 해당 일자리에 적합한지 설명하고 있습니다.

개요 OVERVIEW

❗ 출입국 제반 규정을 지키지 않으면 미국에서 취업 또는 거주할 권리를 박탈당할 수도 있습니다('법적 신분Your Legal Status' 편 참조).

이민자 신분immigrant status 합법적으로 제약 없이 취업이 가능합니다.

비이민자 신분non-immigrant status 취업이 가능한 비자라면 I-94 카드에 허용된 날짜까지 거주나 취업이 가능합니다. 신분 변경이나 거주지 변경, 연장이 필요하면 반드시 이민서비스국United States Citizenship and Immigration Service: USCIS나 담당 변호사에게 연락합니다.

누가 일할 수 있는가 WHO CAN WORK

직업이 있는 프로페셔널 몇 년 동안 일할 수 있는 허가가 떨어지기도 합니다. 회사에서 스폰서를 해주면 그린카드나 핑크카드를 가진 영주권자가 될 수 있습니다. 다음의 경우에는 이민서비스국이나 담당 변호사와 상의합니다.

- 비자에 명시된 기간보다 오래 체류하려 할 때
- 같은 조직 내에서라도 해당 업무에 변동이 있을 때('법적 신분Your Legal Status' 편 참조).

F-1 비자의 학생 첫 1년 동안은 일할 수 없습니다. 1년이 경과한 후에는 일정한 규정을 지키는 한 일할 수 있습니다. 해당 규정은 학교의 외국 학생 담당처에 문의합니다. 보통은 다음과 같습니다.

- 캠퍼스에서: 학기 중 주당 20시간까지. 방학이나 공휴일에 풀타임으로 근무할 수 있습니다.
- 캠퍼스 밖에서: 학기 중 주당 20시간까지. 방학이나 공휴일에 풀타임으로 근무할 수 있습니다. 국제 학생처에서 서류를 처리해줄 회사를 알아보도록 도와줄 것입니다.
- 방학 중이나 졸업 후 총 12개월 동안 학업에 관련된 일을 할 수 있습니다.

배우자 배우자에 관한 규정은 각기 다르지만 다음과 같은 예를 들 수 있습니다.

- 외교관 배우자: 미국과 협약을 맺어 외교관 배우자가 일할 수 있는 경우도 있습니다.
- 국제 기구 직원의 배우자: 국제 기구에서 일자리를 제공할 수 있습니다.
- 기타 배우자: 규정은 다양합니다. 예를 들어 E 비자나 L 비자를 소지한 배우자는 일할 수 있습니다. 출입국 변호사나 국제 학생 담당 어드바이저에게 일할 허가를 받기 위한 절차를 문의합니다.

Tips 이민서비스국에서 노동 허가를 받으려면 2~3개월 이상 소요됩니다.

필요한 서류 DOCUMENT YOO NEEDS

법적 서류 취업을 위해 필요한 서류는 비자 종류에 따라 다릅니다. 국제 학생처의 어드바이저나 출입국 관리 변호사와 상담합니다.

자격 요건에 대한 증명 일할 수 있는 자격을 증명하는 다음 같은 서류를 준비합니다.
- 영문화된 졸업증과 성적표
- 직업 교육 프로그램의 자격증
- 라이선스: 어떤 직종은 주에서 발급한 면허를 필요로 합니다. 면허를 따려면 시험을 봐야 합니다. 주 면허 위원에 연락합니다.
- 과거 회사에서 업무 내용과 성과를 설명한 추천서
- 업무 내용의 샘플
  - 자신을 소개했거나 자신이 집필한 책자, 팸플릿
  - 예술가나 일러스트레이터, 실내 장식가라면 작품을 보여줄 수 있는 포트폴리오
- 수상 기록 사본

일자리 찾기 Looking for a Job

어디를 찾아봐야 할까 WHERE TO LOOK

구인 광고 Want ads 다음에서 'Help wanted' 광고를 찾아봅니다.

- 신문 일요판에 있는 classified
- 신문의 비즈니스 섹션에 있는 'Professional opportunities'

회사 원하는 직종을 갖춘 회사가 어느 곳인지 알아봅니다. Yellow page, 온라인, 도서관 등에서 찾아볼 수 있습니다. 많은 시에서 가장 인기 있는 직종과 해당 직종에 채용하는 회사 명단을 실은 책자를 갖추고 있습니다. 각 회사에 연락해서 다음을 문의합니다.

- 원하는 직종이 있는지
- 채용 중이거나 조만간 채용 계획이 있는지

위의 조건에 맞다면 인터뷰할 기회를 요청합니다.

어떻게 찾아볼까

HOW TO LOOK

1 **필요한 법률 양식을 작성합니다.**

2 **이력서를 작성하고 업무 내용의 샘플을 준비합니다.**
이력서와 포트폴리오를 미국 고용 문화에 익숙한 사람에게 보여줍니다.

3 **필요하면 직업 카운슬링을 받습니다.**

4 **거주 지역 내에 일자리가 있는지 알아봅니다.**

5 **인터뷰를 연습합니다.**
미국 문화에 익숙한 사람에게 면접관 역할을 해달라고 부탁합니다. 인터뷰 연습은 미국 면접관의 기대치를 이해하는 데 도움이 될 것입니다.

6 **빈 자리가 있는 회사에 연락합니다.**
예로 다음처럼 말할 수 있습니다. "Hello, my name is Ana Maria Castillo. I am calling in response to the ad for a Spanish translator. Is the job still available? How can I apply?"

7 **커버레터와 이력서를 보냅니다.**

8 **인터뷰하러 갑니다.**

인터넷 점점 많은 회사가 신규 채용에 인터넷을 활용합니다. 부록 B에 실린 'Chapter Information'에서 구직 사이트를 찾아보거나 인터넷에 'job'과 원하는 직종으로 검색해봅니다.

온라인 지원 양식을 작성하도록 요청하는 회사도 있습니다. 정직하게 작성하되 회사에서 찾는 스킬이 있으면 양식에 잘 기입합니다. 가지고 있는 스킬을 모두 기입하십시오. 특히 매니지먼트 스킬은 생략하지 마십시오.

Note 지원 양식 작성은 첫 단계일 뿐입니다. 회사에서는 작성한 양식을 검토해서 누구를 인터뷰할지 결정합니다. 보통 두세 명을 면접한 후 실제로는 한 사람에게만 일자리를 제공합니다. 인터뷰에는 뽑혔어도 최종 오퍼는 받지 못할 수도 있습니다.

네트워킹 원하는 일자리가 있으면 가능한 한 여러 사람에게 알리고 가능한 연락처 리스트를 만듭니다. 친구, 친척, 회사 동료, 이웃 등에게도 알립니다.

협회 협회나 프로페셔널 조직에 가입하면, 같은 직종에 종사하는 다른 사람을 만나볼 수 있습니다. 협회의 명단을 찾아보려면 도서관의 The Encyclopedia of Associations를 찾아봅니다. 가입하려는 조직의 본점에 연락해서 가까운 지점 연락처를 문의합니다.

대부분의 협회는 이렇습니다.

- 월 1회 모임을 합니다.
- 전국에서 모인 사람들과 집회를 합니다.
- 자신의 분야를 심화 학습할 연수나 워크숍을 합니다.

많은 회사에서 이력서 접수를 다음과 같이 합니다.

- 팩스: 팩스 기기가 없으면 Mail Boxes 같은 사설 서비스를 이용합니다.
- 전자: 특정 키워드로 검색하는 회사를 위해 여러 종류의 이력서가 필요합니다.

가능한 이메일 주소를 사용하고 인터넷에서 검색합니다. 어떤 구인 회사는 반 이상의 구인 광고를 인터넷에서 찾습니다. 인터넷을 사용할 줄 모른다면 다음과 같이 합니다.

- 커리어 상담소에 도움을 청합니다.
- 어떻게 하는지 알려주는 인터넷 서비스를 찾아봅니다.

Note 인터넷은 대부분의 도서관과 Kinko's 같은 인쇄숍에서 사용할 수 있습니다.

국제 그룹 일자리를 구하는 데 'The China Human Resources Group'이나 'The Japan-America Society' 같은 기구에서 도움을 받을 수 있습니다. White page의 비즈니스 섹션에서 본국 이름으로 시작하는 모든 조직을 찾아봅니다.

구직 상담 서비스 JOB COUNSELING SERVICES

학교 직업 학교나 커뮤니티 컬리지, 대학에는 보통 구직 상담 프로그램이나 취업 사무실, 커리어 센터 등이 있습니다. 국제 학생처의 카운슬러에게도 의논합니다. 보통 대학에서는 학생을 위해 다음과 같은 무료 구직 서비스를 제공합니다.

- 커리어를 계획하는 데 도움이 되는 자가 진단 테스트self-assessment test
- 구직 방법과 일자리의 종류를 설명한 책자를 비치한 도서관career reference library
- 공무원이나 사기업에 가능한 일자리 리스트
- 이력서 작성 도움. 커리어 센터에서 가능한 회사에 이력서를 보내주기도 합니다.
- 캠퍼스 내 리쿠르팅: 회사에서 캠퍼스를 방문해 학생들에게 설명하는 취업 설명회

또한 많은 대학에서 Continuing Education이나 Adult Education Department를 통해 직업을 구하거나 새로 커리어를 시작하는 사람을 위해 강좌를 엽니다. 이런 강좌는 다음의 교육을 포함합니다.

- 이력서 작성 요령
- 나에게 맞는 직업 찾기
- 직업 스킬 강화하기

주나 카운티의 고용 서비스employment services 일부 서비스는 무료이나, 상담 세션은 40달러, 그룹 세션은 20달러까지 받는 경우도 있습니다.

Hello, USA!

공립 도서관에서 특정 커리어에 대한 설명이나 구직 방법, 이력서 작성 요령, 면접 요령 등을 설명한 책자를 찾을 수 있습니다. 대부분의 서점에도 비슷한 책자가 있습니다.

사설 고용 센터 Private employment agencies

사설 고용 센터는 구직자를 인터뷰해보고 일자리를 찾아줍니다. 보통, 구직자에게는 비용을 받지 않고, 고용하는 회사에 비용을 청구합니다.

사설 상담 회사 Private counseling companies

이런 회사는 당신의 스킬을 테스트해보고 어느 커리어가 적합한지 판단하는데 도움을 줍니다. 이런 프로그램은 1,000달러 이상 비용이 듭니다.

이력서 RÉSUMÉ

이력서는 다음을 포함해야 합니다.

- 원하는 직종. Objective
- 구직자의 이름, 주소, 연락처
- 과거 경력: 관련 있는 모든 경력과 근무 기간, 근무 위치, 담당 업무를 기재합니다. 이력서에 빠진 기간이 없도록 합니다. 1~2년을 생략하고 작성하면 면접관이 그 기간에 대한 설명을 요구할 것입니다.
- 교육: 대학과 대학원 학위, 원하는 직종과 관련된 특별한 연수를 받았으면 이도 포함합니다.

- 언어나 컴퓨터 등의 특별한 스킬을 기록합니다. 스킬을 배우기 시작한 초보자인데 전문가인 것처럼 기재하지는 마십시오. 면접관이 질문을 시작하면 당황할 수도 있습니다.
- 영어로 된 것이 아니더라도, 자신이 집필한 책이 있으면 서적의 이름, 날짜, 출판사
- 레퍼런스: 레퍼런스로 기재할 사람에게 우선 괜찮은지 의향을 물어봅니다. 이력서에 조회처로 사람 이름과 연락처를 기재할 수도 있고, 단순히 'References available upon request(요구하면 레퍼런스 제공 가능)' 이라고 쓸 수도 있습니다.
- 자신이 소속된 프로페셔널 조직의 이름

Tips 특정 프로젝트나 시설의 매니저였던 기록은 반드시 기술합니다. 과거에 그런 경력이 있다면 더 비중 있는 자리를 구할 확률이 높아집니다.

❗ 이력서 분량은 두 페이지를 넘지 않도록 합니다.

인터뷰 The Interview

준비하기 GETTING READY

면접 전에 해당 직업에 대한 정보를 될 수 있는 한 많이 구합니다.

- 인터넷에서 해당 회사를 조회해봅니다.
- 면접관에게 물어볼 질문을 준비합니다. 이런 질문을 하면
  - 해당 직종을 더 이해하는 데 도움이 됩니다.
  - 면접관에게 당신이 해당 직업에 관심이 있다는 것을 보여줍니다.
- 당신의 스킬이 해당 직종에 어떻게 도움이 될지 검토합니다.
- 인터뷰를 연습합니다. 직장인인 미국인 친구가 있다면 도움을 부탁합니다.

🕐 시간을 엄수합니다! 몇 분 일찍 가는 것은 괜찮지만 절대 늦어서는 안 됩니다.

📝 인터뷰에 갈 때 이력서를 지참합니다. 이미 면접관에 이력서를 보냈어도, 면접관이 쉽게 볼 수 있도록 이력서를 가져갑니다. 또한 추천서나 업무 내용 샘플, 기타 수상 기록 사본을 가져갑니다.

회사에서 요구하지 않으면 레퍼런스는 미리 주지 않습니다.

Hello, USA!

직업을 구하는 것은 특히 타국에서 온 사람에게는 어려운 일입니다. 전문적인 직업 상담소에서 도움을 받을 수 있습니다. 예로, 어떤 상담소에서는 연습용 인터뷰를 통해 미국 방식에 익숙해지도록 도와줍니다. 대부분 당신의 이력서를 검토하고 조언을 해줍니다. 미국의 절차와 방식은 다른 나라와 다를 수 있으므로 이런 도움을 받는 것이 매우 중요합니다.

1 인터뷰를 준비합니다.

2 인터뷰에 제시간에 도착합니다.
늦는 것보다는 5~10분 일찍 가는 것이 좋습니다.

3 들어설 때 자신을 소개하고 악수를 합니다.

4 해당 일에 대한 얘기는 면접관이 먼저 시작하도록 합니다.
면접관이 날씨나 시사, 스포츠, 국제 문제 같은 가벼운 주제로 대화를 시작하고 싶어할
수도 있습니다.

5 면접관의 질문에 직접적으로 대답합니다.
왜 해당 일을 원하고, 왜 그 자리에 당신이 적합한지 설명합니다.

6 질문을 합니다.
예로 통역관 직종에 대한 면접을 보았다면, 통상 통역 프로젝트 기간은 얼마나 걸리는
지, 보통 어떤 종류의 클라이언트가 있는지 등을 물어볼 수 있습니다.

7 면접관에게 시간을 들여 인터뷰해 준 것에 대해 감사 인사를 합니다.
면접 결과는 언제 알 수 있는지 물어봅니다.

8 면접관에게 고맙다는 편지를 레터를 보냅니다.
자신이 왜 적합한지 설명을 첨부합니다.

❓ 보수에 대해 질문해도 됩니까?
보수에 대해 물어보는 것이 결례는 아니지만, 이 때 협상을 하려고 하지는 마십시오. 회
사에서 일자리를 줄 때까지 기다리십시오.

일자리를 구하지 못해도 다음과 같이 활동을 계속할 수 있습니다.

- 성인 교육 강좌를 듣습니다('친구 사귀기Making Friends' 나 '대학 교육College and Universities' 편 참조).
- 자원 봉사를 합니다. 자원 봉사는 중요한 첫 걸음입니다. 가능하면 자신의 분야와 관련 있는 일을 찾습니다. 예로 본국에서 의사나 간호사였다면 병원이나 의료 시설에 자원 봉사일을 신청합니다. 2~3개월 한 곳에서 자원 봉사일을 한 후 자신이 한 일과 성과를 적은 추천서를 부탁합니다. 이런 추천서를 통해, 비록 자원 봉사 일이 직업과 관련이 없더라도 자신이 좋은 직원이 될 수 있음을 설득할 수 있습니다.

자원 봉사일에 대한 정보는 지역 내 일간지를 찾아봅니다('친구 사귀기Making Friends' 편 참조).

유용한 영어표현 Words to Know

- **Association**: 같은 취미나 같은 직종의 일을 하는 사람들의 그룹
- **Career center**: 학교에서 구직을 돕는 커리어 센터
- **Cover letter**: 구직시 이력서와 함께 동봉하는 커버 레터. 이력서에 기재된 사항을 자세하게 기술합니다.
- **Employment agency**: 구직을 돕는 회사
- **Interview**: 구직자와 회사 직원이 만나 정식으로 면접하는 것
- **Letters of recommendation**: 과거 회사에서 당신의 성과를 기술한 추천서
- **Local branch**: 한 조직의 지점
- **Networking**: 같은 직종에 종사하는 사람들과 만나고 교류하는 것
- **Occupational license**: 정부가 당신

이 어떤 직종에 자격이 있다고 인가
하는 면허증

- **Portfolio**: 자신이 그린 그림, 사진의
샘플이나 집필한 기사, 자신에 대해
씌어 있는 기사 등
- **Recruitment programs**: 회사에서
학교를 방문해 취업 인터뷰를 하는 것
- **Reference**: 어떤 일자리에 당신을 추
천해줄 수 있는 사람. 보통은 과거 직
장 상사나 고용주
- **Résumé**: 이력서.
- **Self-assessment test**: 어떤 종류의
직업에 소질이 있는지 찾기 위한 자
가 진단 테스트
- **Special interest group**: 환경이나
국제 관계 등 공통의 흥미가 있는 사
람들의 그룹
- **Transcript**: 성적표
- **United States Citizenship and
Immigration Services**(USCIS): 국가
안보부 소속의 이민서비스국. 이민,
비이민 비자와 미국 입국 절차, 외국
인 거주자의 노동 허가, 이민자의 재
정 혜택 등을 관할합니다.
- **Vocational school**: 실용적인 스킬
을 가르치는 직업 학교. 예: 목수일이
나 전기공 스킬
- **Want ads**: 신문에 실린 구인 광고
- **Work authorization**: 소득이 생기는
일을 해도 좋다는 공식적인 허가
- **Workshop**: 보통 하루 이하의 시간
이 소요되는 교육 목적의 회의

PART V

자녀 교육

Your Children

Day care International

3425 Franklin Avenue
Falls Church, VA 22134
(703) 437-8900

Child

Name_Jung Kwon______Nickname_John_____

Sex_M_Birthday_7/24/05_______HomePhone_703/010-4124

Father's Name_Ho Young_WorkPhone_202/000-8100

Mother's Name_In-Ae_WorkPhone_703/000-2301

Emergency Information

Name of Child's Physician: Dr. David Miller

Phone: 703/371-5161

Name of contact persons if parents cannot be reached   (2 names)

(1) Name :_____Peter Kwon________Phone_703-001-5117

(2) Name :_____Tae Sun Lee_______Phone_703-001-8988

Persons authorized to pick up child :__________________
Mother, Father, Peter Kwon, Tae Sun Lee
____

Persons not authorized to visit or pick up child:
_____________________none___________________
____

Allergies :_____Chocolate, Be Stings________________
____

베이비시터 Babysitters

어디서 알아볼까 WHERE TO LOOK

다른 아동의 부모 자녀가 다니는 데이케어나 보육학교 게시판에 광고를 올려도 되는지 물어봅니다. 다른 부모와 베이비시터를 공유해서 사용하기도 합니다.

병원과 대학 부설 보육학교 학교의 학장실에 문의합니다.

가까운 대학 커리어 센터나 학생 구직 사무실에 연락합니다.

신문 광고 로컬 신문에 베이비시터를 구하는 광고가 있습니다.

베이비시터 중개 회사 가격은 더 들지만 업체를 통해 바로 좋은 시터를 구할 수 있습니다. Yellow page의 'Babysitter' 난을 찾아봅니다.

우선 베이비시터에게 전화해서 3명 이상의 레퍼런스 명단을 요구합니다. 레퍼런스로 알려준 사람들에게 연락해서 다음을 물어봅니다.

- 이 베이비시터를 얼마나 오래 이용했는가?
- 만족스러웠는가?
- 이 베이비시터의 장점은 무엇인가?
- 이 베이비시터의 약점은 무엇인가?

주의 깊게 듣고 필요하면 더 질문하는 것을 주저하지 마십시오. 베이비시터에게 방문해 자신과 자녀를 한번 만나도록 요청합니다.

Hello, USA!

베이비시터나 내니, 오페어에게 자녀를 맡기고 외출할 때는 다음을 알려주고 갑니다.

- 자녀의 소아과 의사 이름
- 당신에게 연락할 수 있는 전화번호
- 당신의 집주소
- 건강 보험회사명과 번호
- 이웃의 이름과 전화번호

개요 OVERVIEW

Nannies Nanny는 아이들을 돌보면서 아이들의 의류 세탁이나 방 청소 등의 가벼운 집안일도 합니다. 보통 nanny는 특별한 교육을 받은 경륜 있는 직업인 입니다. 집 안에 입주하는('live-in') nanny 도 있고, 자신의 집에서 출퇴근 하는 ('live-outs') 경우도 있습니다.

Au pairs Au pair는 보통 미국에 온 지 1년 정도 된 외국 학생입니다. 대부분의 au pairs는 자녀의 가족과 함께 삽니다. Au pairs는 주당 45시간가량 일합니다. 자녀를 돌보고 가벼운 집안일도 합니 다. 고용하는 사람의 필요에 따라 근무 시간은 조정할 수 있습니다.

Nannie나 Au pairs 구하는 방법

HOW TO FIND NANNIES/AU PAIRS

소개업체 전문 소개업체에 수수료를 내 면 nanny나 au pair를 구해줍니다. 대 부분은 일한 경력과 개인 레퍼런스, 육 아 경험, 육아 연수, 응급 처치 교육 여 부를 체크합니다. 일부 소개업체는 범 죄 여부나 의료 기록도 확인합니다. American Institute for Foreign Study (AIFS)에도 연락합니다.

어떤 소개업체는 nanny를 인터뷰해서 채용하는 데 도움이 되는 팁뿐만 아니 라, 여러 nanny의 명단도 가지고 있습 니다. 소개업체가 제공하는 서비스를 모두 이용하지 않으면 비용은 훨씬 적 게 듭니다. 업체에서 충분한 후보 명단 을 확보하도록 합니다.

Nanny 학교 Nanny 학교에서 졸업생 중 일자리를 구하는 명단을 얻을 수 있 습니다.

인터넷 대부분의 nanny 소개업체는 인 터넷에 있습니다. 'Nanny agencies' 라 고 검색어를 입력합니다.

인터뷰와 레퍼런스 Nanny 자리의 지원 자들은 당신 집을 방문하여 인터뷰를 할 것입니다. 소개업체를 통한 지원자 들이 아니라면, 최소 세 명의 레퍼런스를 요구합니다.

❗ 급여, 근무 시간, 해야 할 일을 적어 지원자들과 문서로 계약합니다.

❗ 고용하는 사람이 미국에서 근무하는 데 합법적인 신분인지 확인합니다. 불법 외국인을 고용하는 것은 미국에서 범죄 행위입니다.

💲 웹사이트 서비스는 250~300달러 정도 합니다. 소개업체를 이용하면 소개비를 내야 합니다. 예로 소개업체의 리스트를 보는데 50~250달러의 등록비를 내고, 소개업체에서 nanny를 알선해주면 추가로 1,400~2,500달러의 소개비를 지불합니다.

Nanny Nanny에게 매주 급여를 줍니다. 또한 nanny의 세금 일부를 내주고 건강 보험을 보조해주기도 합니다. 이런 계산을 하는 데 소개업체의 도움을 받을 수 있습니다.

Au pair Au pair를 고용할 때 다음 비용을 지불합니다.

- 보험료
- 미국으로 왕복 비행기 티켓
- 주급(보통 nanny의 급여보다 적은 액수의 주급)
- 등록금이나 용돈

취학 전 Preschools

데이케어 센터 대부분은 연간, 온종일 데이케어를 제공합니다. 보통 어느 연령에나 데이케어에 보낼 수 있습니다. Yellow page의 'Day Care," 'Nurseries,' 'Child care' 등을 찾아봅니다.

Hello, USA!

자녀를 co-op(co-operative)에 보낼 수도 있습니다. Co-op은 부모가 분담해서 일을 하는 학교나 센터입니다. 대부분의 Co-op에서 부모는 월 1~2회 교실에서 교사를 돕습니다. Co-op은 학교나 센터보다 가격이 저렴하기도 합니다.

보육 학교Nursery schools 반나절 프로그
램인 경우가 많고 여름에는 열지 않습
니다. 보통 보육 학교에서는 다음에 해
당하는 아동을 받습니다.

- 2세 이상의 아동
- 학교에 다닐 준비가 된 아동. 잠깐 동
  안 집을 떠나 다른 아이들과 같은 교
  실에서 놀 수 있는 아동이어야 합니
  다.
- 기저귀를 뗀 아동toilet-trained

Yellow page의 'Schools/Preschools &
Kindergarten,' 'Nurseries,' 'Child
care' 를 찾아봅니다.

알아볼 사항WHAT TO LOOK FOR

보육 학교나 데이케어 센터에 미리 약
속하지 않고 방문해서 평소에 어떤지
살펴봅니다.
다음에서 학교나 데이케어 센터에 대한
정보를 얻을 수 있습니다.
- 교육 카운슬러
- 지역 내 서점의 가이드북
- National Association for the Educa-
  tion of Young Children(NAEYC):
  NAEYC는 자녀를 잘 돌볼 수 있는 기
  관을 선택하는 방법을 설명하는 팸플
  릿을 발간합니다. 이 팸플릿에는 높

은 기준에 부합하는 학교와 센터 명
단이 수록되기도 합니다.
- 아는 사람

직원의 교육 수준

- 디렉터는 적어도 2년제 Early Child-
  hood Education(ECE) 대학 과정을 이
  수하고 1~5년의 보육 센터 경험이 있
  어야 합니다.
- 선생은 소아동 교육에 대한 대학 연수
  나 1년 정도의 경력이 있어야 합니다.

직원의 태도

직원이 아이들을 좋아하는가?

프로그램 균형있는 프로그램인지 확인
합니다.
- 실내, 실외 놀이가 적절히 균형적인
  가
- 혼자 놀기, 그룹으로 놀기, 선생님과
  놀기가 적절히 섞여 있는가
- 놀이와 학습이 적절히 균형적인가

여러 언어 사용 어떤 학교는 2개 국어
이상 사용하는 직원들을 두고 있습니
다. 이런 학교 명단과 연락처는 Yellow
page의 'Schools' 에서 찾아봅니다.

❗ 몬테소리 학교는 많은 교육용 장

난감과 게임, 그룹 활동보다는 자유로
운 놀이를 활용합니다. 모든 아이는 자
기의 속도에 맞추어 배웁니다. 몬테소
리 철학은 미국과 유럽에서 인기가 있
습니다. 하지만 어떤 학교든지 '몬테소
리'라고 주장할 수 있습니다. 학교가 정
말 몬테소리 방법을 활용하는지는 수업
을 직접 확인하거나 Montessori Insti-
tute에 연락합니다.

다른 아동

- **연령** 일부 센터에서는 다양한 연령을
  받습니다. 각 연령대별로 충분히 신경
  을 써주는지 확인합니다.
- **배경** 다른 국가에서 온 아동이 많은가?

부모와의 관계

다음을 확인합니다.

- 아무때나 방문해도 좋은가
- 학부모-교사 모임parent-teacher confer-
  ence이 있는가
- 아동이 무엇을 먹고, 어떻게 생활하
  고 있는지, 상세한 리포트를 매일, 또
  는 매주 해주는가
- 학부모의 의견을 환영하는가

공간과 기자재 센터 전체의 내·외부를
돌아보고 다음을 확인합니다.

- 청결하고 밝은가

- 기자재와 장난감이 안전한가. 어린 아
  동의 장난감은 매일 세척해야 합니다.
- 실외 놀이 지역이 넓고 담장이 둘러
  있는가

장소 학교나 센터가 멀리 떨어진 곳에
있으면 다음을 확실히 합니다.

- 비용을 더 내면 센터에서 아동을 픽
  업해주는가
- 가까운 곳에 사는 학부모와 카풀을
  할 수 있는가

식사와 스낵 제공되는 음식이 건강식인
지 확인합니다. 자녀가 특정 음식을 먹
지 못한다면, 센터에서 대신 어떤 음식
을 주는지 알아봅니다.

자녀의 반응 방문했을 때 자녀가 학교
를 좋아하는지 봅니다.

보육 학교 NURSERY SCHOOLS

달력 보통 학기는 9월에 시작해서 6월
초에 끝납니다.

학교마다 수업 시간은 다르지만 보통
오전 9시에서 정오 사이에 수업을 합니
다. 자녀를 주 2회, 3회, 5회로 선택해
서 보낼 수 있습니다. 일부 학교는 맞벌
이 부모를 위해 풀데이 프로그램(오전 7

시~저녁 6시)을 운영합니다.

수업 규모 보통 한 반에 14~15명의 학생이 있습니다.

입학 조건 보통 보육 학교는 학교에 다녀도 될만한 아동만 받습니다. 또한 일부 학교는 다음을 요구합니다.
• 아동을 인터뷰합니다.
• IQ 테스트를 합니다.
• 입학 아동이 영어를 말하고 이해해야 합니다.

입학 신청 시기 많은 보육 학교와 데이케어 센터가 대기자 명단을 받습니다. 보통은 먼저 등록한 아동을 우선 받습니다. 일부 학교나 센터는 1년 이상 미리 신청해야 합니다.

라이선스 해당 학교가 인가가 난 곳인지 학교에 문의합니다.

🕐 이미 미국에 도착해 있다면 1년 미리 보육 학교를 찾아봅니다. 입학하기 1년 전 9월이나 10월쯤에 찾기 시작하십시오. 대부분의 데이케어 센터는 언제든지 아동을 받습니다.

데이케어 DAY CARE

달력 데이케어 센터는 연중 열거나 9월부터 6월까지의 학기 동안 운영합니다. 많은 데이케어 센터가 일주일에 5일 엽니다. 일부 센터나 'day-out' 프로그램은 일주일에 하루 이틀, 오전만 맡길 수도 있습니다.

일부 데이케어 센터에서는 'latchkey' 프로그램, 즉 언제든 한두 시간만 맡길 수도 있는 프로그램을 운영합니다. 'Latchkey' 프로그램은 시간당 비용이 일반 풀 데이 프로그램보다 비쌉니다.
풀타임 시간제는 보통 오전 7시에서 저녁 6시 30분까지 운영합니다. 반나절 프로그램은 오전 9시부터 오후 1시까지입니다.

성인/아동 비율 The National Association for the Education of Young Children에서는 각 아동 그룹이 다음과 같은 규모를 최대로 해서, 적어도 성인 두 명의 보호를 받도록 권장합니다.
• 0~2세 그룹: 6~8명
• 2~3세 그룹: 10~14명
• 4~5세 그룹: 16~20명

라이선스 일부 시에서는 면허를 받는 것이 자발적이어서 좋은 학교도 라이선스 신청을 하지 않기도 합니다. 반면 다른 시에서는 좋은 센터는 모두 면허를 받습니다. 학교에 연락해서 면허 등록된 곳인지 문의합니다.

특수 아동 Special Needs

대부분의 시에서는 다음과 같은 영역에서 아동의 발달 지체를 테스트하는 서비스를 제공합니다.

- 말하기/언어, 전반적인 운동 능력
- 청각/시각 능력
- 심리적 측면

지역 내에 이러한 프로그램이 있는지 소아과 의사에게 문의합니다.

지원하는 방법

HOW TO APPLY

1 **학교에 연락해서 방문 약속을 합니다.**
자녀를 데려가도 되는지 물어봅니다.

2 **학교에 방문합니다.**
디렉터나 원장과 상담하고 시설을 둘러봅니다.

3 **지원 양식을 작성합니다.**
신청비와 함께 학교에 제출합니다.

4 **필요하면 레퍼런스 명단도 적습니다.**
당신과 당신 자녀를 아는 사람들의 이름을 적습니다. 레퍼런스가 될 사람들에게 미리 전화해서 이름을 적어도 괜찮은지 양해를 구합니다.

5 **학교의 건강 확인 양식에 의사의 사인을 받습니다.**

6 **필요하다면 자녀를 학교에 데려가서 IQ 테스트를 받습니다.**
대부분의 학교에서는 요구 사항이 아닙니다.

가족 활동Family Activities

스토리 타임STORY-TIME

다른 부모와 만날 기회를 만들거나 자녀와 즐거운 시간을 보내기에 도서관만한 곳이 없습니다. 거의 모든 공립 도서관에서 각 연령의 어린이를 위한 스토리 타임을 운영합니다. 어떤 도서관에서는 1세 미만의 영아를 위해 특별한 스토리 타임이 있습니다. 부모들에게는 다른 부모와 만날 기회를 얻는 것이 가장 중요한 부분입니다. 공립 도서관은 시나 카운티에서 운영하는 것으로 대부분 무료입니다.

공립 도서관 리스트는 White page의 시 정부 섹션에서 'Libraries'를 찾아 알아봅니다. 스토리 타임은 다른 카운티의 도서관이라도 어느 곳이나 갈 수 있습니다. 시 전체의 프로그램을 문의해서 어린 아동을 위한 전문 도서관을 알아볼 수도 있습니다.

부모와 자녀를 위한 강좌PARENT/CHILD CLASSES

⑤ 시나 카운티에서 운영하는 강좌는 50달러 미만의 저렴한 가격이거나 무료입니다. 의사 오피스나 플레이 센터에서 하는 사설 강좌는 보통 세션당 16~20달러로 더 비쌉니다.

Infants 주요 도시에는 12개월 미만의 유아를 둔 부모를 위한 강좌가 있습니다. 대부분 아기를 동반할 수 있습니다. 이런 강좌에서 부모들은 다음과 같은 기회를 얻습니다.

- 유아의 성장에 대한 전문가의 조언: 좋은 의사 구하기, 새로운 음식 시작하기, 우는 아기 다루기 등의 토픽도 다룹니다. 소셜 워커나 유아 교육을 받은 기타 전문가가 강의하는 강좌를 알아봅니다.
- 다른 부모와 만나 이야기할 기회: 강좌에서 만난 부모끼리 강의가 끝난 후에도 오래 만남을 지속하는 경우가 많습니다.

부모를 위한 강좌는 다음에서 알아볼 수 있습니다.

- 학교의 Adult Education Department:

White page에서 'Schools/A-dult Education' 란을 찾아봅니다.

- 시나 카운티의 Recreation Department: 보통 커뮤니티 센터에 있습니다. White page에서 'Recreation' 난을 찾아봅니다.
- 소아과 의사나 병원에서: 근처에서 하는 강좌 내용을 아는지 의사에게 물어봅니다. 가까운 병원에도 연락해 봅니다. Yellow page의 'Hospital' 을 찾아봅니다.
- Gymboree 프로그램 같은 플레이센터: 쇼핑몰에서 알아보거나 White page의 'Business' 난을 찾아봅니다.
- YMCA나 YWCA: White page의 'Business' 난에서 해당 지역번호를 찾아봅니다.

Toddler(2~3세), Preschool(4~5세) 미술, 음악, 운동 등 거의 모든 강좌에 참여할 수 있습니다. 레크리에이션 센터나 플레이 센터 외에 YMCA나 YWCA에도 문의합니다. 운동 강좌 등과 초보 수영 강습 같은 것도 찾을 수 있습니다. 보통 35~37달러 정도 비용이 듭니다.

놀이터 PLAYGROUNDS

보통 동네에는 아이들을 보면서 친구도 만날 수 있는 놀이터가 있습니다. 가까운 놀이터를 찾아보십시오. 이웃을 만나 더 알게 되는 좋은 방법입니다.

유용한 영어표현 Words to Know

- **Agency**: 수수료를 받고 nanny나 au pair를 찾아주는 소개소
- **Application fee**: 학교에 입학 신청 하는 데 내는 신청비
- **Au pair**: 타국에서 와서 가정에 입주 하여 자녀를 봐주는 사람
- **Babysitter**: 파트 타임이나 때때로 자녀를 돌봐주는 사람
- **Bulletin board**: 공공 장소에 메시지를 남길 수 있는 게시판
- **Car pool**: 여러 명이 같은 차량을 이용 하는 것. 출퇴근 'car pool' 도 있고 부모들이 자녀를 등하교시키는 'carpool' 도 있습니다.
- **Cooperative**(co-op): 부모들이 수업 에 필요한 일을 나눠서 하는 데이케

어 센터나 학교.

- **Day care center**: 부모가 일하는 동안 어린 자녀를 맡기는 곳
- **Day out**: 일주일에 며칠 오전만 아이를 맡길 수 있는 데이케어 센터
- **Gross motor skills**: 달리기, 공 던지기, 점프처럼 아동이 크게 움직일 수 있는 능력
- **Illegal alien**: 미국 정부의 체류 허가를 받지 못한 외국인
- **Infants**: 보통 10~12개월 이하의 소아
- **Intelligence Quotient**(IQ) test: IQ 테스트
- **Latchkey program**: 수업 시간 전이나 방과 후에 자녀를 한두 시간 맡길 수 있는 프로그램
- **License**: 정부에서 인가한 센터임을 보여주는 서류
- **Montessori**(school): 아이들이 스스로 하는 놀이와 탐구에 시간을 많이 보내는 학교
- **Nanny**: 하루 종일 집에서 아이를 돌봐주는 사람
- **Nursery school**: 반나절 소아를 보내는 보육 학교
- **Parent-teacher conference**: 학부모와 교사의 모임
- **Preschool**: 5세 미만의 아동이 다니는 학교
- **Psychological profile**: 사람이 행동하고 느끼는 방식을 보여주는 테스트
- **Reference**: 상대방의 수행 능력을 조회하기 위해 물어볼 수 있는 제3자
- **Social worker**: 가족 문제를 전문적으로 교육받은 사람
- **Toddlers**: 18개월에서 3세 미만의 아동
- **Toilet-trained**: 기저귀를 뗀
- **Waiting list**: 학교에 입학을 원하는 대기자 명단

27 큰 자녀

Your Older Child

초등학교

학년	평균 연령
유치원	5~6
1학년	6~7
2학년	7~8
3학년	8~9
Intermediate	
4학년	9~10
5학년	10~11

중등학교

학년	평균 연령
6학년	11~12
7학년	12~13
8학년	13~14

junior high school(7-8학년) 시스템이 있는 곳도 있습니다

고등학교

학년	평균 연령
9학년	14~15
10학년	15~16
11학년	16~17
12학년	17~18

학교 체계 The School System

개요 OVERVIEW

보통 아이가 5~6세부터 18세까지 학교에 다니게 됩니다. 한 학년이 끝나면 대부분의 학생은 문제가 없는 경우 다음 학년grade으로 올라가게 됩니다.
학생들은 보통 1년에 2~4번 성적표report card를 배부받게 됩니다. 성적표에는 다음 학년으로 이동해도 좋은지, 즉 pass인지 아닌지 명시되어 있습니다. 학부모가 성적표에 사인을 하게 되어 있습니다.

연간 스케줄 CALENDAR

학기는 보통 8월 말이나 9월 초에 시작해서 6월 중순쯤 끝납니다. 겨울 학기 중, 12월 중순이나 말부터 1월 2일까지, 1주 반 내지 2주 사이의 방학이 있습니다. 또한 봄학기 중 Easter 무렵에 1주 방학을 하고, 공휴일에도 휴강을 합니다.

수업 시간 HOURS

수업 시간은 학교마다 다릅니다. 보통 오전 7시 30분에서 9시 사이에 시작해서, 오후 2시에서 3시 30분 사이에 끝납니다. 학생들은 점심을 학교에서 먹기도 하고 집에 가서 먹고 학교로 돌아오기도 합니다. 단, 반나절만 수업하는 kindergarten은 예외입니다.

Tips 많은 학교가 맞벌이 부모를 위해 수업이 끝난 후에도 아이들을 보는 after-school care 시스템을 갖추고 있습니다.

공립학교 Public Schools

$ 공립학교는 카운티나 시에서 운영합니다. 공립학교는 무료이며 누구나 입학 가능합니다. 학교 관계자에게 문의하고 싶은 것이 있으면 White Page

전화번호부에서 'Schools' 아래 해당 카운티의 'Information' 번호를 찾아봅니다. 사립학교private school 리스트를 찾아보려면 Yellow Page 전화번호부에서 'Schools' 난을 찾아봅니다.

학교 알아보기 FINDING A SCHOOL

보통의 경우 동네에 근접한 공립학교를 가게 됩니다. 어떤 공립학교가 아이에게 최선인지 학교에 대한 정보를 알아본 후 근접 지역에 집을 구하는 것이 좋습니다.

좋은 학교를 찾을 때 조언을 구할 수 있는 곳입니다.
• Relocation center
• 부동산
• 교육 관련 counselor

아이에 따라 특수한 프로그램을 보내야 할 경우도 있습니다.

기타 참고 자료를 구할 수 있는 곳입니다.
• 지역 내 서점
• Hello! America 출판 'Questions Parents Need to Ask.' 이 책에는 좋은 학교를 비교하는데 유용한 체크리스트와 여러 소스가 열거되어 있습니다.

• 인터넷: 예를 들어 상공회의소에서 지역 내 각 학교의 SAT 점수나 기타 시험 성적 정보를 인터넷에 올리기도 합니다.

교육 프로그램 ACADEMIC PROGRAMS

학교의 교육 수준   대학 진학을 목표로 하는 학생은 외국어, 대수, 기하, 물리, 생물 등 특정 과목을 이수해야 합니다.

교육 수준을 참조할 수 있는 근거입니다.
• 대학 입학 시험 성적: 해당학교의 SAT(Scholastic Aptitude Test)나 ACT (American College Testing) 점수를 문의할 수 있습니다.
• 대학 입학률과 주로 입학하는 학교
• 제공하는 교육 프로그램. 대부분의 고등학교는 우등상 수여 제도와 대학 학점 이수 강좌Advanced Placement class 가 있습니다.

IB(International Baccalaureate 국제 공통 대학 입학 자격제도)   IB 프로그램은 IB 시험 준비를 위한 교육 프로그램입니다. 학교 내 안내 사무실에 IB 프로그램이 있는지, 어떻게 참여할 수 있는지 문의합니다.

특활 교육　시와 카운티에서는 외국어나 컴퓨터, 수학, 과학, 예술 등 특별한 소질과 취미를 가진 학생을 위한 교육 프로그램이 준비되어 있습니다.

ESL 프로그램　보통 공립학교는 ESL 프로그램을 갖추고 있습니다. 영어가 모국어가 아닌 국가에서 이주한 아이들은 입학 전 영어 테스트를 치른 후, 적절한 수준의 ESL 프로그램에 등록합니다. 등록절차에 대해 학교에 문의합니다.

특수 교육　신체 장애나 학습 장애가 있는 학생을 위한 프로그램을 찾는다면 학교의 교장이나 디렉터에게 미리 문의합니다.

아이가 읽기, 쓰기, 집중력에 문제가 있다면 학습 장애 여부를 테스트합니다. 관련하여 문의할 수 있는 곳입니다.

- 학교의 principal이나 director
- 사설 카운슬러private counselor
- 교육 센터learning center

특수 교육을 받는 아이의 학부모와 교류하고 싶다면 Council for Exceptional Children이나 International Dyslexia Association에 연락합니다.

영재 교육　많은 학교에서 특별한 재능이 있는 초등학생을 위한 enrichment program을 갖추고 있습니다. 보통 이런 프로그램에 적합한지 여부는 시험 성적이나 선생의 추천서를 참고로 카운티에서 발탁합니다. 영재의 학부모와 교류하려 한다면 Gifted Child Society 단체에 연락합니다.

학교에 등록하기 REGISTERING YOUR CHILD

비영어권의 성적표는 영문으로 준비해두는 것이 좋습니다. 학교에 따라 무료로 영문 성적표를 발급하기도 합니다. 기타 입학 등록을 위해 준비할 서류입니다.

- 예방 접종이나 의료 관련 기록. 간혹 무료로 발급받을 수 있는 곳을 학교에서 추천하기도 합니다.
- 본국의 학교 성적표
- 출생신고서나 여권
- 거주지 증명(유틸리티를 사용한 금액 청구서나, 집 임대 또는 소유 서류)

교통 TRANSPORTATION

학교 근처에 살지 않는다면 스쿨버스를 이용할 수 있습니다. 스쿨버스 스케줄을 확인하고 방과 후의 프로그램이나

등록 절차

1 **학교의 외국학생 담당처나 'Information' 쪽에 전화합니다.**
등록하기 위한 방문 날짜를 합니다. 지참해야 할 서류를 미리 확인합니다.

2 **아이를 테스트합니다.**
외국 학생 담당처에 방문하면 영어나 경우에 따라 수학을 테스트합니다. 이 테스트를 참고하여 아이에게 적합한 프로그램을 결정합니다.

3 **입학할 학교에 전화합니다.**
오리엔테이션 스케줄을 확인하여 교장도 만나보고 학교에 대해 더 알아보는 기회를 마련합니다.

4 **오픈 하우스가 있는지 문의합니다.**
학교에 'open house'라는 날을 통해 많은 학부모들과 만날 수도 있습니다.

스포츠를 위한 activity bus가 있는지 문의합니다. 스쿨버스 이용은 대개 무료입니다.

학급 배정 ACADEMIC PLACEMENT

아이가 적절한 학급으로 배정되었는지 확인합니다. 예를 들어 본국에서 배운 수학 학습이 미국에서와 다르다면 보충 수업remedial class, 또는 학습에 어려움이 있는 아동을 위한 반에 배정될 수도 있습니다. 보충 수업 대신 개인 교습만 받

아도 되는 경우도 있습니다.

학부모 교사 모임 THE PARENT-TEACHER ASSOCIATION

Parent-Teacher Association(PTA) PTA 활동은 학교의 일원이 되는 데 도움이 됩니다. 학부모라면 누구나 모임에 참가할 수 있습니다. 보통 PTA 활동이 활발한 곳이 좋은 학교인 경우가 많습니다. PTA가 하는 활동들입니다.

- 학교 기자재 구입이나 야외활동을 위한 기금 모금
- 학교 문제 전반에 대해 교사, 교장과 논의
- 학부모들이 서로 만날 수 있는 모임 개최

다른 학부모들을 만나고 싶다면 자발적으로 PTA에 참여하는 것이 좋습니다.

학교에서 아이가 잘 적응하지 못하면 어떻게 하나요? 선생님께 상담 시간을 요청합니다. 선생님과 약속을 하기 어려우면 교장principal을 방문합니다. 상담 후에도 문제가 계속 해결되지 않으면 교육 전문 카운슬러를 만나봅니다.

사립학교 Private Schools

사립학교는 연간 2,000달러(보통 종교학교)부터 2만 5,000달러가량 학비가 들며, 기타 기숙사비로 1만 5,000달러가량 추가 비용이 듭니다. 대부분은 장학금 제도도 있습니다.

학교의 종류 KINDS OF SCHOOLS

Bilingual school 영어와 다른 언어 두 가지를 병행해 사용합니다. 모국어를 사용하는 학교를 찾는다면 대사관이나 영사관에 연락해서 알아볼 수 있습니다.

International school 여러 나라에서 온 어린이가 함께 공부합니다.

Religious school 정규 과목 외에 추가로 종교 학습을 합니다.

Special school 신체 장애나 정상적인 학습 능력이 부족한 학생을 대상으로 하는 프로그램을 갖추고 있습니다. 이런 학교는 대부분 정상 아동도 입학이 가능합니다.

적절한 학교를 찾는 데 도움을 받고 싶다면 어떻게 합니까? 교육 카운슬러가 도움이 될 수 있습니다. 교육 카운슬러는 사립과 공립학교

1 정부에서 허가한 정규 학교인지 확인합니다. 또한 학교가 전문 단체의 회원인지 확인합니다. 회원이 되기 위해서는 일정한 리뷰를 통과해야 합니다.

2 학교를 방문해봅니다. 입학처에 방문 시간을 약속합니다. 이 때 아이를 데리고 가도 좋은지 확인합니다. 학교 교장이나 입학처 디렉터에게 학교 프로그램에 대해 문의, 상담할 수 있습니다.

3 학교 평판을 조회해봅니다. 가장 좋은 레퍼런스는 동료나 이웃, 친구 중 해당 학교를 알고 있는 사람입니다. 또한 학교 디렉터를 만날 때 이미 학교에 다니고 있는 학생의 학부모의 연락처를 물어볼 수도 있습니다.

모두에 대한 조언을 줄 수 있습니다.

입학 신청하기 APPLYING FOR ADMISSION

가능하면 입학하고자 하는 시기보다 1년 미리 학교에 연락하는 것이 좋습니다. 이듬해 학기에 등록하려면 2월말까지는 신청서와 학교 서류를 제출해야 합니다.

사립학교에 입학 허가를 신청할 때는 신청 수수료와 함께 다음 서류가 필요합니다.

• 출생증명서/여권(때로 필요합니다)

• 영문 성적증명서

• 의사가 서명한 health form. 건강증명서 양식은 입학 허가 신청서와 함께 배부됩니다.

• 과거 선생님이나 아동을 아는 사람이 써주는 추천서

• 신청 수수료

학교에서 원하는 것 학교에 따라 신청하는 학생의 10~20%만이 입학허가가 나기도 합니다. 많은 학부모들이 동시에 여러 학교에 입학 신청을 합니다.

시험성적 일반적으로 치르는 시험 종류입니다.

• 5~11학년을 위한 SSAT(Secondary School Admission Test): 이 시험은 지

역 내 사립학교나 세계 곳곳의 테스트 센터에서 이루어집니다.

- 10~12학년을 위한 achievement test: 언어, 수학, 역사, 과학 능력을 테스트 합니다.
- TOEFL(Test of English as a Foreign Language): 많은 국가에서 행해지며 시간과 장소는 TOEFL 사무처(한국에서는 한미교육위원단)에 문의합니다.

아동이 모국어로 작성한 작문 샘플 학교마다 요구 사항이 다릅니다.

입학 허가 GETTING ACCEPTED

대부분의 학교가 3~4월까지 우편으로 합격 여부를 통보합니다. 입학 허가가 나면 이즈음에 등록금의 일부를 지불해야 할 것입니다.

개인교사/카운슬러 Tutors/Counselors

아동에게 특별한 필요가 있는 경우 Council for Exceptional Children으로 문의합니다.

역할 WHAT THEY DO

개인교사나 사립 교육센터 개인교사나 교육센터에 따라 여러가지 과목을 가르칩니다. 읽기와 작문을 가르치는 곳도 있고 수학을 전문으로 가르치는 곳도 있습니다. ESL(English as a Second Language)을 전문적으로 가르치는 곳도 있고, SAT나 SSAT 시험 준비를 도와주는 곳도 있습니다.

교육 컨설턴트 컨설턴트가 도움을 주는 부분입니다.

- 아이에게 적합한 학교를 찾는 것을 도와줍니다.
- 아동이 학교에서 부딪치는 문제를 해결하도록 도움을 줍니다.
- 아이의 능력을 테스트합니다.
  - 아이의 학습 능력
  - 아이의 IQ
  - 학습 장애의 가능성

확인할 사항 WHAT TO LOOK FOR

모든 개인교사는 미국에서 인정하는 교육 관련 자격을 취득해야 합니다. 다음

과목을 교습하는 경우 관련된 학위가
있는지 확인합니다.

- 초등학교 교사
- 제2외국어로서 영어
- 읽기, 말하기, 언어나 수학
- 특수 교육(신체 장애나 학습 장애 아동

을 위한 교육)

$ 개인 교습은 시간당 35~75달러
정도 비용이 듭니다. 시에 따라 개인 교
습 비용이 더 높은 곳도 있습니다.

재미있는 특활활동 Fun Activities

학교 클럽 SCHOOL CLUBS

학교에서는 야외 활동이나 보이스카우
트, 걸스카우트 같은 커뮤니티 서비스
클럽이 있습니다. 과학, 연극, 교내신문
활동이나 Model U.N. 같은 국제 클럽
도 인기 있는 클럽 활동입니다.

시/카운티 레크리에이션 CITY/COUNTY RECREATION

⏱ 인기 있는 강좌는 일찍 마감이 되
므로 가능하면 2~3개월 이전에는 등록
합니다.

대부분의 카운티와 시 레크리에이션 부
처는 스포츠와 음악, 연극, 미술 등 모
든 연령의 아동에게 맞는 프로그램을
갖추고 있습니다. 최근에 진행 중인 강

좌를 알아보려면 Recreation Depart-
ment에 문의합니다. 전화번호부에서
해당 카운티나 시 정부란의 'Recrea-
tion' 을 찾아봅니다.

$ 보통 장비나 유니폼을 구입하는
데 일회성으로 20~50달러 정도 비용이
들기도 합니다.

주니어 스포츠 리그 JUNIOR SPORTS LEAGUES

카운티 내에는 각 연령별 아동이 참여
할 수 있는 스포츠 리그가 있습니다. 지
역 내 기업체에서 유니폼과 장비 비용
을 스폰서하기도 합니다. 학부모들은
선수를 코치하거나 게임을 운영하는 것
을 도와줍니다.

많은 틴에이저들이 방과 후나 여름에 병원 도우미나 맹인을 위한 책 낭독 등 의 자원봉사 일을 합니다. 가까운 병원 이나 학교에 문의하여 당신의 아이가 관심있어 할만 한 프로그램을 찾아봅 니다.

유용한 영어표현 Words to Know

- **Academic placement**: 현재 학습하 기 적절한 수준
- **Accredited**: 정부에서 허가된, 일정 한 자격 요건을 갖춘
- **Achievement test**: 대학이나 사립 중등학교에서 학생의 입학 평가시 사 용하는 시험
- **Advanced placement**(AP) **class**: 고 등학교에서 대학 학점을 이수할 수 있게 하는 강좌. 강좌가 끝날 때 일정 한 시험을 통과해야 합니다.
- **Boarding school**: 가정을 떠나 학교 캠퍼스 내에서 생활하도록 기숙사를 갖춘 학교
- **College-bound**: 대학에 진학하는
- **Elementary school**: 유치원kinder-garten과 1~5학년 또는 6학년까지 갖 춘 초등학교
- **Gifted and talented programs**: 높 은 수준의 영재 프로그램

- **Grade**: 학생의 성적을 A, B, C, D, E 로 매긴 것. 학년을 의미하기도 합니 다.
- **Handicapped**: 신체나 정신에 장애 가 있는 것
- **International Baccalaureate**(IB) **diploma**: 정규 고등학교 졸업장 외 에 추가로 취득할 수 있는 졸업장. IB 프로그램은 일반 고등학교 프로그램 보다 수준이 더 높습니다. 많은 외국 대학에서 IB 졸업장을 인정합니다.
- **Learning disabled**(LD) **students**: 읽 기, 쓰기, 집중 등 특별한 학습장애가 있는 학생
- **Magnet school**: 특별한 소질과 관심 이 있는 학생을 위한 학교
- **Parent-Teacher Association**(PTA): 학부모와 교사 모임
- **Private school**: 대부분의 학생이 입 학을 위해 돈을 지불하는 사립학교

• **Public school**: 시나 카운티에서 세
금으로 운영하는 공립학교. 학비는
무료입니다.
• **Report card**: 학생의 성적표
• **Secondary school**: 중등, 고등학교.
6~7학년부터 12학년까지
• **Tuition**: 교육 강좌를 위한 등록금.
등록금에는 유니폼이나 교과서, 기타
필요 수업 자재 구입비용은 포함되지
않습니다.
• **Tutor**: 특정 과목을 가르치는 개인
교사. 정규 학교강좌 외에 개인 교사
를 통해 과외를 할 수 있습니다.

PART VI

고등 교육

Higher Education

28 영어 연수
ENGLISH AS A SECOND LANGUAGE

 기초 영어회화

 대화

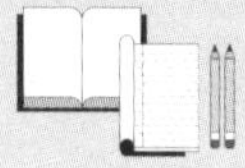 읽고 쓰기

 Words for work

 Test of English as a ForeignLanguage (TOEFL)

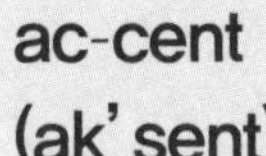 **ac-cent (ak' sent)** Accent reduction

---

 강의

 테이프

 텔레비전

 전화

 책

 CD–ROM

 인터넷

영어 연수 프로그램 선택 방법 How to Choose a Program

프로그램 이런 질문을 던져봅시다.

- 배우려는 내용이 무엇인가? 어떤 기관은 미국 문화를 익히면서 TOEFL 시험을 준비하는 프로그램이 있습니다. 일상 회화, 말하기, 읽기, 쓰기를 집중 교육하는 인텐시브 프로그램은 어느 기관에서나 찾을 수 있습니다.

- 배우는 목적이 직업을 구하기 위해서인가, 대학에서 공부하기 위한 것인가?

- 이 프로그램이 앞으로 치를 영어 시험에 도움이 될 것인가?

프로그램의 질 프로그램의 질은 우수한가? 우선 전문 기관에서 공인한 학교인지 알아본 후 다음 사항을 점검합니다.

- 다른 학생들은 이 프로그램에 대해 어떻게 생각하는가? 미국에서 공부한 경험이 있는 사람들에게 자문을 구합니다. 학교 측에 문의하여 같은 나라에서 온 학생의 연락처를 구할 수 있습니다.

- 교수진은 어떠한가? EFL이나 ESL 자격증이 있는 사람들인가? 교습 경력은 얼마나 되었는가?

- 자신의 수준에 맞는 반에서 시작하는가? 레벨 테스트placement test를 갖추고 있는지 확인합니다.

- 학습 목표를 명시해서 무엇을 배우게 되고 총소요 시간이 얼마나 걸릴지 알려주는가?

- 프로그램을 이수하면 대학 학점으로 인정받을 수 있는가?

- 클래스 규모는 어느 정도인가? 강사 1인당 학생수는 15명인가? 50명인가?

- 특정 언어를 사용하는 학생을 위한 별도 수업이 있는가? 예로, 스페인어나 한국어, 베트남어를 쓰는 학생을 위한 별도 수업 시간이 있는가?

집중도

- 총프로그램 기간이 얼마나 되는지 확인합니다.

- 이수해야 하는 강의 시간을 확인합니다.

- 매주 과제가 얼마나 많이 부여되는지 확인합니다.

위치 이미 미국에서 거주하고 있다면

거주지에서 학교까지 거리가 버스나 지하철, 자가용으로 쉽게 이동할 수 있는 곳인지 알아봅니다. 인테시브 프로그램을 이수하기 위해 일부러 미국에 오는 경우라면 다음 사항을 확인합니다.

- 학교가 대도시에 있는가, 작은 마을에 있는가? 본인은 어느 쪽을 선호하는가?

- 해당 지역의 기후와 날씨가 적절한가?

가격　공립학교는 사립학교에 비해 상대적으로 저렴합니다.

- 시간당 등록금은 얼마인지?
- 언제까지 등록금을 내는지?

인텐시브 코스(F-1 비자)Intensive Courses(F-1 Visas)

인텐시브 영어 코스는 주당 20시간 이상 수업하는 것입니다. 이런 영어 연수를 위해 미국으로 오는 경우 F-1 비자를 받습니다. 학생의 가족이나 주재원 가족 신분으로 이주하는 경우엔 다른 비자를 가지고 인텐시브 영어 코스를 들을 수 있습니다.

알아볼 사항 WHAT TO LOOK FOR

커리큘럼 이외의 활동　수업 외에 본인이 좋아하는 기타 활동을 즐길 수 있는지 확인합니다.

- 테니스나 야구, 축구같이 내가 좋아하는 스포츠를 즐길 수 있는가?
- 사진이나 그림, 연극, 음악 등의 클럽 활동이 가능한가?
- 관심 있는 종교 활동이 가능한가?

기간　월별 프로그램이 있는 학교도 있고, 4~5개월 걸친학기 단위의 수업이 있는 학교도 있습니다.

서비스　학교에서 내게 필요한 도움을 줄 수 있는지 확인합니다. 커리어나 미국 내에서 일을 구하는 데 필요한 자문도 구할 수 있는가? 학교 측에서 다음 사항을 도와줄 수 있는지 확인합니다.

- 출입국 양식과 출입국 규정에 대한 이해
- 거주할 집 구하기
- 세금 규정에 대한 이해

• 기관에서 제공하는 건강 보험 이해하기

기숙사 많은 학교가 학생을 위한 기숙사 시설을 운영합니다. 만약 기숙사 시설이 없다면, 다른 외국 학생들이 주로 거주하는 지역과 가격을 알아봅니다. 학교에서 룸메이트를 구하는 데 도움을 줄 수 있는지도 문의합니다.

신청하기 APPLYING

다음을 통해 영어 연수 프로그램을 더 알아볼 수 있습니다.

- 여행사
- 인터넷: 많은 연수 기관이 웹상에 홈페이지를 가지고 있습니다.
- 학교 당국: 미국 영사관이나 대사관에 문의하여 학교측에서 본국을 방문할 일정이 있는지 확인합니다.

지원하는 방법은 '대학 교육Colleges and Universities' 편을 참조합니다.

파트타임 코스 Part-time Courses

파트타임 코스는 주당 20시간 미만입니다. 대부분의 대도시에는 이런 프로그램이 많이 있습니다. Yellow page에서 'Language school' 난을 찾아 연락해 볼 수 있습니다.

영어를 배울 수 있는 곳 PLACES TO LEARN

커뮤니티 컬리지 커뮤니티 컬리지에서 운영하는 ESL 수업을 들을 수 있습니다.

- Credit: 대학 학위를 받으려 할 때 학점을 인정받을 수 있는 코스입니다. 이 코스들은 대학 정규 카탈로그에 있는 강좌로 대학에 입학 등록을 해야 들을 수 있습니다.
- Non-credit: 학위 수여를 위한 학점으로 인정되지 않는 수업입니다. 대신 자격증을 수여해서 직업을 구할 때 도움이 되기도 합니다. 보통 'Continuing Education' 이나 'Adult Education' 카탈로그에 있으며 대학에서 별도로 입학허가를 받지 않고도 수강할 수 있습니다.

💲 커뮤니티 컬리지 수업은 non-resident(비거주민)보다 resident(거주민)에게 더 저렴합니다. Resident란 해당 지역에 6개월 또는 1년 이상 거주한 사람을 말합니다. 어떤 지역에서는 이 기간에 세금을 낸 경우에만 resident로 인정하기도 합니다. F-1이나 F-2 비자를 가지고 입국한 학생은 미국에서 오래 살았더라도 resident로 인정하지 않는 것이 보통입니다.

공립 학교 지역 내의 고등학교나 도서관에서 정보를 구할 수 있습니다. 대학 학점이 인정되지 않습니다.

사립 학교 Yellow page의 'Language schools' 난을 찾아봅니다.

Note 어떤 학교는 전 세계에 걸쳐 네트워크를 형성한 곳도 있으므로, 본국에서 영어 연수를 시작했다가 미국에 온 후 같은 프로그램을 계속 이수하는 것이 가능하기도 합니다.

홈 스터디 도서관이나 서점 (여행이나 외국어 서적 코너), 인터넷에서 다음 교재를 구할 수 있습니다.

- 영어 교육 책자
- 오디오 테이프: 읽기보다 리스닝 스킬을 늘리려 한다면 'books on tape'과 같은 오디오 북을 시도해봅니다. 집이나 차에 비치해놓고 자주 들어봅니다.
- 비디오테이프: 영어 자막이 처리된 영화나 오페라를 보는 것도 영어 실력 향상에 도움이 됩니다.
- CD-ROMs

❗ 이민법 및 출입국 규정은 엄격합니다. 내용을 잘 이해하고 준수해야 합니다. 주소가 변경되거나, 학습내용, 또는 미국을 출국하는 날짜가 변경되면 외국학생 담당처에 미리 알립니다.

비자에 명시된 기간보다 미국에 오래 체류할 수 없습니다. 허락된 기간보다 오래 체류한 경우 10년 이상 미국에 재입국할 수 없습니다.

특정 언어 연수 기관에서 발급한 I-20 양식을 받아 미국에 입국하는 경우는 명시된 기간 동안 해당 학교를 다녀야 합니다.

출입국 규정에 대한 기타 내용은 '법적 신분Your Legal Status' 편을 참조합니다.

 인터넷 강좌를 갖춘 영어 연수 기관도 있습니다.

또한 다음에 제시하는 기타 방법을 통해 영어를 배울 수 있습니다.

- 사립 영어 연수 기관에서 운영하는 전화 영어: 우편으로 필요한 교재를 받아보고 전화로 영어를 배웁니다.
- 케이블 TV의 영어 코스: 지역 내의 커뮤니티 칼리지나 4년제 대학에 연락하여 문의합니다.
- 인터넷 강좌: 인터넷 강좌에는 다음 옵션이 있습니다.
  - 한두 개 강좌만 선택해서 들을 수 있습니다.
  - 학사 학위 또는 다수의 대학원 학위를 위한 전체 코스를 들을 수 있습니다. 또 네이티브 영어민과 메시지를 주고받는 채팅 룸 같은 수업도 있습니다. 채팅 프로그램을 통한 수업은 일정한 수업 플랜과 토픽을 가지고 진행합니다.
- 개인 학습: 사립 기관에서 추가 비용을 받고 출장 강의를 알선하기도 합니다. 보통 개별 학습에 대한 비용, 강의료, 강사의 출장 비용까지 부담해야 합니다.

Advanced English Programs

Vocabulary 숙어, 관용구, 'pre,' 'post' 같은 접두어 등 어휘

Reading and writing 더 빨리 읽기, 체계적으로 글쓰기, 맞춤법 등

Public speaking 비즈니스 미팅이나 프레젠테이션 등에서 분명하게 의사 전달하기

Skills for the workplace(English for Specific Purposes; ESP) 법률, 비즈니스, 컴퓨터, 경제, 의약 같은 특정 주제나 직업 환경에서 사용하는 용어. 개인 학습이나 그룹 학습이 가능합니다. 영어와 더불어 직업 교육을 함께 하는 수업도 있습니다. 어카운팅, 타이핑, 워드 프로세싱 등이 영어와 더불어 필요한 직업 교육도 병행할 수 있는 수업입니다.

Accent reduction 미국인이 알아듣기 쉽게 말하는 법. 프로그램을 찾을 때 체크할 사항입니다.

- 능력 있는 교수진
- 본인의 발음 수준을 측정하는 레벨 테스트
- 한 교실에 5~10명이 넘지 않는 클래스 규모
- 책자, 테이프 등 집에서 활용할 수 있는 교재
- 주당 3~5시간 이상의 강의

영어 테스트 English-language Tests

TOEFL TEST OF ENGLISH AS A SECOND LANGUAGE

대부분의 대학 입학이나 영어 실력을 요하는 직장에서는 TOEFL 시험 점수를 요구합니다. EFL이나 ESL 프로그램이 있는 학교는 대개 TOEFL 코스도 있습니다. 시험 준비 기관에도 유사한 프로그램이 있습니다.

테스트 센터 TOEFL 테스트는 세계 각지에 분포된 테스트 센터 또는 미국 내의 테스트 센터에서 치릅니다. 각 센터 명단을 구하려면 TOEFL처에 연락하여 Bulletin of Information(부록 B의 '대학교육Colleges and Universities' 편 참조)을 요구합니다.

TOEFL 시험을 컴퓨터로 치게 되면 시험 직후 점수를 알 수 있습니다. 시험을 치를 테스트 센터에서 시험 일정을 확인할 수 있습니다.

TOEIC Test of English for International Communication

많은 회사가 일상 회화와 비즈니스 상황에서 사용하는 영어의 능숙도를 확인하는 데 TOEIC 점수를 이용합니다. 시험 일정과 가격에 대한 상세 문의는 International Communication Incorporated에 연락하여 할 수 있습니다.

유용한 영어표현 Words to Know

- **Accent reduction**: 말할 때 상대방이 쉽게 알아들을 수 있도록 악센트를 교정하는 것

- **Accredited**: TESOL(Teachers of English to Speakers of Other Language)처럼 전문 기관에서 인정하는 것. 공인

된 학교는 전문 기관이 정한 기준에 부합해야 합니다.

- **Certificate**: 강의를 이수한 후 받는 자격증
- **Chat room**: 네이티브 영어민과 메시지를 주고받을 수 있는 인터넷 사이트
- **Community college**: 2년제 공립학교로 Associate(A.A.) 학위를 줍니다.
- **Conversational English**: 읽기와 쓰기보다 회화 위주로 영어 교육을 하는 수업
- **Credit**: 학위 프로그램에서 학점 단위
- **Dormitories**: 기숙사
- **English for Specific Purposes** (ESP): 법률, 비즈니스, 컴퓨터, 의약 등 특별한 주제나 직업 환경의 용어를 가르치는 프로그램
- **English as a Foreign Language** (EFL), **English as a Second Language**(ESL): 두 프로그램 모두 가르치는 스킬은 같습니다. 원래 EFL은 본국으로 돌아갈 외국인 학생을 위한 것이고, ESL은 미국으로 이주한 이민자를 위한 목적이지만, 두 경우 모두 혼용해서 사용됩니다.
- **Intensive class**: 주당 20시간 이상 수업하는 클래스
- **Non-credit**: 대학 학점으로 인정되지 않는 수업

- **Placement test**: 수준에 맞는 강의를 찾기 위한 레벨 테스트. 영어 실력이 뛰어나다고 판단되면 advanced class 를 들을 수 있습니다.
- **Private institution**: 정부 보조가 아니라, 등록금이나 개인과 사립 기관의 보조로 자금을 충당하는 기관
- **Public institution**: 정부에서 자금을 보조받는 기관. 예를 들어 커뮤니티 칼리지는 카운티에서 보조되는 자금으로 운영됩니다.
- **Resident**: 해당 지역에서 6개월 또는 1년 이상 거주한 사람. 도시나 카운티에 따라 그 기간 세금을 내었는지 여부로 resident를 결정하기도 합니다.
- **Scholarship**: 장학금
- **Subtitle**: 영화볼 때 화면 하단에 깔리는 자막
- **TOEFL**(Test of English as a Foreign Language): 리스닝, 문법, 읽기, 어휘, 작문 실력을 테스트하는 시험. 보통 대학 입학시 필요한 점수입니다.
- **TOEIC**(Test of English for International Communication): 비즈니스나 일상 회화 실력을 테스트하는 시험. 미국에서는 TOEIC보다는 TOEFL 점수를 더 많이 사용합니다.

29 대학 교육

COLLEGES AND UNIVERSTIES

AAR University

In the space below, evaluate a significant experience or achievement that has special meaning for you.

Last summer, I volunteered as a paramedic in the Peruvian partnership program. I chose this program because I thought it would help me decide if I wanted to be a doctor.

Those 6 weeks in Peru changed my life. At first, deep down, I felt that I was "above" the Peruvians I lived and worked with. Then, partway through the summer, I began to treasure their deep caring for me and for each other. I made friends with the neighborhood teenagers, who became closer to me than many of my friends back home. I began to admire my new family because they never argued with each other, even though they were very poor. And I envied the nurses in my clinic because they were so loving toward their patients, even though they knew so little about modern medicine.

When I came home again, my life seemed empty. So I began to choose my friends more carefully, picking out the ones who had the warmth I now longed for. I also started to choose activities that focused on my professional goals and on my desire to help others.

Now I am sure I want to be a doctor—the kind of doctor who makes a difference in her patients' lives. I know I will be a good doctor because I will learn everything I can about modern techniques. But I will also remember the lesson I learned in Peru: Modern techniques aren't enough. To be really good, you have to care.

Note This essay is brief and to-the-point; it has no extra details. Second, the language is formal but not "fancy"; the student uses common, everyday words. Third, the essay is personal; it tells what the student think and how she feels.

<h1 align="center">개요 Overview</h1>

달력 CALENDAR

대학은 매년 학기가 두 번입니다. 가을 학기는 보통 8월 말이나 9월 초에 시작하여 12월 말에 끝납니다. 봄 학기는 보통 1월에 시작하여 5월 말에 끝납니다. 기간이 짧은 여름학기 수업도 있습니다.

매 학기는 1~2주에 걸친 시험 기간으로 마감됩니다. 방학은 겨울에 2~4주, 봄에 1주 정도 기간이 주어집니다. 대학에 따라서는 1년에 4개 학기인 quarter제나, 1년에 3개 학기로 나누어지는 trimester제로 운영되는 곳도 있습니다.

학점 CREDIT

대부분의 대학은 학점제, 즉 이수하는 강의마다 credit을 부여하는 형태로 되어 있습니다. 예를 들어 일주일에 3~4번, 한 시간씩 어떤 강의를 들으면 3학점이나 4학점을 이수하게 됩니다. 4년제 대학을 졸업하려면 적어도 120학점과, 추가로 과학 수업에 필요한 랩 시간 등을 이수해야 합니다.

대학원에서는 학위의 종류와 전공하는 분야에 따라 요구하는 학점이 달라집니다.

학점 이적 TRANSFERS

미국 학생들은 이 대학에서 저 대학으로 학점을 transfer하기도 합니다. 예를 들어 다음과 같은 경우 학점을 transfer합니다.

- 본국의 대학에서 받은 학점을 미국 대학에서 인정하는 경우: 미국 대학의 입학처에 문의할 수 있습니다.
- 미국 내 대학에서의 학점 이적: 많은 학생이 한 대학에서 1~2년 수업을 들은 후 다른 대학으로 학점을 이적하여 다니기도 합니다. 또 다른 대학에서 여름 기간에 1~2개 코스를 이수한 후 본인의 학교로 학점을 이적하기도 합니다. 지금 다니고 있는 대학의 국제 학생 담당처에 문의합니다.

프로그램의 종류 Programs

대학 프로그램 UNDERGRADUATE PROGRAM

Associate of Arts(준학사)　Associate (A.A.) 학위라고도 합니다. 2년제로, 추후 대학의 Bachelor 학위를 얻기 위한 credit을 쌓거나, 특정 직업 비서, 기술자, 물리치료 보조에 필요한 연수 목적으로 듣는 프로그램입니다. 보통 커뮤니티 칼리지에서 A.A. 학위를 부여합니다.

Bachelor degree(학사)　대부분의 대학에서 부여하는 4년제 학위 프로그램. 미국 내의 bachelor 학위는 다른 나라에서보다 전문화가 덜 되어 있습니다. 실제로 인문과학을 전공으로 심도 있게 공부하려면 첫 2년은 각종 교양 프로그램을 이수해야 합니다.

일반적인 학사 학위 종류입니다.

- Bachelor of Arts(B.A.)
- Bachelor of Science(B.S.)
- Bachelor of Fine Arts(B.F.A.)

대학원에 입학하려면 B.A.나 B.S., 또는 B.F.A.의 학사 학위가 기본으로 있어야 합니다.

대학원 프로그램 GRADUATE PROGRAM

Master degree(석사)　특정 학위를 따기 위해 2년 또는 3년 프로그램을 이수하는 것

- Master of Arts(M.A.)
- Master of Science(M.S.)

Professional　특정 분야의 전문 직업 학위

- Juris Doctorate(J.D.) 변호사 개업을 위한 학위
- Master of Business Administration (M.B.A.)

Doctorate(박사)　대학에서 부여하는 최고 학위

- Ph.D.(Doctor of Philosophy)
- Ed.D.(Doctor of Education)
- Eng.D.(Doctor of Engineering)

Post-doctorate(포닥)　이미 박사학위를 마쳤으나 학위 관련된 특정 분야의 리서치를 계속하려는 사람을 위한 비학위 프로그램

Non-credit 프로그램

원하는 사람은 누구나 들을 수 있는 비학위 프로그램. F-1 비자의 학생은 비학위 프로그램을 들을 수 없기도 합니다.

Audited courses   성적이나 대학에서 인정하는 credit을 받지 않는 강좌로, 시험이나 페이퍼 과제도 없습니다.

Professional classes   많은 2년제 또는 4년제 대학에서 특정 직업 분야를 교육하는 'adult education'을 갖추고 있습니다. 보통 야간이나 주말에 운영되며 강의 이수 후 certificate를 주는 곳도 있습니다. 가까운 대학이나 고등학교에 연락하여 'Adult Education' 카탈로그를 구할 수 있습니다.

Enrichment programs   개인적인 취미나 발전을 위해 듣는 강의('친구 사귀기 Making Friends' 편 참조)

Tips 대부분 대학과 대학원은 다른 학교를 다닙니다. 평판이 높지 않은 대학을 졸업했더라도 학부 성적이 좋으면 좋은 대학원에 입학할 수 있습니다.

학교 지원하기 Applying

시간 내에 입학 원서를 제출합니다. 대학에 따라서는 적어도 1년 전에 미리 비자를 신청해야 합니다. 6개월 전에 비자를 신청해놓을 것을 요구하는 곳도 있습니다.

대부분의 대학에서 다음과 같이 합니다.
- 일반 우편이 오래 걸리는 것을 감안해 온라인 접수를 받습니다.
- 우편이 너무 오래 걸리는 경우 팩스로 원서를 받기도 합니다. 이 때 반드시 원서의 원본과 기타 양식을 우편으로 추가 제출합니다.

Note 일부 대학에서는 모든 입학 원서에 대한 결정을 접수된 때로부터 6주 이후에 하는 rolling admission을 합니다. 지원자는 입학을 허가하거나 거절하는 레터를 받게 됩니다.

📝 4년제 대학이나 대학원에 입학하기 위해 필요한 서류입니다.

- 지원서application: 에세이를 포함(에세이 샘플은 이 장의 첫 페이지에서 참고할 수 있습니다). 입학처에 연락하여 지원서 양식을 받을 수 있습니다. 외국인 학생임을 미리 알려줍니다.
- 성적 증명official transcript: 본국에서 성적 증명을 전달받는 데 소요되는 시간을 충분히 갖습니다. 반드시 사본이 아닌 원본을 제출합니다. 대학교와 고등학교 성적표 영문판을 제출합니다.
- 교수나 회사 간부의 추천서letters of recommendation.
- 영문 번역된 예방 접종 확인서와 기타 필요한 의료 서류
- 재정 증명: 미국 내 교육비를 감당할 수 있음을 증명하기 위해 양식을 작성하고, 기타 은행 잔고나 급여 명세서를 제출하기도 합니다.
- 의료 보험: 가입한 보험 금액과 종류가 대학에서 요구하는 조건에 맞는지 확인합니다. 아직 적절한 보험에 가입하지 않았다면 대학에서 구입할 수 있습니다.
- 입학시 요구하는 시험 점수: 가장 흔하게는, 비영어권 국가에서 오는 학생에게 TOEFL 점수를 요구합니다.

Note 많은 2년제 대학은 일정한 TOEFL 점수와 고등학교 졸업장에 준하는 서류만 있으면 입학이 가능합니다. 즉 기타 시험 점수나 추천서 등을 요구하지 않기도 합니다.

Tips 부록 B의 '특별한 주제의 국제 단체'를 참조하여 다음에 관해 정보를 구할 수 있는 기관을 확인합니다.

- 대학에 지원하기
- 문화 활동
- 직업 구하기

정보 구하기 GETTING INFORMATION

도서관과 기타 센터: 미국 대학에 관한 일반적인 정보를 무료 또는 저렴한 가격(보통 5달러 미만)으로 얻을 수 있습니다. 본국에 있다면 미 대사관이나 영사관, 교육부에 연락해볼 수 있습니다. 기타 다음 기관이 있다면 도움이 될 것입니다.

- 풀브라이트 재단Fulbright Foundation
- 양 국가 센터binational center
- 교환 기관, 예를 들어 Institute of International Education이나 AMIDEAST
- 미국 대학의 도서관

대학 가이드북 미국의 주요 서점에서

미국 대학에 입학하기 위한 기본 정보를 담은 가이드북을 구할 수 있습니다. 이런 책들은 대부분의 대학에 대한 다음의 상세 사항을 알려줍니다.

- 전공 종류
- 스포츠 등의 기타 활동
- 기숙사 등 주거지 종류
- 비용
- 필요한 입학 시험
- 위치

웹사이트 대학별 웹사이트에서 강의 목록과 입학 원서 양식을 구할 수 있습니다. 비디오 테이프나 CD-ROM으로 상세한 정보를 알려주는 학교도 있습니다. 웹사이트에서 직접 원서를 작성할 수 있는 곳도 있습니다.

외국 학생 어드바이저 다음과 같은 곳에서 자문을 구할 수 있습니다.

- 현재 다니고 있는 고등학교나 대학에 있는 자문관이나 카운슬러
- 사설 자문 단체
- 가려는 대학에 있는 자문관

카운슬러를 통해 도움 받을 수 있는 사항입니다.

- 적절한 대학 선택
- 지원 양식 작성
- 입학 시험을 위한 학습

- 재정 보조 알아보기

대학 박람회 대학에서 나온 대표들이 각 고등학교나 각 나라를 돌며 박람회를 엽니다. 미 대사관이나 교육부를 통해 관심 있는 학교에서 본국 순회 일정이 있는지 알아봅니다.

캠퍼스 방문

투어 캠퍼스를 돌아다니며 강의실과 기숙사, 스포츠 시설, 실험실 등을 구경합니다. 미리 전화해서 투어 일정을 확인합니다.

오리엔테이션 해당 대학에 관심 있는 학생들이 그룹을 이루어 대학 내 학생이나 어드바이저와 만나는 시간입니다.

인터뷰 입학처의 카운슬러나 해당 학교 학생을 단독으로 만나 프로그램과 기타 걱정되는 여러 가지 문제를 논의할 수 있습니다. 인터뷰 자체가 입학과 무관한 학교도 있으나 어떤 학교는 좋은 인상을 남기는 것이 도움이 되기도 합니다. 미리 전화 연락하여 인터뷰 스케줄을 정하는 것이 좋을지 문의합니다. 또한 인터뷰가 입학 허가에 영향을 미치는지도 물어봅니다.

입학 시험 THE ADMMISSIONS TESTS

시험

대학 입학시 필요한 일반적인 시험의 종류입니다.

- Test of English as a Foreign Language(TOEFL)
- Test of Written English
- American College Testing Program Assessment(ACT)
- Scholastic Assessment Test(SAT)
- SAT II(수학, 영어, 역사, 생물, 화학, 외국어 등에 관한 시험)

대학원 입학을 위한 시험 종류입니다.

- 경영학 석사 입학을 위한 Graduate Management Admissions Test (GMAT)
- Graduate Record Exam(GRE)
- Test of Spoken English(TSE): 영어로 말하는 스킬을 20분 동안 녹음하여 테스트합니다. 티칭 어시스턴트십이나 리서치 장학금을 지원하는 학생들이 이 시험을 보게 됩니다.
- 법대 대학원 입학을 위한 Law School Admissions Test(LSAT)
- 의대 대학원 입학을 위한 Medical College Admissions Test(MCAT)

시험 준비

- 도서관이나 서점에서 수험 교재나 테이프로 준비합니다.
- 시험 준비 코스를 수강합니다.
  - 대학에서
  - 사설 교육 기관에서
  - 개인 교습을 통해

알아볼 사항 WHAT TO LOOK FOR

대학의 질

- 대학이 원하는 전공분야에 권위 있는 교수진을 갖추고 있는가?
- 공인된 대학인가? 칼리지 가이드북을 찾아봅니다.
- 도서관이나, 랩, 리서치 센터, 직업 카운슬링 등의 일반적인 시설을 갖추

Hello, USA!

대부분의 대학 지원자는 2~10개 대학에 입학 원서를 냅니다. 지원하는 대학의 입학처나 외국 학생 담당처에 문의하여 입학 허가를 받기 위한 조건과 등록금을 확인할 수 있습니다.

고 있는지?

- 외국 학생에게 어떤 서비스를 제공하는가? 예를 들어, 외국 학생 담당처가 있어서 카운슬링을 받거나, 특별 활동을 하거나, 외국 학생끼리 만날 수 있는 라운지가 있는가?

비용

- 등록금과 기타 비용은 얼마나 드는가?
- 장학금이나 론 제도는 어떠한가?

Note 대부분의 대학에서 대학원 레벨에서만 외국인 학생에게 장학금 제도를 운영합니다.

기준

- 입학 자격 요건은 무엇인가(신상과 성적 모두)?
- 외국 학생수를 제한하는가?

각종 요구 사항

- 언어에 대한 자격 요건은 어떻게 되

학교 지원하기

HOW TO APPLY

1 지원할 대학 두세 곳을 선택하기
동시에 복수로 지원할 수 있으나 최종 선택은 한 곳만 가능합니다.

2 지원 절차 밟기
양식을 작성하고, 입학 시험을 치르고, 필요하면 인터뷰를 거칩니다.

3 입학 동의서acceptance letter와 I-20 양식받기
입학 동의서는 최종 선택한 한 대학에만 보내야 합니다.

4 미 대사관이나 영사관을 통해 비자 신청하기
대사관이나 영사관에서 비자를 발급합니다. 출입국 규정을 숙지합니다.

5 대학에 도착 일정 알리기
대학에서는 등록에 필요한 서류와 오리엔테이션 정보를 보내줍니다. 정착에 필요한 시간을 낼 수 있도록 적어도 일주일 전에는 미국에 도착합니다.

는가?

- 이수해야 할 코스는 어떤 것인가?
- 이수해야 할 학점은 얼마만큼인가?
- 본국에서 이미 이수한 학점을 입학하려는 학교로 이적할 수 있는가?
- 최소한 유지해야 하는 기본 성적(GPA)이 있는가?
- 프로그램을 모두 이수하는 데 드는 시간은 어느 정도인가?

학생회

학생들의 구성은 미국 전역에 걸쳐 있는가, 아니면 미국 내 특정 지역에 한정되어 있는가?

외국 학생수는 얼마나 되는가?

규모

- 대학의 규모는 큰가, 작은가?
- 한 클래스의 수강생은 어느 정도인가? 패컬티와 학생의 비율, 즉 교수 일인당 학생 수는 어느 정도인가?

공립과 사립(아래 상자 참조)

위치, 교과 외 활동, 기타 서비스('영어 연수English as a Second Language'편 참조)

Hello, USA!

미국 대학은 크게 공립과 사립으로 나뉩니다. 공립 학교는 자금을 지방이나 주 정부의 지원으로 충당하는 데 반해, 사립 기관은 등록금과 기부금에 의존합니다. 대부분의 2년제 칼리지는 공립이며, 4년제 대학은 공립 또는 사립입니다. 보통 사립학교의 등록금이 더 비싼 편입니다.

Note Resident(거주민)인 경우 공립 학교의 등록금은 할인 혜택이 있습니다. 예를 들어, University of Massachusetts의 경우 Massachusetts resident는 타 지역의 학생보다 등록금을 덜 내게 됩니다. 마찬가지로 Maryland 주의 Montgomery County의 resident는 Montgomery College를 입학할 때 타 지역 학생보다 더 저렴한 등록금 혜택을 받습니다.

보통 입학 등록 전에 해당 시나 카운티에서 6~12개월 이상 거주한 경우 resident로 인정됩니다. 지역에 따라서는 지난해에 세금을 내었는지가 resident로 인정하는 데 기준이 되기도 합니다. 미국으로 이주한 외국 학생은 보통 non-resident로 생각합니다.

대학 가는 비용College Costs

미국에 오기 전에 대학 등록금과 생활비를 충당할 수 있는 재정 상태임을 대학 측에 증명해야 합니다. 필요한 자금의 출처를 알리는 'Financial Certificate' 란 서류를 작성하기도 합니다.

대학에서는 9개월의 학습에 필요한 비용을 예측합니다. 비용은 상황에 따라 다르지만, 보통 사립 학교가 공립보다 비용이 더 많이 듭니다.

등록금tuition 등록금을 내는 방식은 크게 두 가지입니다.

- 학점당: 예를 들어 한 학점당 200달러이라면, 3학점의 강의 이수시 600달러가 듭니다.
- 12학점 이상의 풀 타임 수강시 고정된 정액제

2004~2005, 12개월 소요 비용의 예

등록금과 수업료(학점당 326달러, 24 학점 기준)	8,280달러
교재와 기자재, 학용품	800달러
기숙사 등 룸 비용	15,700달러
기본 의료보험	545달러
개인적인 비용	3,050달러
총액	**28,375**달러

- 이 비용 추정은 Boston 근처 North Shore Community College의 2004~2005년 소요 비용을 예측한 것입니다.
- 학기 중 거주할 곳을 제공해줄 스폰서가 있어서 이런 사실을 기입한 레터를 사인해 제출하면 룸 비용은 차감할 수 있습니다.

Note 배우자나 결혼하지 않은 18세 미만의 미성년 자녀가 동반하는 경우(F-2 신분), 위의 비용에 일인당 3,330달러를 추가합니다.

재정 보조 FINACIAL AID

Scholarship, Grant, Fellowship 재정 지원을 받은 후 갚을 필요가 없습니다.

Assistantships 교수를 도와 리서치나 강의, 기타 서무를 볼 때 대학에서 등록금을 보조합니다.

학생 고용Student employment 대학에서 일자리를 제공합니다. Student Employ-ment Office에 확인합니다.

론Loan 대학이나 은행에 문의합니다. 미국 은행이 외국 학생에게 론을 대출해주는 경우는 매우 드뭅니다.

❗ 시민권자가 아닌 경우, 연방 정부나 주정부에서 주는 장학금이나 론을 받기 어렵습니다. 다음의 경우엔 도움을 받을 수 있습니다.

• 대학 자체의 재정 보조, 특히 운동 특기자에게 주는 재정 보조. 특정 종교 기관에서 론이나 장학금을 수여하기도 합니다.
• 미국 내 기타 기관, 예를 들어 특정 과학 분야의 리서치 일을 제공하는 기관 등
• 본국에 있는 기관
학교의 카운슬러나 사설 장학금 조사 회사, 자문 센터, 대사관 등을 통해 알아봅니다.

노인 할인 혜택Senior citizen discounts 보통 60세 이상에게 해당됩니다.

유용한 영어 표현 Words to know

• **Accredited**: 특정한 기준을 만족시켜 정부 기관이나 기타 독립 기관에게 공인된
• **Admissions**: 대학에 지원하여 입학에 필요한 절차인 지원 양식 작성, 인터뷰, SAT 시험 치르기 등을 밟는 것
• **Advising centers**: 미국 외의 지역에 있는 인포메이션 센터
• **Advisor**: 대학의 직원으로 학생의 대학 수업과 직업에 대해 플랜을 짜도록 도와주는 사람
• **Assistantship**: 대학원 학생을 위한

재정 보조

- **Associate degree**(A.A.): 2년제 대학에서 주는 학위
- **Audit**: 학점이나 성적을 받지 않고 코스를 수강하는 것
- **Bachelor degree**(B.A. or B.S.): 4년제 대학에서 주는 학위
- **College**: 대학
- **Community college**: 공립의 2년제 대학으로 Associate 학위를 주는 학교
- **Credit hour**: 강의를 이수해서 얻는 학점 단위
- **Deadline**: 과제를 마쳐야 하는 정해진 시간. Due date라고도 합니다.
- **Extra-curricular activities**: 학습 이외의 특별 활동. 스포츠 팀이나 학생회 같은 것입니다.
- **Faculty**: 교수진
- **Fellowship**: 대학원생에게 학생의 장점, 필요, 경력 등에 기초하여 주는 장학금
- **Full-time**: 학기당 어느 정도 이상의 시간이나 학점을 수강하는 것. 대학에서는 12시간 이상, 대학원에서는 9시간 이상
- **Grade point average**(GPA): 모든 이수 과목의 평균 성적. 보통 A=4점, B=3점, C=2점입니다. 예를 들어 A 두 개와 B 한 개를 받은 학생의 GPA는 3.7입니다(4+4+3을 3으로 나눔).
- **Grant**: 대학원이나 대학에서 주는 장학금으로, 보통 장학금을 가장 필요로 하는 학생에게 수여됩니다.
- **Higher education**: 고등학교 이후의 교육
- **Master degree**(M.A., M.B.A., M.S.): 학사 학위 수여 이후 주어지는 석사 학위
- **Major**: 특정 분야의 전공. 심리학, 경제, 국제 경영, 물리학 등. 대학생은 주로 3,4 학년 때 전공 과목 수강
- **Matriculate**: 학위 프로그램에 입학 허가를 받고 등록하는 것
- **Medical College Admissions Test**(MCAT): 의학 대학에 입학하기 위한 가장 일반적인 입학 시험
- **Private**: 개인이나 단체에서 자금을 충당하는 사립 기관
- **Professional school**: 경영, 의학, 치과, 법, 물리치료 등 직업 영역의 교육을 하는 곳
- **Public**: 자금을 직접 정부 보조로 해결하는 곳. 예로, 커뮤니티 칼리지는 카운티 정부에서 자금을 충당합니다.
- **Resident**: 6~12개월 이상 거주했거나 세금을 내온 거주민. 대부분의 외국 학생은 거주민이 될 수 없습니다.
- **Rolling admissions**: 입학 절차의 일

종으로 대학측에서 각 지원서에 대한 결정을 도착 후 6주 후에 개별적으로 내리는 방식

- **Scholarship**: 대학이나 대학원에서 주는 학문적인 장학금. 도로 갚을 필요가 없습니다.
- **Scholastic Assessment Test**(SAT): 일반적인 대학 입학 시험
- **Semester**: 14~16주에 걸친 수업 학기. 많은 대학이 가을 학기와 봄 학기, 짧은 여름 학기를 운영합니다.
- **Test of English as a Foreign Language**(TOEFL): 외국 학생의 영어 능력을 테스트하는 입학 시험의 일종
- **Test of Spoken English**(TSE): 20분에 걸친 영어로 말하기 시험. 리서치 장학금이나 티칭 어시스턴트십을 받

으려면 이 테스트를 치러야 합니다.
- **Test of Written English**(TWE): 30분에 걸친 영작 시험
- **Transcript**: 수강 과목과 성적을 보여주는 공식적인 성적표
- **Transfer**: 다른 대학에서 받은 학점을 새로 입학한 대학에서 인정하는 것
- **Tuition**: 수업료. 등록금
- **Two-year college**: Associate 학위나 certificate를 받는 대학
- **Undergraduate**: Associate이나 Bachelor 학위를 받으려고 하는 대학생. 대학원에 들어가려면 학사 학위가 있어야 합니다.
- **University**: 대학 교육과 대학원 교육이 주가 되는 대학. 리서치가 중요한 포커스인 기관입니다.

도와주세요!

Help!

안전 수칙 Staying Safe

핸드백과 지갑 

- 지갑은 항상 지니고 다닙니다. 핸드백은 가능하면 어깨에 메고 다닙니다.
- 핸드백은 항상 잠그고 잠근 방향이 몸쪽을 향하게 맵니다.
- 지갑은 항상 재킷 안쪽 주머니에 넣습니다.

신용카드

- 신용카드를 분실하거나 도난당하면 바로 신용카드 회사에 연락합니다.
- 신용카드 번호는 집에 따로 보관합니다.
- 검은 영수증 복사지는 항상 잘게 찢어서 버립니다.

돈

- 많은 현금을 소지하고 다니지 마십시오. 대신 신용카드나 체크를 지니고 다닙니다.
- 다른 사람이 보는 곳에서 현금을 많이 세지 마십시오.

지하철

대부분의 지하철은 밤이라도 안전하지만 다음을 조심하십시오.

- 밤에 지하철 승강장에 설 때는 주변을 조심하십시오.
- 항상 다른 사람들이 있는 승강장에 서십시오.
- 플랫폼 양 끝쪽에 서지 마십시오.
- 큰소리로 다투는 사람들에게 정신을 팔지 않도록 합니다. 그 사람들의 파트너가 당신의 지갑을 노리고 있을 수도 있습니다.

집

- 집을 구매하거나 임대할 때는 밤에도 안전한 지역인지 확인하십시오('집 구하기 Finding a New Home' 편 참조)
- 문과 창문을 항상 잠그십시오. 사람들은 대부분 이중 잠금 장치를 설치합니다.

- 귀중품을 창가에 두지 마십시오.

자녀

유괴 사건은 대부분 낯선 사람이 저지르는 게 아닙니다. 이혼하거나 별거한 한쪽 부모가 아이를 납치하기도 합니다. 아이에게 다음 사항을 미리 일러두십시오.

- 비상시에는 911에 전화하기
- 낯선 사람과 말하거나 낯선 사람의 차에 타지 않기
- 혼자 있을 때 낯선 사람을 집에 들여놓지 않기
- 낯선 사람이 건 전화에 혼자 있다고 말하지 않기(전화를 받지 말라고 합니다)

차량

- 주행 중이거나 주차 중이거나 항상 문을 잠그십시오.
- 주차장에 도착하기 전에 짐이나 테이프, 기타 귀중품을 트렁크에 넣습니다(주차장에서 짐을 트렁크에 넣고 가면 누군가 그 광경을 보고 트렁크를 열려고 할 수 있습니다).
- 차량 등록증 사본을 지갑에 넣고 다니십시오. 차량을 도난당하면 경찰에게 이 서류를 보여줍니다.
- 차로 걸어갈 때 미리 열쇠를 준비하십시오. 안을 빨리 보고 문을 연 후 차에 올라 탑니다.
- 차 안에 열쇠를 꽂아두지 마십시오.
- 모르는 사람을 차에 태우지 마십시오.

현금 출납기에서

- ATM기를 사용할 때 날치기당하지 않도록 조심하십시오.
- 문을 열고 기기를 이용하기 전에 주변을 둘러보십시오.

호텔에서

- 귀중품은 항상 호텔 금고에 보관하십시오.
- 외출할 때 귀중품을 방에 놓고 나가지 마십시오.

Call 911

Fire

1. **Call** : 911

2. **Say** :
- "I would like to report a fire."
- "Please come to... (your address)."

3. **Tell** :
- which room the fire is in
- how big the fire is.
- how the fire started.

Medical Emergency

1. **Call** : 911

2. **Say** :
- "I need an amb-lance right away."
- "Please come to... (your address)."

3. **Answer questions**
- about the accident or sickness.

Crime

1. **Call** : 911
Call if :
- you think someone is committing a crime----*do not wait* until a crime has happened.

2. **Say:**
- "I would like to report a (break-in, mugging, or other crime.)"
- "Please come to... (your address)."

3. **Answer questions**
- about the crime.

5~10분 이내에 도움을 받을 수 있습니다.

각 장의 정보

Chapter Information

The Northeast

Liberty Bell : Independence National
Historical Park. 313 Walnut St.,
Philadelphia, PA 19106
www.nps.gov/inde
Ph: 215-597-8787

Metropolitan Opera House: Lincioln
Center, New York, N. Y. 10023
www.metopera.org
Ph: 212-362-6000
Fax: 212-870-7695

Niagara Falls: New York State
Parks Information Center.
www.infoniagara.com
Ph: 716-278-1796
Fax: 716-278-1744

Statue of Liberty:
www.nps.gov/stli
Ph: 212-363-3200

Amish country: Pennsylvania Dutch
Visitors Bureau.
www.amishfarmandhouse.com
Ph: 800-723-8824

www.padutch.com

Havard Yard: Harvard Information
Center, 1350 Massachusetts Ave.,
Cambridge, MA 02138
www.news.harvard.edu/guide/
Ph: 800-447-6277 or 617-495-1573
(MA Dept. of Travel & Tourism)
Fax: 617-495-0905

Whitewater rafting: New England
Outdoor Council, P.O. Box 669,
Millinocket, ME 04462.
www.neoc.com
Ph: 800-766-7238 or 207-723-5438
Fax: 207-723-4397

The South

Kentucky Horse Park: Kentucky
Horse Park, 4089 Iron Works
Parkway, Lexington, KY 40511.
www.kyhorsepark.com
Ph: 800-678-8813 or 859-233-4303
Fax: 859-233-9924

The White House: 1600 Pennsylvania
Ave., N.W., Washington, D.C.
2050. White House Visitors Center,
15th & E St. NW

www.whitehouse.gov/history/tours
Ph: 202-456-7041 or 2020-456-2121
Fax: 202-456-2461

The Kennedy Space Center Complex:
Mail Code DNPS, Kennedy Center, FL
32899.
www.ksc.nasa.gov
Ph: 321-452-2121
Fax: 321-452-3043

National Air & Space Museum:
Smithsonian Institution, Washington,
D.C. 20560
www.nasm.si.edu
Ph: 202-357-2700
Fax: 202-357-3726

Graceland: P.O.Box 16508, Memphis,
TN 38116-0508
www.elvis.com/graceland
Ph: 901-332-3322 or 800-238-2000

French Quarter: 1000 Bourbon St.,
PM Box 263, New Orleans, LA
www.neworleansreservations.com
Ph: 504-523-1246 or 800-523-9091
Fax: 504-527-6327

AstroWorld /WaterWorld: Six Flags
AstroWorld/WaterWorld, 9001 Kirby
Drive, Houston, TX 77054
www.sixflags.com/parks/astroworld
Ph: 713-799-8404
Fax: 713-799-1491

Disneyworld: 7100 Municipal Dr.,
Orlando, FL 32818
www.disneyworld.com
Ph: 407-824-4321

World Of Coca-Cola: 55 Martin Luther
King, Jr. Dr., Atlanta, GA 30303-3505
www.woccatlanta.com
Ph: 404-676-5151

Pinehurst Resort: P.O. Box 4000, Vil-
lage of Pinehurst, NC 28374
www.pinehurst.com
Ph: 910-295-6811 or 800-487-4653
Fax: 910-235-8488

The Midwest
Mount Rushmore National Memorial:
P.O. Box 268, Keystone, S.D. 57551
http://www.travelsd.com/parks/rush-
more
Ph: 605-574-2523

Fax: 605-574-2307

Mackinac Bridge: 333 I -75, St.Ignace, MI 49781
www.mackinacbridge.org
Ph: 906-643-7600
Fax: 906-643-7668

Mackinac Island: Chamber of Commerce, P.O.Box 451, Mackinac Island, MI 49757
www.mackinac.com/TouristInfo
Ph: 906-847-6418
Fax: 906-847-3571

The Gateway Arch: 707 North First St., St.Louis, MO 63102
www.stlousisarch.com
Ph: 877-982-1410 or 314-982-1410
Fax: 314-982-1527

Henry Ford Museum & Greenfield Village: 20900 Oakwood Blvd., Dearborn, MI 48124-4088
www.hfmgv.org
Ph: 800-835-5237 or 313-982-6100

Art Institute of Chicago: 111 South Michigan Ave., Chicago, IL 60603-6110 www.artic.edu
Ph: 312-443-3600
Fax: 312-443-0849

Mall of America: Mall of America, 60 East Broadway, Bloomington, MI 55425
www.mallofamerica.com
Ph: 952-883-8800
Fax: 952-952-8803

The West
Old Faithful: Yellowstone National Park, Information Office, P.O.Box 168, Yellowstone, WY 82190
www.yellowstone-natl-park.com
Ph: 307-344-2004 or 307-314-7381
Fax: 307-344-2386

Golden Gate Bridge(San Francisco, CA)
www.goldengatebridge.org
Ph: 415-380-9876 or 877-GGB-TOLL
(toll free in the San Francisco Bay area)
Fax: 415-380-2879

Grand Canyon National Park: P.O.Box 129, Grand Canyon, AZ 86023
www.kaibab.org, or www.thegrand-canyon.com/home.cfm

Mt. Denali: Division of Tourism, Dept. AP, P.O.Box 110801, Juneau, AK 99811-0801
Ph: 907-465-2010
Fax: 907-465-2287

Native American Art: Santa Fé Chamber of Commerce, P.O.Box 1928, Santa Fé, NM 87504
www.santafechamber.org
Ph: 800-777-2489 or 505-983-7317
Fax: 505-984-2205

Vail Skiing Resort: P.O. Box 7, Vail, CO 81658
www.vail.com
hp: 800-525-2257 or 970-476-9090
Fax: 970-479-4377

Song-and-dance shows: Las Vegas Chamber of Commerce: 3720 Howard Hughes Parkway, LasVegas, NV 89109-0937
www.lvchamber.com
Ph: 702-735-1616
Fax: 702-735-2011

01 출국하기 전Before You Come

주변 지역에 대한 정보Neighborhood information

American Chamber of Commerce.
미국 대 도시와 카운티로 링크되어 있습니다.
www.chamberofcommerce.com
(또한 부록 B의 '집 구하기Finding a New Home' 편 참조.)

가져올 것What to bring in

U.S. Customs Department: 애완동물, 육류, 야채나 과일, 주류, 차량, 의약품의 출입 규정
www.customs.treas.gov/about/about.htm

출입국 규정Immigration rules

(부록 B의 '법적 신분Your Legal Status' 편 참조)

02 미국에 도착한 직후Just You Arrived

Social Security Administration: 가까운 Social Security 사무실의 연락처와 주소
www.ssa.gov
Ph: 800-772-1213

03 통신 수단 설치하기Getting Connected

전화 연결Telephone Connections

www.intelius.com이나 www.switchboard.com

이 두 사이트는 미국의 인명과 상호명으로 찾을 수 있는 연락처를 알려줍니다. Unlisted로 등록되지 않은 번호는 29.95~49.95 달러를 내면 찾을 수 있습니다.

인터넷 연결Internet Connections

ConnectNet: 이 서비스는 AOL에서 후원하는 무료 서비스입니다. 인터넷을 접속할 수 있는 곳을 알려줍니다. 자신의 컴퓨터를 직접 접속해 사용하려면 전화하십시오. 인터넷 카페나 다른 컴퓨터 단말기 리스트를 얻으려면 전화하거나 웹사이트를 이용합니다. 웹사이트에 지도가 있어서 위치를 알려줍니다.

www.connectnet.org

Ph: 866-583-1234

콜링 카드Calling cards

(부록 B의 '통신 수단Communications at Home' 편 참조)

04 법적 신분Your Legal Status

법률적인 도움Legal assistance

American Immigration Lawyers Association: 당신이 사는 지역의 변호사를 추천해줍니다.

918 F St., N.W., Washington, D.C. 20004

www.aila.org

info@aila.org

Ph:202-216-2400

Fax: 202-783-7853

정부 산하 오피스Government offices

Federal information center: 연방정부의 잡에 지원하는 절차, 연방 정부 소득세, 출입국 서비스, Social Security 혜택, 기타 연방 기관과 프로그램, 서비스에 관한 정보가 있습니다.

www.info.gov

Ph: 800-688-9889

U.S. Citizenship and immigration services(USCIS): 미국에 입국 신청하는 양식과, 입국 후 주소나 신분 변화시 보고하는 방법

www.uscis.gov

U.S. State Department: 세계 도처에 위치한 미 대사관, 영사관의 연락처

http://usembassy.state.gov

미국에 위치한 해외 대사관은 www.embassyworld.com/embassy_usa/htm 을 참고합니다.

U.S. State Department: 비자 관련 규정, 자격 요건, 지원 절차, 제한 요건으로 누가 입국할 수 있고 누가 일할 수 있는지 등을 알려줍니다. 이 사이트에서 비자 신청서 양식을 다운로드받을 수 있습니다.

http://travel.state.gov

Social Security Administration:
www. ssa.gov
Ph: 800-772-1213

05 여행하기 | Traveling In & Out of the U.S.

공항 보안 Airport security

U.S. State Department: 각 나라의 특별한 정보 모음. 여행시 주의점, 보안 검색과 건강 문제, 운전과 도로 안전에 대한 공고 등을 볼 수 있습니다. 또 전세계의 해외 대사관으로 링크되어 있습니다.

www.travel.state.gov

여행에 대한 최근 공고는 202-647-5225 로 연락합니다. 비상시에는 888-4070747로 연락합니다.

묵을 장소 Where to stay

Hostelling international-American youth hostels: 국내와 해외 호스텔스에 대한 정보. 모든 연령의 여행자가 참고할 수 있습니다. 8401 Colesville Road, Suite 600. Silver Spring, MD20910. Ph&fax: 301-495-1240

www.hiayh.org

전화, 컴퓨터, 인터넷 연결 Telephone, Computer/Internet Connections
(부록 B의 '통신수단 설치하기 Getting Connected' 편 참조)

U.S. Routes (부록 B의 '돌아다니기 Getting Around' 편 참조)

06 돌아다니기 | Getting Around

www.mapquest.com: 미국 내 어느 지역이든 지도와 방향을 알려줍니다. 가능하면 길을 아는 사람에게 물어보는 것이 좋습니다.

American Automobile Association (AAA)
www.aaa.com
로컬 전화번호는 전화번호부의 'AAA

Emergency Road Service'를 찾아봅니다.

AMTRAK: www.amtrak.com

Ph: 800-USA-RAIL (800-872-7245)

Greyhound Bus Lines: www.grey-hound.com

Ph: 800-229-9424나 402-330-8552.
스페인어로는 800-531-5332

07 미국의 각종 기념일 American Holidays

www.hellousa.com. 월별 기념일 섹션
이 미국에서 공휴일과 종교 기념일을
축하하는 방식을 설명합니다.

09 뉴스, 스포츠, 오락 News, Sports, & Entertainment

Sports

www.sports.yahoo.com: 게임 일정이
나 팀 랭킹, 경기 성적 정보를 포함해서
주요 미국 스포츠에 대한 일반 정보

National Basketball Association:
www.nba.com

Major League Baseball Association:
www.majorleaguebaseball.com

Major Football Association:

www. nfl.com

National Hockey Association:
www.nhl.com

U.S. Soccer Association:
www.ussoccer.com

민족 일간지 Ethnic Newspapers

각 세계의 200건이 넘는 민족 일간지를
해당 언어로 보여줍니다.
www.onlinenewspapers.com

11 친구 사귀기 Making Friends

부록 B의 '특별한 주제의 국제 단체
International organization' 참조

12 식료품 구입하기 Food Shopping

U.S. Department of Agriculture(육류와
가금류 핫라인): 음식물 안전 규정과 냉
장 보관 기간에 대한 차트도 제공합니다.
www.fsis.usda.gov/oa/pubs/dating.
htm

Ph: 800-535-4555

The National Food Safety Database of
the University of Florida: 전반적인 식
료품 안전 규정. 'Safe Food Storage
Times and Temperature' 차트 포함.
'Consumer-related information'을 클

릭하고 'Storing and handling food' 로 들어갑니다.
http://foodsafety.ifas.ufl.edu/consumer.htm

14 우편물 Your Mail

United States Post Office: 비용, 규정, 우편번호 등에 관한 정보. 우표나 엽서, 전화 카드를 온라인으로 주문할 수 있습니다. 가까운 Western Union 지점도 찾을 수 있습니다.
www.usps.com

Western Union:
www.westernunion.com
Ph: 800-325-6000

15 돈 문제 Money Matters

Travel/Thomas Cook: 환전, 국제 송금, 국제 전화 카드 등 다양한 서비스를 제공합니다. 이 사이트에서는 최근 환율과 미국 내 각 지역의 전화번호를 확인할 수 있습니다. 아직 본국에 있다면 Thomas Cook 로컬 지점이 있는지 물어봅니다. www.travelex.com
Ph: 800-CURRENCY (800-287-7362)

Western Union: 신용카드로 온라인 송금이 가능합니다.
www.weternunion.com
Ph: 800-325-6000

16 세금 내기 Paying Your Taxes

IRS(국세청): Publication 519, Tax Guide for Aliens 등 세금 관련 공지. 연방 정부 세금을 내는 양식과 설명. 온라인으로 직접 낼 수도 있습니다.
www.irs.gov
Ph: 800-829-3676

18 집 구하기 Finding a New Home

Chamber of Commerce Official Global Locator
www.chamberofcommerce.com

MSN Home. http://houseandhome.com 집을 사거나 임대하는 데 필요한 정보. 얼마나 지불할 수 있는지도 조언합니다. 교육 수준, 소득, 지역의 안전 정도에 대한 통계치를 보여줍니다.

National Association of Realtors:
www.realtor.com
Ph: 800-874-6500 또는 312-329-6001

Fax: 312-329-5960

20 통신수단 Telephone Services

서비스 Service
AT & T: Homephone service: 800-222-0300
Calling cards. Ph: 800-225-5288
Cellphones. Ph: 800-888-7600
www.att.com

MCI: General Service: Ph: 800-444-3333;
www.mci.com
Cellphones: Ph: 800-254-8991;
www.wireless.com

Sprint: Callingcards: Ph:800-480-4727;
www.sprint.com
Cellphones: Ph: 800-877-4646;
www.sprintpcs.com

Nextel: Ph: 800-208-4645;
www.444phone.com

소비자 조언 Consumer Advice
Telecommunications and Action Center. www.trac.org/index.html: 장거리

전화 플랜이나 콜링 카드를 구입하는 소비자 팁. 각 지역의 지역 번호도 제공합니다.

미국 상호, 인명 전화번호부

www.intelius.com이나 www.switchboard.com: 미 전지역의 회사와 가정 전화번호
Federal Communications Commissions: 불법 라디오나 TV 관행에 대한 불만을 접수하는 정부 기관. FCC는 fact sheet과 소비자를 위한 기타 정보를 제공합니다.
www.fcc.gov
fccinfo@fcc.gov
Ph: 888-225-5322
Fax: 202-418-0232

Consumer World: 전화 서비스나 TV, 보석 등 다양한 상품을 비교, 보고하는 서비스
www.consumerworld.org

21 보험 가입하기 Insurance

보험회사의 재정 평가 Financial status ratings of insurance companies
A.M. Best Co.: 서비스를 이용하려면

회원 등록을 해야 합니다.
www.ambest.com
Ph: 908-439-2200
Fax: 908-439-3296

Weiss Research: 4176 Bruns Rd. Palm Beach Gardens, FL 33410
www.weissratings.com
서비스를 이용하려면 소정의 수수료를 내야 합니다.
Ph: 800-289-9222이나 561-627-3300
Fax: 561-625-6685

보험료를 절약하는 팁 Tips on cutting insurance costs

Insurance Information Institute of America: 자동차, 집 소유, 생명보험 등 모든 종류의 보험에 대한 정보(스페인어로 된 정보도 있습니다). 일반적인 보험 용어도 설명합니다.
110 Williams St., New York, N.Y. 10038
www.iii.org
Ph: 212-346-5500 or 800-942-4242 (National Insurance Consumer Hotline)
Fax: 212-791-1807

22 의료 체계 Medical care

소비자 건강 Consumer Health

1-800-doctors: 모국어를 사용할 수 있는 의사나 치과의사를 찾아줍니다. 모든 의사는 기관에서 인정하는 자격증을 갖추고 있습니다.

Note 돈을 낸 의사의 명단만 올라 있습니다.
www.800doctors.com
Ph: 800-362-8677

National Health Information Center: AIDS, 암, 알코올 중독, 당뇨, 알레르기 등 특별한 건강 관련 질문에 응답할 수 있는 기관을 찾아줍니다.
P.O.Box 1133, Washington, D.C. 20013-1133
www.health.gov/nhic/
Ph: 800-336-4797
Fax: 301-984-4256

23 신용카드와 대출 Credit Cards and Loans

신용카드 Credit card

Bankcard Holders of America.
www.CardWeb.com
'Find a Card' 라는 왼쪽 메뉴를 클릭하

십시오.

Ph: 301-631-9100

웹사이트에 있는 정보를 문서로 받아보려면 5달러를 내고 신청하면 됩니다.

신용 보고 Credit reporting

Monitrust: 주요 보고 기관에서 보고한 개인의 신용 정보를 제공합니다.

500 Bi-county Blvd., Suite 146. Farmingdale, NY 11735

info@monitrust.com

Ph: 631-719-4568 or 866-648-7878

Fax: 800-953-8236

24 차량 구입 또는 임대하기 Buying or Leasing a Car

가격 결정하기 Determining the price

AAA: 지역 내의 AAA 사무실 전화번호를 찾아봅니다.

www.aaa.com(본부)

Kelley Blue Book: 새 차나 중고차에 대한 조언. 리콜과 안전 평가에 대한 정보

www.kbb.com

Consumer Reports New and Used Car Price Service: 새 차 가격, 딜러에서 판매하는 가격, 옵션의 가격 등에 관한 정보.

Consumer Reports, 101 Truman Avenue, Yonkers, N.Y. 10703-1052

www.consumerreports.com

Ph: 800-934-3414 (신용 정보 요청시) 또는 914-378-7300

Fax: 408-370-5315

차량 구매나 리스에 대한 출판물 Publications on buying or leasing a car

Federal Trade Commission: 차량 리스에 대한 가이드입니다.

Publication Department, CRC-240, Washington, D.C. 20580

www.ftc.gov

Ph: 877-382-4357 or 202-326-2222

National Automobile Dealers Association: 중고차 가격이 기재된 'blue book'

8400 Westpark Dr., McLean, VA 22102

www.nada.com

Ph: 800-544-6232

Fax: 410-594-1327

25 일자리 구하기 Finding a Work

America's Job Bank: 75만 개가 넘는 전국의 일자리 리스트를 제공합니다.

www.ajb.dni.us

Applying for Employment Authorization Document (EAD).
http://uscis.gov.
'Immigration Forms'를 클릭하고, 'I-765,' 그런 다음 'Application for Employment Authorization'을 클릭합니다.

26 어린 자녀 Your Young Child

내니와 오페어 Nannies and Au Pairs
American Institute for Foreign Study (AIFS): 전세계에서 1년 동안 미국에 체류할 여성을 모집합니다. River Plaza, 9W. Broad St., Stamford, CT 06902.
www.aifs.com
aupair.info@aifs.com
Ph: 800-727-2437

Home/Work Solutions, Inc.: 가정부를 고용한 가정의 세금 보고를 준비합니다. 2 Pidgeon Hill Dr., Steriling, VA 20165.
www.4homehelp.com
Ph: 800-626-4829
Fax: 703-404-8155

American Background Information Service: nannies나 au pair를 심사합니다. 629 Cedar Creek Grade, Winchester, VA 22601.
www.americanbackground.com
Ph: 800-669-2247 or 540-665-8056
Fax: 540-667-8461

데이케어와 보육학교 Child Care and Nursery Schools
North American Montessori Teachers Association (NAMI): 전 미국과 캐나다의 몬테소리 리스트를 제공합니다. 13693 Butternut Rd., Burton, OH 44021
www.montessori-namta.org
staff@montessori-namta.org
Ph: 440-834-4011
Fax: 440-834-4016

Child Care Aware: 좋은 데이케어와 보육 시설을 찾도록 도와줍니다. 보육 시설의 면허 등 보육 관련 정보를 제공합니다. 이 프로그램은 National Association of Child Care Resource and Referral Agencies의 일환입니다. 1319 F St., N.W., Suite 500, Washington, D.C. 20004.
www.childcareware.org

Ph: 800-424-2246

National Association for the Education of Young Children (NAEYC): 데이케어 센터, 보육 학교, 초등 학교(Kinder 에서 3학년까지)의 표준을 제정합니다. 1509 16th St., N.W., Washington, D.C. 20036.
www.naeyc.org
Ph: 800-424-2460 or 202-232-8777
Fax: 202-328-1846

The Child Development Web: 자녀가 말하기나 시력, 청력, 심리적인 문제가 있을 때 무료 검사를 받을 수 있는 곳을 알려줍니다. 부모를 위한 강좌도 많이 있습니다.

27 큰 자녀 Your Older Child

공립학교, 사립학교 Public and private schools

Hello! America, Inc.: Choosing Elementary and Secondary Schools: 20 Plus Questions Parents Need to Ask. '초등학교, 중등학교 선택하기: 학부모가 알아야 할 20가지'를 출판합니다. 부모가 아이의 필요에 맞는 학교를 선택할 수 있도록 도와줍니다. 각 학교의 점수는 매기지 않았습니다.
www.hellousa.com

Independent Baccalaureate North America (IBNA): 475 Riverside Dr., Room 1600, New York, New York 10115
www.ibo.org
Ph: 212-696-4464
Fax: 212-889-9242

Independent Educational Consultants Association (IECA): 모든 연령의 아동과 모든 종류의 학교인 초등, 중등, 공립, 사립에 대해 상담할 수 있는 컨설턴트 3251 Old Lee Highway, Suite 510. Fairfax, VA 22030
www.iecaonline.com
requests@iecaonline.com
Ph: 800-808-IECA or 707-591-4850
Fax: 703-591-4860

사립학교 Private schools

Association of Boarding Schools (TABS): 기숙 학교의 리스트, 지원서 양식 등을 제공합니다. 4455 Connecticut Ave., N.W., Suite A-200, Washington DC 20008
www.schools.com

tabs@schools.com
Ph: 202-966-8705 or 800-541-5908
Fax: 202-966-8708

National Catholic Educational Association (NCEA): 1077 30th St., N.W. Suite 100, Washington, D.C. 20007
www.ncea.org
nceaadmin@ncea.org
Ph: 202-337-6232
Fax: 202-333-6706

Montessori schools: www.montessori-connections.com

National Association of Independent Schools(NAIS): 1620 L St. NW Washington, DC 20036-5695.
www.nais-schools.org
Ph: 202-973-9700
Fax: 202-973-9790

사립학교 입학 시험 Private School Admissions Testing
Independent Secondary Entrance Examination (ISEE), c/o Educational Records Bureau (ERB), 220 E. 42nd St., Suite 1100, New York, N.Y. 10017

www.erbtest.org
Ph: 800-989-3721 or 212-672-9800

Secondary School Admission Test (SSAT): 시험 등록 양식, 샘플 시험 문제, 시험 장소와 일자, 비용 등의 상세 사항 862 Rt. 518, Skillman, N.J. 08558
www.ssat.org
Ph: 800-442-7728 or 609-683-4440
Fax: 609-683-4507

특수한 필요 Special needs
Council for Exceptional Children: 장애 아나 영재의 부모를 위한 곳. Help for Children(종합적인 핫라인과 리소스 리스트를 열거한 소책자)도 제공합니다. 1110 N. Glebe Rd., Suite 300, Arlington, VA 22201-5704
www.cec.sped.org
service@cec.sped.org
Ph: 800-CEC-SPED or 703-620-3660
Fax: 703-264-9494

The Gifted Child Society: 190 Rock Rd., Glen Rock, N.J. 07452-1736
www.gifted.org
Ph: 201-444-6530

The International Dyslexia Associa-

tion: 학부모, 교육자, 의사를 위한 정보. 가까운 지점의 명단도 제공합니다.
8600 LaSalle Rd. Chester Building, Suite 382, Baltimore, MD 21286-2044.
www.interdys.org
Ph: 800-ABCD123 or 410-296-0232
Fax: 410-321-5069

출판물 Publications

Petersen's Guide, Inc.: 대학 진학 준비부터 황무지 탐험까지, 넓은 영역의 고등학교 프로그램을 다루는 출판사로, 사립 중등학교 명단도 제공합니다.
P.O.Box 67005, Lawrenceville, N.J. 08648
www.petersons.com
Ph: 888-892-6288 or 609-896-1800
Fax: 609-896-1811

Porter Sargent Publishers: 사립학교, 특수 교육, 국제 교육 등의 주제를 다룬 책을 출판합니다. *Handbook of Private Schools*란 책도 출간했습니다.
11 Beacon St., Boston MA 02108.
www.portersargent.com
info@portersargent.com
Ph: 800-342-7470 or 617-523-1670
Fax: 617-523-1021

28 영어 연수 English as a Second Language

(부록 B의 'College & University Admissions Tests' 와 'English Language Tests' 참조)

English Language Tests

TOEFL(Test of English as a Foreign Language)과 TSE(Test of Spoken English): Educational Testing Service, P.O. Box 6151, Princeton, NJ 08541-6151
www.toefl.org
Ph: 609-771-7100
Fax: 609-771-7500

TOEIC(Test of English for International Communication): TOEIC Service International, The Chauncey Group International, Ltd., 664 Rosedale Rd., Princeton, N.J. 08540
www.toeic.com
Ph: 609-720-6647
Fax: 609-720-6550

TESOL(Teachers of English to Speakers of Other Language): 700 S. Washington St. Suite 200, Alexandria, VA 22314-2751.

www.tesol.org

Ph: 703-836-0774

Fax: 703-836-7864

29 대학 교육 Colleges and Universities

Independent Education Consultants Association: 대학 진학을 도와주는 일을 하는 등 교육 컨설턴트 명단을 제공합니다.

3251 Old Lee Hwy., Suite 510, Fairfax, VA 22030

www.iecaonline.com

requests@iecaonline.com

Ph: 800-808-IECA or 703-591-4850

Fax: 703-591-4860

Institute of International Education (IIE): 미국 전역 각 사무실에서 장학금과 학습에 필요한 정보를 제공하는 도서관입니다. 지역마다 다른 서비스를 제공합니다.

809 United Nations Plaza, New York, NY 10017

www.iie.org

Ph: 212-883-8200

Fax: 212-984-5452

('College & University Admissions and

English Language Tests' 와 'Organizations of Special Interest' 참조)

대학 입학 시험 College & University Admissions Tests

ACT Assessment: 고등학생의 일반적인 교육 정도를 측정하는 테스트

ACT, P.O. Box 414, Iowa City, IA 52243

www.act.org

Ph: 319-37-1270

Fax: 319-339-3032

GRE(Graduate Records Examination 대학원 입학 시험): P.O. Box 6000, Princeton, NJ 08541-6000

www.gre.com

Ph: 609-771-7670

Fax: 609-771-7906

LSAT(법대 대학원 입학 시험): P.O. Box 2000-M, 661 Penn St., Newtown, PA 18940-0993.

www.lsat.org

Ph: 800-342-7470 or 215-968-1001

Fax: 215-968-1119

MCAT(의대 입학 시험): P.O. Box 4056, Iowa City, IA 52243

www.aamc.org
Ph: 319-337-1357
Fax: 319-337-1122

Miller Analogies Test: The Psychological Corporation, 19500 Buleverde Rd., San Antonio, TX 78259
www.tpcweb.com
scoring_services@harcourt.com
Ph: 210-339-8710 or 800-622-3231
Fax: 888-211-8276

SAT: Educational Testing Service: Rosedale Rd. Princeton, NJ 08541.
www.collegeboard.org
etsinfo@ets.org
Ph: 609-921-9000
해외에서 팩스로 등록시: 609-734-5410

학생이 읽어야 할 책Books to read(Students)
English Language and Orientation Programs in the United States, Carl DeAngelis. Institute of International Education. 809 United Nations Plaza. New York, New York 10017-3580. 미국의 공인된 고등 교육 기관이나 사립 중등학교, 언어 연수 기관의 1,000가지 이상의 코스

Funding for U.S. Study, Institute of International Education, 809 United Nations Plaza, New York, NY 10017-3580: 600 grants, scholarships, fellowships, internships 등을 소개합니다.

The International Student Handbook. (Allan Wernik 저). The American Immigration Law Foundation, Attn: Publications, 400 Eye St. NW, Suite 1200 Washington, DC 20005.

U.S. Taxation of International Students and Scholars A Manual for Advisers and Administrators. (Bertrand M. Harding, Jr., Norman Peterson 공저). NAFSA: Association of International Educators. 1875 Connecticut Ave. NW, Suite 1000. Washington, DC 20009-5728

특별한 주제의 국제 단체International Organizations
African American Institute: 833 United Nations Plaza, New York, NY 10017.
www.aaionline.org
aainy@aaionline.org
Ph: 800-745-3899 or 212-949-5666
Fax: 212-682-6174

AMIDEAST Information Services: 중동에서 온 학생과 연수자를 위한 정보를 제공합니다.
1730 M St., NW, Suite 1100, Washington, DC 20036
www.amideast.org
inquiries@amideast.org
Ph: 800-368-5720 or 202-776-9600
Fax: 202-776-7000

The Asia Foundation: 465 California St., San Francisco, CA 94104
www.asiafoundation.org
webmaster@asiafound.org
Ph: 415-982-4640
Fax: 415-392-8863

China Human Resources Group: 중국 관련 회사의 경영자나 기술직을 모집합니다.
29 Airpark Rd., Princeton, NJ 08542
chrg@usa.com
Ph: 609-683-4521

China Institute in America: 영어와 중국어 교환 프로그램. 중국인 학생, 학자, 직장인, 가족 대상. 125 E. 65th St., New York, NY 10021
www.chinainstitute.org

Ph: 212-744-8181

National Association of Japan-America Societies. 온라인 잡 뱅크 등의 서비스를 제공하고 여러 지역으로 링크되어 있습니다.
733 15th St., N.W., Suite 700, Washington, D.C. 20005
www.us-japan.org
Ph: 202-783-4550
Fax: 202-783-4531

YMCA International Program Services: 여름 연수 프로그램. 전세계 주요 공항에서 외국 학생들의 탑승을 도와줍니다. 방문 학생을 위한 홈스테이 투어 프로그램도 있습니다.
출판사: 71 W. 23rd St., New York, NY 10010
www.ymcainternational.org
ips@ymcanyc.org
Ph: 888-477-9622 or 212-727-8800
Fax: 212-727-8814

미국 유학생과 이민자가 알아야 할 모든 것
Hello! USA

2005년 4월 11일 초판 1쇄 인쇄
2005년 4월 18일 초판 1쇄 발행

지은이 | 쥬디 프리븐
옮긴이 | 문유임
펴낸이 | 이종원
펴낸곳 | (주)황금부엉이

주소 | 서울 마포구 서교동 353-4 첨단빌딩 9층
전화 | 02-338-9151 (편집부) 031-903-3380 (마케팅부)
팩스 | 02-3142-3344 (편집부) 031-901-8177 (마케팅부)
인터넷 홈페이지 | www.goldenowl.co.kr
출판등록 | 2002년 10월 30일 제10-2494호

편집부장 | 홍종훈
편집집행 | 허남희, 김상연, 고호장, 박종훈
마케팅 | 김유재, 변재업, 최옥현, 김경미
제작 | 구본철

ISBN 89-90729-40-8 03980

값 14,800원

※ 잘못된 책은 구입하신 서점에서 바꾸어 드립니다.